华东交通大学教材（专著）基金资助项目

移 动 通 信

赵军辉 邹 丹 廖龙霞 编著

西南交通大学出版社
·成 都·

图书在版编目（CIP）数据

移动通信 / 赵军辉，邹丹，廖龙霞编著. 一成都：
西南交通大学出版社，2023.11
ISBN 978-7-5643-9130-0

Ⅰ. ①移… Ⅱ. ①赵… ②邹… ③廖… Ⅲ. ①移动通
信 Ⅳ. ①TN929.5

中国版本图书馆 CIP 数据核字（2022）第 255947 号

Yidong Tongxin
移动通信

赵军辉　邹　丹　廖龙霞／编著　　责任编辑／穆　丰
　　　　　　　　　　　　　　　　封面设计／曹天擎

西南交通大学出版社出版发行

（四川省成都市金牛区二环路北一段 111 号西南交通大学创新大厦 21 楼　610031）
营销部电话：028-87600564　　028-87600533
网址：http://www.xnjdcbs.com
印刷：郫县犀浦印刷厂

成品尺寸　185 mm×260 mm
印张　16.75　　字数　415 千
版次　2023 年 11 月第 1 版　　印次　2023 年 11 月第 1 次

书号　ISBN 978-7-5643-9130-0
定价　45.00 元

序一

从 1G 到 5G，从无线通话到万物互联，移动通信技术不断迭代，深刻改变着人类的生产生活方式。5G 首次将以"人"为中心的通信转向以"物"为中心的通信，全面开启移动物联网时代，为自动驾驶、远程医疗、工业制造等垂直行业提供了强有力的技术支持，已经成为国民经济基础性、先导性和战略性的支柱产业。

作者根据多年的教学和科研经验，编写了《移动通信》这本书，内容紧密联系生产生活实际，力求在保证基础的前提下，突出技术的先进性和科学的前沿性。该书不仅详细介绍了移动通信技术在交通领域铁路和公路两种场景中的应用，而且还结合最新的人工智能技术阐述了未来移动通信系统的关键技术，反映了移动通信领域的新成果、新技术和发展趋势。

赵军辉教授在 5G/6G 移动通信、轨道交通和车联网等领域具有扎实的理论基础和技术储备。书的层次清晰，深入浅出，介绍了移动通信的基本概念、基本原理、基本技术及其应用，是一本不可多得的教科书和工具书。相信该书的出版，对推动移动通信技术在相关行业中的应用和促进电子信息类专业人才的培养将具有积极的意义。

南京航空航天大学副校长

吴启晖

序二

    为满足人们高质量通信的需求，移动通信基本上以 10 年为周期不断更新。现今，移动通信这一不可或缺的数字基础设施已成为丰富人们生活、加快行业数字化、推动经济增长的关键动力。

    本书简述了移动通信基本概念，回顾了移动通信的发展历程。书中还介绍了太赫兹频谱技术、可见光通信技术、频谱认知技术、极化码传输理论和人工智能无线通信技术等极具发展潜力的新型无线通信技术，探索了未来 6G 研究方向。

    同时，赵军辉教授将近年来发表的学术论文和主持的科研项目部分研究成果融入图书的部分章节中，提供了很多工程实践方面的案例。通过把技术成果和《移动通信》教材有机结合，缩短了课堂教学与真实科研、生产过程之间的距离，丰富了理论课程的教学形式。该书以移动通信系统为主线，内容通俗易懂、概念清楚，并注重把抽象的理论和生动的实践有机结合起来，使读者在理论和实践的交融中对移动通信有全面和深入的理解和掌握。本书可作为高等院校信息工程、通信工程等相关专业的教材或教学参考书，也可作为从事移动通信领域相关工作人员的参考书籍。

中兴通讯副总裁

方晔

　　近年来，移动通信技术发展日新月异，特别是随着第五代移动通信技术的发展和应用，使得移动通信技术在现代社会中发挥着越来越重要的作用。这既对电子信息类人才的质量有了更高的要求，也给高等院校电子信息类专业的教学带来了新的挑战。作为电子信息类专业的一门重要专业课程，"移动通信"的课程内容应当与时俱进，紧跟行业发展趋势，体现移动通信最新前沿技术。

　　为适应移动通信技术的发展趋势和满足电子信息类人才的培养需求，本书根据多年的教学实践和教学改革成果，并参考了国内外优秀的移动通信教材和最新文献编写而成。本书详细阐述了移动通信的基本概念、基本原理、基本技术和行业应用，以移动通信系统为主线，从移动通信的网络架构和关键技术出发，全面阐述了1G、2G、3G、4G和5G移动通信系统，以及移动通信技术在交通领域中铁路和公路两种场景的应用，并在最后结合太赫兹频谱通信技术、可见光通信技术、频谱认知技术和人工智能无线通信技术等介绍了未来移动通信系统。

　　全书共分为8章，主要内容如下：第1章为移动通信概述，主要讲述移动通信的基本概念、分类和发展概况；第2章为移动通信关键技术，主要包括无线电波传播与无线信道技术、数字调制技术和抗衰落技术；第3章为GSM/GPRS数字蜂窝移动通信系统，重点讲述GSM系统的无线接口、控制与管理和GPRS系统；第4章为第三代移动通信系统，主要包括WCDMA移动通信系统、CDMA2000移动通信系统和TD-SCDMA移动通信系统；第5章为第四代移动通信系统，主要包括LTE系统和LTE-Advanced系统；第6章为第五代移动通信系统，主要分析5G系统的网络架构、关键技术以及面临的挑战和未来技术趋势；第7章为移动通信技术在交通领域的应用，主要包括铁路移动通信技术及应用和车联网技术及应用；第8章介绍未来移动通信系统的关键技术，主要包括太赫兹频谱通信技术、可见光通信技术、超大规模天线阵列、频谱认知技术、极化码传输理论与技术和人工智能无线通信技术。

　　本书面向移动通信技术的发展需求，在介绍移动通信基本原理、基本技术和应用的基础上，力求反映移动通信领域最新技术的发展，紧跟当前最新技术，内容新颖，与时俱进，强调知识结构的系统性和完整性，注重系统大工程观的培养，强调理论和实践紧密结合，注重工程实践能力的培养；体现移动通信研究的最新成果，突出前沿性和时代性。另外，本书还阐述了移动通信技术在交通领域的应用，包括铁路和公路两种应用场景，并以 GSM-R、LTE-R、LTE-V2X 和 5G-V2X 为例进行介绍，突出交通特色。

本书每章均设有小结和习题，既可作为高等院校信息工程、通信工程等相关专业的教材或教学参考书，也可作为从事移动通信领域相关工作人员的参考书。

本书凝聚着众多编写人员的心血，具体分工如下：第 1 章由赵军辉、全浩宇、秦子杰编写；第 2 章由赵军辉、廖龙霞编写；第 3 章由廖龙霞、胡环环、董翰智编写；第 4 章由卞弘艺、任世海编写；第 5 章由邹丹、邱婉晴、邓宇编写；第 6 章由吴遥、牧慧琴、孔明编写；第 7 章由邹丹、吴遥、牧慧琴编写；第 8 章由赵军辉、林相成、王炳鑫编写。包薛涵、黄玉文、肖亦婧、熊鑫程、黄凡巍、胡发锦、李悠扬、郭颖萱参与了有关资料的检索与收集工作。全书由赵军辉负责总体组织和统稿。

全书承蒙南京航空航天大学副校长吴启晖和中兴通讯副总裁方晖审阅并撰写推荐序。本书的完成得到了国家自然科学基金面上项目（编号：61971191）、国家自然科学基金重点项目（编号：U2001213）、江西省教育厅科学技术研究项目（编号：GJJ2200655）、华东交通大学教材（专著）基金的资助，在编写过程中得到了编者所在单位和西南交通大学出版社的大力支持和帮助，在此一并表示衷心的感谢！在编写过程中也参考了书中所列参考文献的内容，在此向其作者致以诚挚的谢意！

由于通信技术发展迅速，而且编者水平有限，书中难免有疏漏和不足之处，敬请读者批评指正。

编　者

2023 年 10 月

目 录

第1章 移动通信概述

随着现代社会的快速发展，人与人的通信越来越频繁，对于通信的需求也越来越高。实现人们之间随时随地高效的信息传输是通信领域一直所追求的，而移动通信技术则是实现这一目标的关键手段之一。随着移动通信技术的不断发展，移动通信设备不断趋于小型化和自动化，移动通信系统也向着大容量和多功能的方向发展。目前，移动通信已经在整个通信业务中占据重要地位，为人们的生产和生活活动提供最为重要的技术支撑。

本章将从移动通信的基本概念入手，主要介绍移动通信的分类及其组成部分，同时按照移动通信的发展过程，归纳与总结不同的技术及其特点，并介绍国际性的移动通信标准化组织。

1.1 移动通信的基本概念

移动通信是指通信的双方中至少有一方处于移动状态。这种通信方式可分为固定台与移动台之间的通信以及移动台与移动台之间的通信。鉴于移动的属性，移动通信必须使用无线电通信技术，并通过数字信号处理技术来提高通信质量和效率，支持多种不同类型的通信服务。现代移动通信系是无线电通信、有线通信和计算机通信等技术的结合体，致力于提供良好的用户体验。

由于移动通信对于通信灵活性和可靠性提出了更高的要求，所以移动通信一般都具有以下几个特点：

1.1.1 移动通信必须采用无线电波来完成

通信时允许用户在一定范围内自由活动是无线电波的一大优点，该优点与移动通信的基本需求不谋而合，因此移动通信必须采用无线电波来完成。然而移动通信中移动台的运动必然会导致接收信号强度和相位不断改变，使得电波传播条件变得十分恶劣。首先，无线电波会在传播过程中遭受一定的路径损耗；其次，无线电波极其容易受到地形、地物的遮挡而发生"阴影效应"；最后，信号传输过程中电磁波往往经过多点反射，沿多条路径到达接收端，而各条路径信号的幅度、相位以及传输时间等都有误差，这必然会引起接收端电平的衰落以及时延的扩展。此外，移动台的运动将产生多普勒效应，从而使得电波的传播特性发生随机起伏，给通信的质量造成严重的影响。

1.1.2 移动通信系统通常在比较复杂的干扰环境中运行

移动通信系统需要克服许多噪声和干扰问题，包括城市环境中的噪声、电力设备引起的天电干扰以及工业设备等其他因素。此外，还需要解决来自其他电台的各种干扰，如同频干扰、邻道干扰、互调干扰和多址干扰等。为了确保移动通信系统的有效性和安全性，在设计和实施过程中必须针对具体的环境因素采取适当的措施来减少噪声和干扰的影响。

1.1.3 移动通信频谱资源稀缺，而移动通信业务量的需求却与日俱增

移动通信是一种同时利用多个频道和无线电台的通信系统。目前，蜂窝移动通信系统广泛应用于多个频段。其中，800 MHz 频段主要应用于码分多址（Code Division Multiple Access, CDMA）；900 MHz 频段则适用于高级移动电话系统（Advanced Mobile Phone System, AMPS）、全入网通信系统技术（Total Access Communications System，TACS）以及全球移动通信系统（Global System for Mobile communications，GSM）；1.8 GHz 频段和 2 GHz 频段则常用于宽带码分多址（Wideband Code Division Multiple Access，WCDMA）和时分同步码分多址（Time Division-Synchronous Code Division Multiple Access, TD-SCDMA）。然而，随着通信业务需求的增加和可用频谱资源的限制，如何提高频谱资源的利用率成为了移动通信技术发展的焦点问题。为解决这一问题，除了开发新的频段外，也可以采用压缩频带、缩小频道间隔和多频道共用等技术手段，对有限的频谱资源进行合理分配和有效管理。

1.1.4 移动通信需要强大的网络管理能力与控制技术支撑

移动台在一定范围内的运动是不规则的，因此需要随时占用无线信道，这使得移动通信系统的组网过程非常复杂。为了保证通信质量，移动通信系统必须具备强大的网络管理能力以及稳定的控制技术，包括建立和拆除通信链路、控制和分配频道、实现用户登记和定位以及进行过渡切换和漫游控制等。

1.1.5 移动通信对设备要求更加严格

由于移动设备长时间处于不可预测的外部环境中，例如灰尘、撞击以及日晒和雨淋等，因此移动设备需要具备很强的适应能力。在日常生活中，对于手机的要求主要包括体积小、性能好、质量轻以及携带方便。而对于车载台和机载台的要求则比较简单，主要包括操作简单以及维修方便。

1.2 移动通信系统的组成和分类

1.2.1 移动通信系统的组成

移动通信系统是一种旨在帮助人们在任何时间、任何地点进行信息传输和交流的技术体系。为了实现该目标，该系统采用了无线传输技术、有线传输技术以及各种信息处理和存储技术。同时，为了实现通信，该系统还需要使用一系列设备，如无线收发信机、移动交换控制设备和移动终端等。

由于移动通信需求的不断提升，诸如集群移动通信系统、小灵通等通信系统的系统结构都朝着蜂窝移动通信系统方向靠拢[1]，因此，下面主要以蜂窝移动通信系统（简称蜂窝系统）为例进行说明。

　　蜂窝移动通信系统主要包括移动台（Mobile Station, MS）、基站子系统（Base Station, BS）和移动交换中心（Mobile Switching Center, MSC）等[1]，具体如图 1-1 所示。MSC 实现移动用户从蜂窝系统到公共交换电话网（Public Switched Telephone Network, PSTN）的转移。每个移动用户通过无线通信技术与附近某一基站通信，在通信的过程中，移动用户可以根据移动情况选择切换到其他基站上。BS 主要由多个同时处理全双工通信的发送器、接收器和安装在塔台上的天线组成。通过光纤或微波线路，BS 将小区中所有用户连接到 MSC，实现与整个系统的连接。MS 包括收发器、天线和控制电路等组件，有车载式和便携式两种。在整个蜂窝系统中，MSC 负责协调所有基站之间的协作，并将整个系统连接到公共交换电话网络。此外，基站与移动用户之间的通信接口被称为公共空中接口。

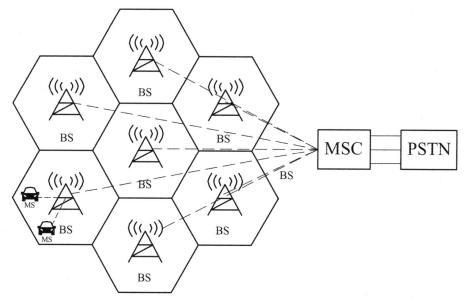

图 1-1　蜂窝系统组成示意图

　　在移动通信系统中，呼叫任务需要同时由 BS 和 MSC 来完成。BS 主要负责提供和管理无线信号传输，以实现与 MS 之间的通信。而 MSC 则负责实现呼叫控制等相关功能，例如，呼叫路由、呼叫连接管理、信令处理等。两者紧密协作，共同保障通信的质量和稳定性。当用户发起呼叫时，BS 会将请求转发到 MSC，然后由 MSC 进行处理并完成呼叫建立。在通话过程中，两者也会不断进行信息交流和协调，以确保通话质量。

1.2.2　移动通信系统的分类

　　移动通信系统可以按照不同的分类方式进行划分，包括：
　　（1）按使用对象不同：军用和民用移动通信系统。
　　（2）按使用场景和区域，可分为陆地、海上、空中以及地下隧道、矿井、水下潜艇、太空航天等多个类别。
　　（3）根据其经营方式进行分类，包括公用网和专用网两大类。公用网主要面向社会各阶层人士提供服务，目前中国移动、中国联通和中国电信等公司在经营移动电话业务方面处于领先地位。而专用网则是为特定部门定制的通信系统，如公安、消防、急救、防汛、机场调度和交通管理等部门。由于各个部门的工作性质和业务需求不同，因此对使用的移动通信网络的技术要求也不同。

（4）按多址方式划分：频分多址、时分多址和码分多址等通信系统。

（5）按覆盖范围划分：局域网和广域网。局域网的覆盖范围一般为几千米，具有安装便捷、成本较低和扩展方便等特点。广域网利用各种传输技术（如光缆、卫星、无线电波等）和网络设备（如路由器、交换机等），将不同的局域网或城际网连接起来，形成一个覆盖范围更广、跨越更多地理区域的网络。通过广域网，人们可以在全球范围内进行高速数据传输、视频会议、远程办公等各种通信和协作活动。

（6）按业务类型分为电话网、数据网和多媒体网。

（7）按工作方式分为同频单工、异频单工、异频双工和半双工。

（8）移动通信系统可以按照其信号性质进行划分，主要包括模拟移动通信系统和数字移动通信系统。在模拟移动通信系统中，原始信号是一个连续变化的波形信号。这种信号可以被看作是一条无限长的正弦波，而其中的信息通过调制这条波来实现。数字移动通信系统使用离散的数字信号来传输数据。数字信号是由一系列离散的数值构成的序列，可以通过数字编码来表示文字、图像、声音等各种类型的信息。

（9）按调制方式分为调幅、调频、调相等系统。

1.3 移动通信的发展概况

自人类社会诞生以来，更快、更高效的通信一直是人们追求的目标。在古代社会中，传递信息只能通过奔走相告、飞鸽传书和烽火狼烟等方式，但这些方法效率极低，易受地理和气象等因素阻碍。1844 年，美国发明家莫尔斯发明了莫尔斯电码，并使用电报机传输了第一条电报。这是人类史上第一次使用"电"来传输信息，显著提高了信息传输速度，莫尔斯电码的发明拉开了现代通信的序幕。1864 年，英国物理学家詹姆斯·克拉克·麦克斯韦在理论上证明了电磁波的存在。1896 年，意大利发明家古列尔莫·马可尼进行了第一次使用电磁波进行长距离通信的实验。这标志着人类首次以宇宙速度的极限——光速来传输信息，迎来了无线电通信的新时代。移动通信技术自 20 世纪 80 年代第一代移动通信技术（The First Generation Mobile Communication Technology，1G）问世开始，经过 40 多年的不断发展，已经彻底改变了人们的生活方式。移动通信技术已成为推动社会发展的重要力量之一，在信息交流、商务合作、社交活动、娱乐休闲等各个领域都得到广泛应用。图 1-2 所示为移动通信技术的发展历程。

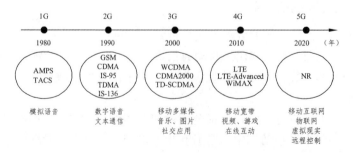

图 1-2　移动通信技术的发展历程

1.3.1　第一代移动通信系统

第一代移动通信技术采用模拟信号传输，主要特征是使用频分多路复用（Frequency Division Multiple Access，FDMA）技术。美国的 AMPS 和英国的 TACS 是其中两个主要的系统，其中 AMPS 运营在 800 MHz 频段，在北美和环太平洋地区广受欢迎；而 TACS 则运营在 900 MHz 频段，在欧洲和中国等地使用。第一代移动通信系统成功解决了系统容量与频率资源之间的平衡问题，成为公共移动网络的主要形式。然而，该系统仍存在着一些挑战，如缺乏规范化、硬件复杂、成本高昂、国际漫游功能受限、服务局限以及安全漏洞（包括通话易被窃听）等问题。

在 20 世纪 80 年代末，研究人员为了解决传统模拟蜂窝系统存在的问题，开始致力于数字移动通信系统的研发。相较于传统系统，数字系统具有更高效的频谱利用率、更加安全可靠、更为多样化的业务类型和更卓越的语音质量。这些优点使得数字移动通信系统逐渐成为未来移动通信技术的主流，并在推动移动通信领域持续快速发展方面扮演着重要角色。

1.3.2　第二代移动通信系统

第二代移动通信技术（The Second Generation Mobile Communication Technology，2G）的引入标志着数字化通信时代的开始，相比第一代模拟蜂窝系统其具备多方面的优势。除了支持语音业务，2G 还提供低速数据服务，并催生了短信等新业务，进一步增强了通信系统的通用性。此外，2G 系统具有很强的抗噪声、抗干扰和抗多径衰落能力，有效地提高了频带利用率和系统容量。微型蜂窝结构和开放的设备接口实现了多地区漫游，同时用户设备的小型化和成本降低也促进了 2G 通信系统的广泛应用。

作为 2G 移动通信系统中的代表性标准，GSM 采用了时分复用/频分复用（Time Division Multiple Access/Frequency Division Multiple Access，TDMA/FDMA）技术，起源于欧洲，目前已被广泛应用于全球各种业务[3]。GSM 工作频率范围在 900 MHz 至 1800 MHz 之间，最高传输速率可达 9.6 kb/s，支持语音、短信和图文接入等多种业务。GSM 被全球超过 10 亿用户选择作为其主要的移动通信技术，并在 200 多个国家和地区得到广泛应用。GSM 产品占据了全球 80%以上的蜂窝移动通信设备市场份额，对现代通信领域产生了深远影响。用户可以根据自身需求选择数字语音或低费用短信服务，而运营商则可以根据客户需求进行不同的设备配置，以更好地满足用户多样的通信需求。

除了 GSM 制式，2G 系统还包括其他多种制式，比如 CDMA IS-95 和 TDMA IS-136。CDMA IS-95 是一种简单的码分多址系统，其在美洲、亚洲等地被广泛应用。2G 系统具有高度隐蔽性、抗干扰能力强、安全性高以及通话质量好等优点。另一个制式 TDMA IS-136 则采用时分多址技术，主要在美国和日本使用。相对于 CDMA IS-95，TDMA IS-136 具有更高的频率复用系数和更快的数据传输速率，但其抗干扰能力可能略逊一筹。

随着 20 世纪末移动通信技术和互联网技术的飞速发展，人们的生活、学习和工作方式都发生了巨大变革。移动通信和互联网的融合已成为信息产业发展的必然趋势。然而，由于 2G 系统在体制和技术方面的限制，其已经不能满足全球漫游、频谱利用和数据服务等方面的需求。随着全球经济和信息社会的快速发展，移动通信业务和用户数量不断增长，2G 系统也在容量和业务类型方面逐渐达到了饱和点。因此，为了满足人们对于更个性化、智能化和多媒体化等方面的需求，电信标准化机构和研究单位开始着手开展第三代移动通信系统的研究，并提出了 3G 标准。

1.3.3 第三代移动通信系统

第三代移动通信技术（The Third Generation Mobile Communication Technology，3G）也称为国际移动通信-2000（International Mobile Telecommunications-2000，IMT-2000），即系统工作频率在 2 GHz 频段。第三代移动通信系统于 2000 年投入商用，最高传输速率可达到 2 Mb/s，与第一、二代移动通信系统比较如表 1-1 所示。IMT-2000 标准是一种真正意义上的宽带移动多媒体通信系统，能提供高质量的宽带多媒体综合业务，将语音通信和多媒体通信相结合，并且实现了全球覆盖及全球漫游。第三代移动通信系统的数据传输速率高达 2 Mb/s，容量是 2G 系统的 2~5 倍。国际上具有代表性的 3G 技术方案有三种，包括 WCDMA、TD-SCDMA 和 CDMA2000 三大标准，其中 WCDMA 和 CDMA2000 采用频分双工（Frequency Division Duplex，FDD）方式，TD-SCDMA 标准则采用时分双工（Time Division Duplex，TDD）方式。

表 1-1 前三代移动通信系统比较

对比项目	第一代移动通信系统	第二代移动通信系统	第三代移动通信系统
通信方式	模拟（蜂窝）	数字（双模式，双频）	多模，多频
主要应用	仅限语音通信	语音和数据通信	高速的新业务
场景限制	仅为宏小区	宏/微小区	卫星/宏/微/微微小区
应用场景	户外覆盖	户内/户外覆盖	无缝全球漫游，供室内外使用
接入技术	FDMA	TDMA、CDMA	CDMA
主要标准	AMPS、TACS	GSM、CDMA IS-95、TDMA IS-136	WCDMA、CDMA2000、TD-SCDMA

CDMA2000 是一种移动通信标准，是第二代移动通信（2G）的改进版本，具有更高的速率和更好的信号质量。该标准使用码分多址（Code Division Multiple Access，CDMA）技术来传输语音和数据，能够支持高速数据业务和多媒体业务，包括图像、视频和音频。CDMA2000 有多个版本，包括 CDMA2000 1x、CDMA2000 1xEV-DO 和 CDMA2000 1xEV-DV 等，每个版本都有不同的特点和应用场景。CDMA2000 是主要的第二代移动通信标准之一，已被广泛采用和部署。

WCDMA 是一种广泛应用于第三代移动通信系统（3G）中的空中接口技术，也被称为 UMTS（Universal Mobile Telecommunications Service，通用移动通信业务）。WCDMA 采用了 CDMA 技术，具有更高的数据传输速率和更好的频谱效率，支持高速数据业务和多媒体业务。WCDMA 的标准化由第三代合作伙伴计划（3rd Generation Partnership Project, 3GPP）负责，已经成为全球最主要的 3G 标准之一，被广泛应用于全球范围内的 3G 移动通信系统中[4]。

TD-SCDMA 是中国自主研发的第三代移动通信技术，是一种基于 TDD 的无线接入技术。与 CDMA2000 和 WCDMA 采用的 FDD 不同，TD-SCDMA 在单个频段内采用 TDD 进行上下行数据传输。这种方式可以更好地利用频谱资源，提高网络容量和覆盖范围，同时也有利于节约成本。TD-SCDMA 具有较好的语音和数据传输质量[5]，适用于城市和农村地区。

三种 3G 主流技术的性能对比如表 1-2 所示[6]。

与 2G 技术相比，3G 技术有较大的突破。同时，3G 也存在着一些自身的技术缺陷。比如 3G 采用的语音交换构架并非纯 IP 的方式，仍然有着 2G 系统的电路交换技术的影子；3G 在业务管理和业务提供方面较为迟滞；以视频为例的流媒体的应用依旧存在许多不尽如人意之处；在高速数据传输技术这方面，3G 仍不够成熟，并且接入速率难以达到理想的结果，存在着上限；而在安全方面，算法存在较多冗余，导致认证协议的难度不高，容易受到攻击。

表 1-2　三种 3G 主流技术的性能对比

技术名称	WCDMA	CDMA2000	TD-SCDMA
空中接口	WCDMA	CDMA2000，兼容 IS-95	TD-SCDMA
双工方式	FDD	FDD	TDD
频带宽度	5 MHz	（1.25×n）MHz（n=1,3,6）	1.6 MHz
码片速率	3.84 Mc/s	（1.228 8×n）Mc/s	1.26 Mc/s
同步要求	同步/异步	GPS 同步	同步
继承基础	GSM	窄带 CDMA	GSM
采用地区	欧洲、日本	北美、韩国	中国
商用试验	2001 年	2000 年	2007 年

随着近年来关于无线技术的研究愈加深入，无线技术的种类也逐渐增多，因此迫切需要一种技术能将这些无线技术进行整合，使各类不同的无线技术能在一个统一的网络环境中正常工作，这一需求催生了超三代移动通信系统（Beyond Third Generation，B3G）与第四代移动通信技术（The Fourth Generation Mobile Communication Technology，4G）的出现。B3G 通信系统和 4G 通信系统性能有所提升，能为人们提供更加优质的宽带接入、全球无线漫游、语音业务等服务[5]。

1.3.4　第四代移动通信系统

4G 是第四代移动通信技术的简称，也称作 LTE（Long-Term Evolution，长期演进），是对 3G 技术的升级。4G 技术的主要特点是高速数据传输、低延迟、高带宽和高可靠性，具有更好的网络覆盖和通话质量，可以支持更丰富的移动多媒体应用和服务，如高清视频、网络游戏、实时互动等。4G 技术主要包括 LTE 和 WiMAX 两种标准，其中 LTE 被广泛应用于全球各地的移动通信网络。在 2005 年 6 月的魁北克全会上，制定的 4G 关键需求简要概括如下[7]：

（1）数据速率：4G 要提供更高的数据速率，比目前 3G 技术提高 100 倍以上的峰值数据速率，达到每秒 100 兆比特的水平。

（2）高质量的服务：4G 要能够提供更高质量的服务，包括更高的可靠性、更短的响应时间、更广泛的覆盖范围、更高的频带利用率等。

（3）系统架构：4G 要采用全新的系统架构，实现灵活的网络组建和管理，同时还要支持多种无线接入技术的协同工作。

（4）兼容性：4G 要兼容各种不同的移动通信系统，包括 2G、3G 以及未来的 5G 系统，以实现移动通信技术的无缝升级和演进。

（5）低成本：4G 要在保证高质量服务的同时，尽可能地降低成本，以满足广大用户的需求。

据此需求，2008 年 2 月，国际电信联盟（International Telecommunication Union，ITU）的国际移动通信工作组正式发出了征集技术通知函，经过两年的准备时间，国际移动通信工作组在 2009 年 10 月份的大会上共征集到 6 种候选技术方案，其中，采用正交频分复用（Orthogonal Frequency Division Multiplexing，OFDM）和多输入多输出（Multiple-Input Multiple-Output，MIMO）技术的 LTE 作为其无线网络演进的唯一标准。还采用调度技术提升网络容量和速度，增强了 3G 的空口接入能力。

在 3G 系统中，随着移动宽带业务的兴起，分组交换逐步成为主流，取代了传统的电路交换。而在 4G 系统中，为了更好地满足高速数据传输的需求，直接采用了全 IP 基础网络结构，进一步提升了分组交换的作用，提高了网络传输的效率和可靠性。4G 系统采用 FDD 和 TDD 两种双工模式，其中 FDD-LTE 应用范围最广泛，商用情况远优于 TDD-LTE。

1.3.5　第五代移动通信系统

5G（The Fifth Generation Mobile Communication technology，第五代移动通信技术）是对 4G 的进一步升级。5G 技术有望提供更高的数据传输速度、更低的延迟、更大的网络容量和更高的网络连接密度，以满足人们对高速数据传输和物联网应用的需求。5G 技术采用了新的通信频谱和更高级的天线技术，如毫米波技术和 MIMO 技术，以提高网络的效率和可靠性。5G 技术还支持网络切片技术，可以根据不同应用的需求切分网络，为不同行业提供个性化的解决方案。

图 1-3 中展示了 5G 的三大应用场景：增强型移动宽带（enhanced Mobile Broadband，eMBB）、海量机器类通信（massive Machine Type of Communication，mMTC）和高可靠低时延通信（ultra Reliable & Low Latency Communication，uRLLC）。

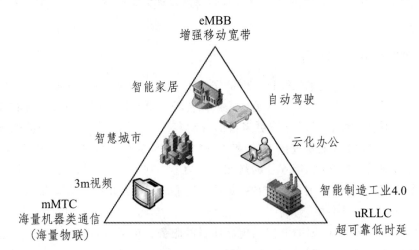

图 1-3　5G 三大应用场景

eMBB 场景是为了满足未来移动互联网对更高带宽、更低延迟和更可靠连接的需求而设计的。该场景将提供更高的数据速率和更低的时延，支持高清视频流媒体、虚拟现实、增强现实、智能家居、智能医疗和智能交通等大容量数据和高速数据传输的应用。eMBB 场景是 5G 网络的重要应用场景之一，其发展将推动更多的创新应用的涌现，从而进一步推动数字经济的发展[10]。

eMBB 场景的核心需求是速率的提升，5G 标准要求单个 5G 基站至少能够支持 20 Gb/s 的下行速率以及 10 Gb/s 的上行速率，比 LTE-Advanced 的 1 Gb/s 的下行速率和 500 Mb/s 上行速率提高了 20 倍，适用于 4K/8K 分辨率的超高清视频、虚拟现实(Virtual Reality，VR)等大流量应用，符合"无限流量、G 级速率"的特性。

uRLLC 的主要应用场景包括自动驾驶汽车、工业控制、远程医疗、虚拟现实、机器人控制等需要高可靠性和低时延的场景。在这些场景中，数据的传输要求低到毫秒级，同时对数据的可靠性也有很高的要求，任何一个数据包的丢失都可能造成重大损失。因此，uRLLC 需要具备超高的可靠性和极低的时延，以保证各种关键应用场景的正常运行。

mMTC 主要是面向大规模物联网（Internet of Things，IoT）应用场景，能够支持海量设备的连接和数据传输，具有高效的能量利用和低功耗的特点。mMTC 还能够实现对设备的广播和多播，提供更加灵活和可靠的通信服务，为智能家居、智慧城市等应用提供支持。

5G 技术将推动移动互联网和物联网业务的发展，以满足人们在不同场景下的多样化业务需求。在高密度流量、连接和移动性场景下，5G 将提供超高清视频、虚拟现实、增强现实、云桌面和在线游戏等极致业务体验。此外，基于 5G 移动通信技术的轨道交通网络传输方案也备受关注，可提高车联网的承载带宽和传输速率。5G 技术还将渗透到物联网和各行业领域，与工业设施、医疗仪器、交通工具等深度融合，为垂直行业提供多样化的业务需求，实现"万物互联"[11]。

5G 的关键能力包括用户体验速率、连接数密度、端到端时延、峰值速率和移动性等[11]。而对于物联网和垂直行业应用场景，前几代通信系统缺乏对底层技术的改进，因此无法针对海量连接和优良的端到端时延做出优化，但是 5G 却能从根本上解决这些问题，海量连接能力和低时延高可靠特性成为 5G 的关键指标。

5G 需要满足多样化场景的极端差异化性能需求，因此无法仅仅以单一技术为基础形成解决方案。当前无线技术创新也呈现多元化发展趋势，包括新型多址技术、大规模天线阵列、超密集组网、全谱接入和新型网络架构等，这些技术均能在 5G 场景中发挥关键作用[12]。

1.3.6　中国移动通信发展史

我国的移动通信产业起步较晚，但是发展迅速，并实现了移动通信技术"1G 空白、2G 跟随、3G 突破、4G 并跑、5G 引领"的巨大突破。其中，国内的 1G 系统于 1987 年的广州全运会上首次开通并正式商用，采用的是英国的 TACS 制式接入全球通信系统，直至 2001 年底中国移动彻底关闭模拟移动通信网，才结束了 1G 系统在国内长达 14 年的应用。我国正式进入 2G 时代是在 1995 年，采用的是以 GSM 为主，IS-95、CDMA 为辅的模式。相较于 1G 高昂的使用成本，2G 较低的资费使其成为大多数我国用户首次接触到的移动通信技术。据统计，2G 系统在我国仅用了 10 年的时间，就发展了近 3 亿的用户。

2001 年，3G 技术首次登上了历史的舞台。2008 年，支持 3G 网络的 iPhone 3G 发布，标志着移动通信正式进入了移动多媒体时代。而我国则是在 2009 年 1 月 7 日颁发了 3 张 3G 牌照，分别是中国电信的 CMDA2000，中国联通的 WCDMA 和中国移动的 TD-SCDMA，形成了国内 "三足鼎立" 的局面。其中 TD-SCDMA 由我国制定，并于 1999 年 6 月向国际电信联盟（International Telecommunication Union，ITU）提交，填补了我国在移动通信技术标准上面的空白，也标志着我国在移动通信标准领域上不再受制于人，是我国在移动通信领域的一大突破。随后在 2008 年发布的 4G 中，我国成为 4G 标准的制定者之一，并于 2013 年向中国移动、中国联通、中国电信正式发放了 4G 通信业务 TD-LTE 牌照。随后各种各样的新兴公司如雨后春笋般的争相出现，自此，人们的生活方式被彻底改变。

在经历了 1G、2G 时代的空白、跟随阶段和 3G、4G 时代的突破、并跑阶段后，随着 5G 时代的来临，无论是政府、企业还是科研机构，都在努力争取 5G 标准制定中的话语权。2013 年 4 月，由工业和信息化部、国家发改委、科技部共同支持的 IMT-2020(5G) 推进组在北京成立，标志着我国 5G 之路正式开启。2015 年 10 月，在无线电通信全会上，我国提出的 "5G 之花" 9 个技术指标中有 8 个被 ITU 采纳，进一步展现了中国在 5G 技术中引领者的地位。2018 年 2 月 27 日，华为在 MWC2018 大展上发布了首款 3GPP 标准 5G 商用芯片巴龙 5G01 和 5G 商用终端，弥补了我国在基带硬件方面的不足。2019 年 6 月 6 日，工信部向中国电信、中国移动、中国联通、中国广电颁发了 4 张 5G 商用许可证。自此，我国正式进入 5G 时代。

1.4 标准化组织

随着移动通信场景需求的多样化，只有采用标准化的技术体制将多种设备组成互联的移动通信网络，建立规范化的信息传递技术，才能保证通信体系的完整。所以标准制定工作受到了越来越多的重视，通信标准由此也具备了国际性和全球性。

1.4.1 国际电信联盟

ITU 是联合国的专门机构之一，负责协调全球电信和无线电通信事务，以促进电信网络和技术在全球范围内的有序发展[13]。ITU 成立于 1865 年，是世界上最古老的国际组织之一，总部位于瑞士日内瓦。ITU 的任务包括制定电信标准、管理无线电频谱、促进全球互联网和信息社会的发展等。ITU 还负责制定国际电信条例，为全球电信行业提供指导和法律依据。ITU 由 193 个会员国和 900 多家成员组成，包括电信运营商、设备制造商、标准制定机构和政府机构等。ITU 通过制定国际标准和推动技术创新，为全球电信行业的发展提供了重要支持。

1.4.2 第三代合作伙伴计划

第三代合作伙伴计划（3rd Generation Partnership Project，3GPP）是一个由全球电信标准化组织组成的自愿性联盟，致力于开发和制定全球通信系统的技术标准，包括 GSM、UMTS、LTE、5G 等。3GPP 的成员包括电信运营商、设备制造商、软件开发商和其他利益相关者。3GPP 的主要任务是制定全球通信系统的技术标准，并确保这些标准符合业界需求和预期。该联盟负责制定技术标准和规范、协调全球技术发展、解决技术相关的问题，并提供技术支持和建议。3GPP 的标准制定流程通常需要经历多个阶段，从研究、需求分析、技术规范、测试、验证到最终发布。

3GPP 的组织结构中，项目协调组（Project Cooperation Group，PCG）是最高管理机构，负责总体时间表和技术工作管理，以确保根据项目参考中包含的原理和规则按照市场要求及时生成 3GPP 规范。技术方面的工作由技术规范组（Technology Standards Group，TSG）完成。目前，3GPP 可分为 3 个 TSG，分别为 TSG 无线接入网（TSG Radio Access Network，TSG RAN）、TSG 服务与系统方面（TSG Service & Systems Aspects，TSG SA）和 TSG 核心网与终端（TSG Core Network & Terminals，TSG CT）。其中，TSG CT 负责设定中高端端口（逻辑和物理）、终端能力（例如，执行环境）和 3GPP 系统的核心网络部分。

每一个 TSG 下面又分为多个工作组（Work Group，WG），每个 WG 分别承担具体的技术规范（Technical Specification，TS）和技术报告（Technical Report，TR）。一般由 3GPP 的组织成员向 3GPP 提交项目，获得 TSG 采纳后进入可行性研究，若可行，则进一步制定技术规范。其间，3GPP 召开会议进行多次技术讨论，选出最佳方案，形成技术规范，组织成员根据批准后的技术规范，制定各自的标准。3GPP 制定的标准规范以 Release 作为版本进行管理，平均一到两年就会完成一个版本的制定，从建立之初的 R9，到之后的 R14，目前已经发展到 R16。

1.4.3 其他组织

欧洲电信标准化协会（European Telecommunications Standards Institute，ETSI）成立于 1988 年，是欧洲地区性标准化组织，由技术委员会、ETSI 合作项目、行业规范组、特别委员会、专责小组各类技术小组进行标准化工作，与 3GPP 有着紧密的合作。ETSI 的许多组件技术都被集成到了 5G 系统中，例如，网络功能虚拟化（Network Function Virtualization，NFV）、边缘计算（Mobile Edge Computing，MEC）、毫米波传输（Millimeter Wave Transmission，mWT）和下一代协议等。同时，ETSI 下属技术委员会数字增强无线通信系统（Digital Enhanced Cordless Telecommunications， DECT）论坛向 ITU 递交了自身的 5G 候选计划方案。

电子电气工程师学会（Institute of Electrical and Electronics Engineers，IEEE）是国际性的电子技术与信息科学工程师的学会[14]。IEEE 下设 39 个学会，包括通信学会、计算机学会等，学会采用委员会（例如，IEEE802）、工作组（例如，802.11）、任务组（例如 802.11a）等分级组织开展标准活动。2016 年，IEEE 推出 5G 行动计划，5G 行动计划工作组负责描绘 5G 路线图，确定短期（3 年）、中期（5 年）和长期（10 年）的研究、创新和技术趋势，其他工作组负责制定标准组织活动和召开会议，例如，IEEE5G 峰会、IEEE5G 世界论坛和 2019 年在南京举办的 IEEE5G+Blockchain initiative 全球行动计划，该行动致力于在全球范围内推动 5G 链网技术标准和指导性运营标准，共同推动 5G 链网示范验证和创新实践，促进 5G 链网的创新和部署并推动与协调其涵盖的各领域向 5G 及超 5G 的下一代网络发展。

本章小结

本章主要探讨了移动通信的基本概念、特点和分类，同时简要介绍了移动通信系统的组网和接口标准，并介绍了移动通信技术的发展历程以及多个国际移动通信标准化组织。通过学习本章，读者将能够全面认识和了解移动通信的基础知识，深入理解移动通信系统的演进历史，以及掌握移动通信领域的重要组织和标准化机构。

在本章 1.1 节中，介绍了移动通信的基本概念，即涉及至少一方移动的信息传输和交换。此外，也从移动通信的通信特点入手，讲解了移动通信的概念以及当前移动通信面临的主要挑战。通过本节的介绍，读者可以对移动通信有一个全面的认识和了解，包括其定义、特点和目前面临的问题和挑战[15-17]。

1.2 节主要介绍了移动通信系统的组成和分类，并简述了各组成的作用。在移动通信网中，主要功能实体包括：移动台、基站子系统和网络子系统。接着，还根据不同的分类方式，对移动通信的分类进行了介绍。

1.3 节介绍了移动通信的发展概况，从远古时期人类低效的通信方式出发，按照时间顺序，依次介绍了 1G、2G、3G、4G 和 5G 通信系统的发展历程，并详细介绍了不同时期的关键技术与技术应用。其中，1G 为模拟通信时代，主要特征是以频分多址技术为基础的通信，但是其保密性差、频谱利用率低；进入 2G 的数字通信时代，最典型代表制式是 GSM，以 FDMA/TDMA 技术为基础，能够支持语音业务和短信业务；在 3G 时代中具有三种代表性的技术方案，分别是采用 FDD 模式的 WCDMA、CDMA2000 和采用 TDD 模式的具有中国自主知识产权的 TD-SCDMA，3G 能提供高质量的宽带多媒体综合业务，并且实现了全球的无缝覆盖及全球漫游；从核心技术来看，4G 主要是采用了以 OFDM 调制技术为基础的多址接入技术，能够使得下行峰值速率达到 100 Mb/s，上行峰值速率达到 50 Mb/s；当前，5G 发展方兴未艾，用户体验速率、连接数密度、端到端时延、峰值速率和移动性等都将具有新的突破。

1.4 节介绍了当前移动通信领域主要的标准化组织，并详细介绍了不同组织的来历、体系架构与职责。标准化组织的工作主要是制定具有国际性和全球性的通信标准用于移动通信系统公认的协定。当前主要的标准组织主要有 ITU、3GPP、IEEE 和 ETSI 等。

习 题

一、填空题

1. 总体来看，移动通信的发展方向是从＿＿＿＿＿＿通信到数字通信，从窄带系统到＿＿＿＿＿＿系统，从话音业务到＿＿＿＿＿＿业务进行的。

2. 在我国，第二代移动通信技术采用的是＿＿＿＿制式，采用＿＿＿＿双工模式；第三代移动通信制式中唯一具有中国自主知识产权的标准是＿＿＿＿，其中文含义是＿＿＿＿；第四代移动通信 LTE 系统支持的两种双工方式分别为＿＿＿＿和＿＿＿＿。

3. 5G 移动通信的三大场景为＿＿＿＿、＿＿＿＿和＿＿＿＿。其中，＿＿＿＿主要针对人与人、人与媒体的通信场景，＿＿＿＿主要针对工业生产和工业控制的应用场景，＿＿＿＿主要针对人与物、物与物的互联场景，强调大规模机器的接入能力。

二、选择题

1. 以下不属于 3G 移动通信系统的关键技术方案的是（　　　）。
   A. GSM　　　　B. TD-SCDMA　　　C. WCDMA　　　　D. CDMA2000

2. 以下不属于 5G 移动通信系统应用场景的是（　　　）。
   A. mMTC　　　　B. mRLLC　　　C. uRLLC　　　　D. eMBB

3. 以下不属于 3GPP "合作伙伴" 的是（　　　）。
   A. 组织合作伙伴　　　　　　　　B. 市场代表伙伴

C. 组织代表伙伴　　　　　　　　D. 独立成员

三、简答题

1. 什么是移动通信？移动通信有哪些特点？
2. 移动通信系统主要由哪些功能实体组成？各功能实体有何作用？
3. 移动通信可以从哪些方面进行分类？
4. 简述移动通信系统的发展过程，并指出各时代的主流标准分别是什么。
5. 简述 5G 移动通信的三大移动场景，并说明三大移动场景的主要性能指标。
6. 试列举几个移动通信的标准化组织及其主要贡献。

本章参考文献

[1] 侯晓宝. 智能手机多功能防火墙模型设计[D]. 成都: 电子科技大学, 2009.

[2] 袁洪权. 面向 mMTC 随机接入方案的优化设计[D]. 西安: 西安电子科技大学, 2019.

[3] 张亮. GSM/TD-SCDMA 混合组网下的网络优化研究[D]. 南京: 南京邮电大学, 2011.

[4] 胡健. 基于功率控制的德州联通移动网络优化实现[D]. 南京: 南京邮电大学, 2013.

[5] 乔春. TD-SCDMA 系统中功率控制算法的研究[D]. 西安: 西安科技大学, 2008.

[6] 王建宙, 胡国华. 3G 向 4G 的演化及 4G 的研究进展[J]. 科技信息, 2009, 319(35): 873-874.

[7] 韩雄川. LTE 终端 MIMO 检测算法研究[D]. 西安: 西安科技大学, 2012.

[8] 陈国明. LTE 多天线技术及其网络性能研究[D]. 西安: 西安科技大学, 2010.

[9] 周兰英. 基于 TDD-LTE 的随机接入检测算法研究[D]. 西安: 西安科技大学, 2012.

[10] 邬建军. 5G 技术在智能交通中的应用[J]. 电子技术与软件工程, 2019(16): 34-35.

[11] 彭琴. 第五代移动通信新型调制及非正交多址传输技术研究及设计[D]. 南京: 南京邮电大学, 2016.

[12] 陈松, 徐龙华. 面向 5G 超密集组网的网络规划新技术[J]. 中国新通信, 2017, 19(18): 29.

[13] 祁权, 杨琳. 国际电信联盟发展现状概述[J]. 中国无线电, 2020.

[14] 王青, 王大明. 《IEEE 会报》的历史及现状研究[J]. 中国科技期刊研究, 2014, 25(2): 271-276.

[15] 史德锋. 机车监测数据无线传输技术研究[D]. 成都: 西南交通大学, 2004.

[16] 张梁. 基于无线局域网的机车牵引试验数据采集传输系统[D]. 成都: 西南交通大学, 2004.

[17] 王威. 机车实时定位与监测数据传输系统的研制[D]. 成都: 西南交通大学, 2006.

第 2 章　移动通信关键技术

本章主要介绍移动通信中的关键技术，即无线电波传播与无线信道技术、调制技术和抗衰落技术。

对于任何一种通信系统，信道都是必不可少的重要部分。根据传输介质的不同可以将信道分为有线信道和无线信道 2 种[1]。固定且可预见的信道是有线信道，而无线信道是不固定、随机的，其传播环境复杂[2]。移动通信系统中的信道是无线信道，系统的性能主要受无线信道的限制。本章第一部分介绍无线电波传播与无线信道技术，分析移动信道的特点，为解决移动通信关键技术难题奠定基础。

由于无线信道衰落、多径的存在以及频谱资源的紧缺，移动通信系统亟需一个能提高单位频带内传输数据比特速率的调制方案。调制能有效减小天线尺寸、提高通信容量和增强信号抗干扰能力。本章第二部分介绍数字调制技术基本概念以及常用的数字调制技术，包括线性调制技术、恒包络调制技术、多载波调制技术和扩频调制技术。

移动通信系统中接收信号出现严重衰落和失真，原因是移动信道的多径传播，接收机移动产生的多普勒频移，以及无线信道固有的各种杂音和干扰。本章第三部分介绍几种改善接收信号质量的信号处理技术（抗衰落技术），即分集、信道编码、均衡和多天线技术。

2.1　无线电波传播与无线信道技术

无线信道是指无线通信系统中发射机与接收机之间的通道，因中间没有物理连接，无线电波在该通道中的传播路径是多样的。为了形象地描述发送端到接收端的传送过程，想象两者之间有一个看不见的链路，并称为"信道"，即常说的无线的"频段"[3]。

围绕着有效性、可靠性和安全性三个基本指标，移动通信系统不断进化。为提升这三项基本指标，各类新技术得以提出。解决移动通信关键技术的先决条件是分析无线信道的特点，下面将从无线电波传播特性、传播路径与信号衰落，电波传播损耗预测模型三个方面来分析无线信道的特点。

2.1.1　无线电波传播特性

无线信道利用无线电波来传输信号。若采用波长越短、频率越高的无线电波来传递信号，则在相同的时间里，会有更多的信息被传送出去。移动通信主要使用微波来传输信号，即波长在 0.001 ~ 1 m，频率范围是 300 MHz ~ 300 GHz 的无线电波。电磁波在传播过程中容易受到干扰，如地形地貌、人工建筑、电磁干扰，移动用户端移动速度等均会对其造成影响。在移动通信系统中无线电波在复杂传播环境以直射、反射、绕射和散射为主要传播方式，如图

2-1 所示。这里主要介绍直射波、反射波和绕射波的特性，以及这几种传播方式的损耗。

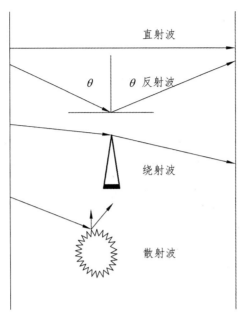

图 2-1　电波主要传播方式

1. 直射波

通常，采用自由空间的传播环境作为分析无线电波传播的参考。自由空间是一种不吸收电磁能量的特殊介质，在自由空间中电磁波不会被反射、散射和吸收。但是，电磁波在传播过程其能量会发生扩散，从而导致传输损耗。在自由空间中传播时，接收端的功率定义为

$$P_{\mathrm{r}} = \frac{A_{\mathrm{r}}}{4\pi d^2} P_{\mathrm{t}} G_{\mathrm{t}} \tag{2.1-1}$$

式中，P_{t} 指发射端的发射功率；d 指发射天线和接收天线之间的距离；$A_{\mathrm{r}} = \dfrac{\lambda^2 G_{\mathrm{r}}}{4\pi}$，$\lambda$ 为波长；G_{t} 和 G_{r} 分别指发射天线和接收天线的增益。

球面波在传播过程中，随着传播距离增大，球面单位面积上的能量减小，而接收天线的有效截面积是一定的，因此，接收天线捕获到的信号功率随着传播距离增加而递减，如图 2-2 所示。自由空间损耗的根本原因是能量扩散，自由空间的传播损耗 L 定义为

$$L = P_{\mathrm{t}} / P_{\mathrm{r}} \tag{2.1-2}$$

当发射天线和接收天线增益为 0dB，即 $G_{\mathrm{t}} = G_{\mathrm{r}} = 1$，式（2.1-2）改写为

$$L = \left(\frac{4\pi d}{\lambda}\right)^2 \tag{2.1-3}$$

将上式改写成分贝（dB）形式，则有

$$[L] = 32.45 + 20\lg f + 20\lg d \tag{2.1-4}$$

其中，f(MHz) 是工作频率，d(km) 是收发天线之间的距离。

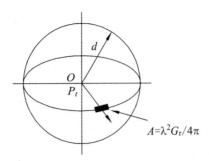

图 2-2　自由空间传播

公式（2.1-4）表明，当传播距离增加一倍，自由空间的传播损耗增加 6 dB；此外，当工作频率提高一倍，自由空间的传播损耗增加 6 dB[3]。即，自由空间的传播损耗会随着传播距离的增加而增加，随着工作频率的提高而增大。事实上，发射端发射出去的信号能力只有一小部分到达接收端，大部分信号能量扩散掉了。

【例题 2-1】发射机发射功率为 50 W，工作频率为 900 MHz，发射机和接收机均为单位增益天线，即 $G_t = G_r = 1$。计算在自由空间中，距离发射天线 100 m 处接收功率为多少 dBm？

解：

波长为

$$\lambda = \frac{c}{f} = \frac{3 \times 10^8}{9 \times 10^8} = 0.33 \text{ m}$$

接收功率为

$$P_r = \frac{G_t G_r \lambda^2}{(4\pi)^2 d^2} P_t = \frac{0.33^2}{(4 \times 3.14 \times 100)^2} \times 50 \text{ W}$$

$$= 3.5 \times 10^{-6} \text{ W} = 3.5 \times 10^{-3} \text{ mW}$$

$$P_{r(dBm)} = 10 \lg(P_r / 1 \text{ mW}) = 10 \lg(3.5 \times 10^{-3} \text{ mW} / 1 \text{ mW}) = -24.6 \text{ dBm}$$

2. 反射波

当电磁波遇到比它的波长大得多的物体时，一部分能量被反射，一部分能量被吸收，电磁波传输过程中产生多径衰落的主要因素就是反射[4]。

电磁波发生反射的界面是多种多样的，有规则、不规则的，也有平滑、粗糙的，在此考虑平滑反射表面（也叫理想介质表面）。当电磁波遇到平滑反射表面时，所有的能量都会被反射出去[5]。图 2-3 是平滑表面的反射示意图，a 为入射电磁波，b 为反射电磁波，θ 为入射角大小。

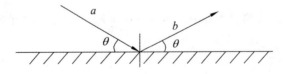

图 2-3　平滑表面的反射

1）两径传播模型

移动通信系统中电波传播环境复杂，电磁波在传播过程中，从不同建筑物或其他物体反射后到达接收机端表现为多径信号的叠加。图 2-4 为简单的两径传播示意图，T 为发射天线，

R 为接收天线，C 为反射点，TR 为直射波路径，TCR 代表反射波路径，h_t 和 h_r 分别代表发射端天线和接收端天线的高度。

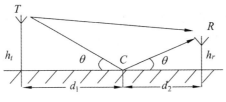

图 2-4　两径传播示意图

地面对电波的反射一般是按照平面波来处理，即电波的反射角与入射角是一样的。用反射系数 R 表示不同界面的反射特性，即

$$R = |R|\mathrm{e}^{-\mathrm{j}\varphi} \tag{2.1-5}$$

反射波与直射波的路径差为

$$\Delta d = d\left[\sqrt{1+\left(\frac{h_t+h_r}{d}\right)^2} - \sqrt{1+\left(\frac{h_t-h_r}{d}\right)^2}\right] \tag{2.1-6}$$

式中，$d = d_1 + d_2$。通常 $h_t + h_r$ 远小于 d，因此上式可写为

$$\Delta d = \frac{2h_t h_r}{d} \tag{2.1-7}$$

反射波与直射波的周期相同，但相位可能不同，它们的相位差为

$$\Delta \varphi = \frac{2\pi}{\lambda}\Delta d \tag{2.1-8}$$

式中，$2\pi/\lambda$ 称为传播相移常数。

接收端的信号功率为

$$P_r = P_t\left[\frac{\lambda}{4\pi d}\right]^2 G_r G_t \left|1 + R\mathrm{e}^{\Delta\varphi} + (1-R)A\mathrm{e}^{\Delta\varphi} + \cdots\right|^2 \tag{2.1-9}$$

其中，绝对值号中第一项是直射波，第二项是地面反射波，第三项是地表面波，省略号表示感应场和地面二次效应[6]。忽略地表面波的影响，式（2.1-9）简化为

$$P_r = P_t\left[\frac{\lambda}{4\pi d}\right]^2 G_r G_t \left|1 + R\mathrm{e}^{\Delta\varphi}\right|^2 \tag{2.1-10}$$

其中，P_t 和 P_r 分别为发射机功率和接收机功率，G_t 和 G_r 分别为发射机天线和接收机天线增益，R 为地面反射系数，d 为收发端天线距离，λ 为波长，$\Delta\varphi$ 为两条路径相位差。

2）多径传播模型

当存在 N 条路径时，式（2.1-10）可以推广为

$$P_r = P_t\left[\frac{\lambda}{4\pi d}\right]^2 G_r G_t \left|1 + \sum_{i=1}^{N-1} R_i \exp(\mathrm{j}\Delta\varphi_i)\right|^2 \tag{2.1-11}$$

此外，当路径数量很多时，式（2.1-11）接收功率信号不能精确计算，必须用统计学来计算。

3. 绕射波

当传播的无线信号受到尖利边缘的阻隔而产生绕射，而阻隔表面产生的二次波则会在整个空间范围内分布，从而导致波在阻隔物体周围产生弯曲，如图 2-5 所示。

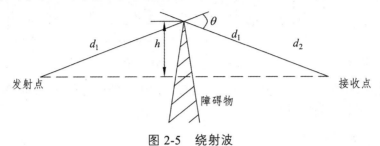

图 2-5　绕射波

一般情况下，遮挡物的性质和传播路径的相对位置都会影响绕射产生的损耗大小。绕射现象可以用惠更斯-菲涅耳原理来解释：电磁波在传播过程中，波前上的每一点都可产生次级波，将这些次级波组合起来便形成了传播方向上新的波前，因此，次级波便可绕过障碍物往前传播[7]。

如图 2-6 所示，T 是发射天线，R 是接收天线，它们的连线在球面上相交于 A_0 点。惠更斯-菲涅耳原理表明，波阵面上的每一个点都可以被看作是远距离 R 点的二次波源。选择球面上的 A_1 点，使得

$$A_1 R = A_0 R + \frac{\lambda}{2} \tag{2.1-12}$$

TA_1R 路径与 TR 直线路径的差为

$$\begin{aligned} \Delta d &= (TA_1 + A_1 R) - (TA_0 + A_0 R) \\ &= A_1 R - A_0 R = \frac{\lambda}{2} \end{aligned} \tag{2.1-13}$$

引起的相位差为

$$\Delta \varphi = \frac{2\pi}{\lambda} \Delta d = \pi \tag{2.1-14}$$

TA_1R 和 TR 路径之间的相位差为 π。

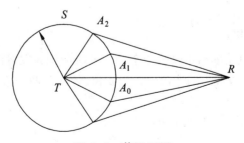

图 2-6　菲涅耳区

同理，选择球面上 A_2, A_3, A_n 点，使得 $A_n R = A_0 R + n\lambda/2$。此时，选择的这些点在球面上构

成一系列圆，将球面分成了许多环形带 N_n ，如图 2-7 所示。

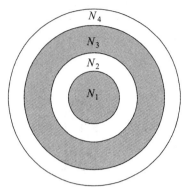

图 2-7　菲涅耳环形带

由同样相位特性的环形带构成的空间区域叫作菲涅耳区。$n=1$ 所组成的菲涅耳区称为第 I 菲涅耳区。理论分析显示：经过第 I 菲涅耳区到达接收机天线的电磁波能量约占 R 点接收总能量的一半。如果有障碍物存在第 I 菲涅耳区，对电波的影响更大。

菲涅耳余隙用于衡量障碍物对传播信号的影响程度。如图 2-8 所示，从障碍物顶点 P 到发射端与接收端连线 TR 的距离 x 叫作菲涅耳余隙。如遇障碍物阻挡，余隙为负值，如图 2-8 （a）所示；在没有障碍物阻挡时，余隙为正，如图 2-8（b）所示。

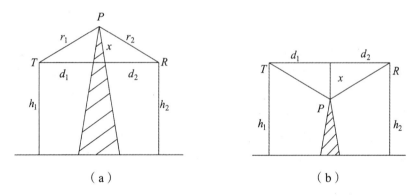

（a）　　　　　　　　　　　　　　　　（b）

图 2-8　障碍物与余隙

2.1.2　传播路径与信号衰落

移动通信系统中，直射波和反射波共同决定着接收信号的强度。假设接收到的电波来自同一发射天线，到达接收端的电波由于传播路径不同，电波的幅度和相位都不相同。另外，由于移动台是移动的，所以在合成后不同时间、不同地点接收到的信号强度都不同。衰落是指由于移动台的移动性，导致接收信号起起落落的现象。衰落严重影响通信质量，以下面是衰落的种类和表征衰落的统计特征量，并给出考虑衰落情况下多径信道的信道模型。

1. 衰落的类型

1）阴影衰落和慢衰落

当电磁波从发送端发出，遇到障碍物时会在障碍物后方形成一个阴影区。如图 2-9 所示。

当移动设备经过阴影区域时，接收信号的平均值发生变化，这称为阴影衰落，其衰落速率是由地形分布、高度和移动设备的移动速度来决定的。另外，大气折射也会造成衰落，因为大气介电常数的垂直梯度在气象条件变化时会发生缓慢变化。阴影效应和气象条件变化导致接收电平的场强中值发生的变化是缓慢的，故称为慢衰落。慢衰落一般服从对数正态分布，如果用分贝数表示，则服从正态分布。

图 2-9　阴影衰落

传播路径损耗和阴影衰落表示为

$$l(r, \zeta) = r^m \times 10^{\zeta/10} \tag{2.1-15}$$

式中，r 为基站与移动设备之间的距离；ζ 表示阴影产生的损耗（dB），它服从对数正态分布。式（2.1-15）改成 dB 的形式为

$$10 \lg l(r, \zeta) = 10m \lg r + \zeta \tag{2.1-16}$$

式中，m 为路径损耗指数，实践表明当 $m=4$、标准差 $\sigma=8$dB 时是合理的[7]。

2）多径衰落和快衰落

当移动台低于建筑物平均高度时，如城市场景，直线传播路径很少，到达接收端的信号是多个发射波叠加而成的。这些发射波所经过的路径都不一样，同时，相位的变化也不相同。接收端合成电波的电平呈现出快速的随机起伏，这样的现象称为多径衰落，也叫作快衰落。快衰落的速率与移动台的移动速率、工作频率等都有一定的关系，其衰落的深度与地形地物有关。多普勒效应属于典型的快衰落，指移动台处于运动时接收信号频率发生变化的情况，如图 2-10 所示。因多普勒效应导致的多普勒频移可表示为

$$f_d = \frac{v}{\lambda} \cos \alpha \tag{2.1-17}$$

式中，v 为移动台的速度，λ 为波长，α 为入射电波方向与移动台运动的夹角，$v/\lambda = f_m$ 表示最大多普勒频移。

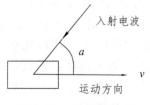

图 2-10　多普勒效应

由式（2.1-17）可知，多普勒频移与移动台的速度、运动方向以及入射波与运动方向的夹角都有一定的关系。当移动台与入射波一致，多普勒频移为正；反之，多普勒频移为负[8]。由

于信号传播方向不定，接收端将收到多径分量从而增加了信号带宽。

【例题 2-2】当载波频率为 600 MHz，移动台移动速度为 60 km/h 时，求解大多普勒频移。

解：移动台运动速度为

$$v = 60 \text{ km/h} = \frac{60 \times 1\,000}{3\,600} \text{ m/s} = \frac{100}{6} \text{ m/s}$$

波长为

$$\lambda = \frac{c}{f} = \frac{3 \times 10^8}{600 \times 10^6} = 0.5 \text{ m}$$

最大多普勒频移为

$$f = \frac{v}{\lambda} = \frac{60 \times 10^3}{0.5 \times 3\,600} \approx 33.3 \, (\text{Hz})$$

2. 表征衰落的统计数字特征量

衰落表现为接收信号电平的随机变化。统计分析表明，接收信号电平的随机变化实际是有一定规律的，可以通过统计数字特征量来表示。

1）场强中值

场强中值是指接收到信号电平的强度高于某个电平值且持续时间占统计时间的一半以上。若接收机门限等于场强中值，通信的可通率仅有 50%。所以为保障正常通信，场强中值必须比接收机的门限大得多，才能保证正常的通信。

2）衰落深度

接收电平和场强中值电平的差值为衰落深度，综合而言，移动通信系统的衰落深度可达 20 ~ 30 dB[7]。

3）衰落速率

衰落速率指衰落的频繁程度，即接收信号场强变化速度的快慢。平均衰落率定义为

$$A = \frac{v}{\lambda/2} = 18.5 \times 10^{-3} vf \text{ (Hz)} \tag{2.1-18}$$

式中，v 代表运动速度；f 代表频率。由式（2.1-18）可知，平均衰落率与工作频率、移动台的速度和方向等有关。

【例题 2-3】求解以下参数情况下接收信号的平均衰落率：频率为 500 MHz，运动速度为 40 km/h，移动台与电波传播方向一致。

解：平均衰落率为

$$A = \frac{v}{\lambda/2} = 18.5 \times 10^{-3} vf = 18.5 \times 10^{-3} \times 500 \times 40 \text{ Hz} = 370 \, (\text{Hz})$$

上式表明，接收信号包络在 1 s 内有 370 次低于中值电平。

4）电平通过率

电平通过率用来描述衰落次数的统计规律，是指单位时间内信号包络以正斜率通过电平 R 的平均次数。电平通过率的表达式为

$$N(R) = \int_0^\infty \dot{r} p(R, \dot{r}) \mathrm{d}\dot{r} \qquad (2.1\text{-}19)$$

式中，$\dot{r}$ 为信号包络导函数，$p(R, \dot{r})$ 为 R 与 $\dot{r}$ 的联合概率密度函数。

5）衰落持续时间

场强的持续时间低于给定电平值，这种时间称为衰落持续时间，用来表示传输信号受影响的程度。衰落是随机出现的，只能给出平均衰落持续时间

$$\bar{\tau}_{\mathrm{R}} = P\left(r \leqslant R\right) / N_{\mathrm{R}} \qquad (2.1\text{-}20)$$

对于瑞利衰落，其平均衰落持续时间为

$$\bar{\tau}_{\mathrm{R}} = \frac{1}{\sqrt{2\pi} f_{\mathrm{m}} \rho} (\mathrm{e}^{\rho^2} - 1) \qquad (2.1\text{-}21)$$

式中，f_{m} 为最大多普勒频移，$\rho = R / R_{\mathrm{rms}}$，$R_{\mathrm{rms}} = \sqrt{2}\sigma$ 为信号的均方根电平。

当接收信号电平低于接收门限电平时，将造成语音中断或误码率突然增大。

3. 多径信道的信道模型

多径信道带给无线信号的影响表现为多径衰落。通常，信道可以当作是作用于传输信号上的一个滤波器。所以多径信道的特性可以通过分析信道的冲激响应和传输函数来获得。

设传输信号为

$$x(t) = \mathrm{Re}\{s(t) \exp(\mathrm{j}2\pi f_c t)\} \qquad (2.1\text{-}22)$$

式中，$s(t)$ 代表发送信号；f_c 为载波频率。无线信号受多径信道影响产生多径效应。假设第 i 条路径长度为 x_i，衰落系数为 a_i，则接收端信号为

$$
\begin{aligned}
y(t) &= \sum_i a_i x c \left(t - \frac{x_i}{c}\right) = \sum_i a_i \left\{ s\left(t - \frac{x_i}{c}\right) \exp\left[\mathrm{j}2\pi f_c \left(t - \frac{x_i}{c}\right) \right] \right\} \\
&= \mathrm{Re}\left\{ \sum_i a_i s\left(t - \frac{x_i}{c}\right) \exp\left[\mathrm{j}2\pi f_c \left(t - \frac{x_i}{c}\right) \right] \right\}
\end{aligned} \qquad (2.1\text{-}23)
$$

式中，c 代表光速；λ 为波长。接收信号的包络为

$$y(t) = \mathrm{Re}\left\{ r(t) \exp\left[\mathrm{j}2\pi \left(f_c t \right) \right] \right\} \qquad (2.1\text{-}24)$$

其中，$r(t)$ 为接收信号的复数形式，即

$$r(t) = \sum_i a_i \exp\left(-\mathrm{j}2\pi \frac{x_i}{\lambda}\right) s\left(t - \frac{x_i}{c}\right) = \sum_i a_i \exp\left(-\mathrm{j}2\pi f_c \tau_i\right) s\left(t - \tau_i\right) \qquad (2.1\text{-}25)$$

式中，$\tau_i = x_i / c$ 代表时延。$r(t)$ 是接收信号的复包络模型。

因移动台具有移动性，且移动台周围环境复杂，各个路径长度不同从而导致各个路径的频率发生改变，多普勒效应由此产生。设路径 i 传输方向和移动台运动方向的夹角为 θ_i，路径的变化增量为 $\Delta x_i = -vt \cos\theta_i$。此时，信号的复包络为

$$r(t) = \sum_i a_i \exp\left(-\mathrm{j}2\pi \frac{x_i + \Delta x_i}{\lambda}\right) s\left(t - \frac{x_i + \Delta x_i}{c}\right)$$

$$= \sum_i a_i \exp\left(-\mathrm{j}2\pi \frac{x_i}{\lambda}\right) \exp\left(-\mathrm{j}2\pi \frac{v}{\lambda} t\cos\theta_i\right) s\left(t - \frac{x_i}{c}\tau_i + \frac{vt\cos\theta_i}{c}\right) \qquad （2.1\text{-}26）$$

由于 $\dfrac{vt\cos\theta_i}{c}$ 数量级比 $\dfrac{x_i}{c}$ 的数量级小得多，因此，可以忽略信号的时延变化量在 $s\Big(t - \dfrac{x_i}{c}\tau_i +$

$\dfrac{vt\cos\theta_i}{c}\Big)$ 中的影响，而 $\dfrac{vt\cos\theta_i}{c}$ 在相位中不能忽略，简化式（2.1-26）得到

$$r(t) = \sum_i a_i \exp\left[\mathrm{j}2\pi\left(\frac{v}{\lambda}t\cos\theta_i - \frac{x_i}{\lambda}\right)\right] s\left(t - \frac{x_i}{c}\right)$$

$$= \sum_i a_i \exp\left[\mathrm{j}2\pi\left(f_\mathrm{m}t\cos\theta_i - \frac{x_i}{\lambda}\right)\right] s\left(t - \tau_i\right)$$

$$= \sum_i a_i \exp\left[\mathrm{j}\left(2\pi f_\mathrm{m}t\cos\theta_i - 2\pi f_\mathrm{c}\tau_i\right)\right] s\left(t - \tau_i\right) \qquad （2.1\text{-}27）$$

$$= \sum_i a_i s\left(t - \tau_i\right) \exp\left[-\mathrm{j}\left(2\pi f_\mathrm{c}\tau_i - 2\pi f_\mathrm{m}t\cos\theta_i\right)\right]$$

式中，f_m 为最大多普勒频移。上式体现了多径和多普勒效应对复基带传输信号 $s(t)$ 的影响。

设 $\psi_i(t) = 2\pi f_\mathrm{c}\tau_i - 2\pi f_\mathrm{m}t\cos\theta_i = \omega_\mathrm{c}\tau_i - \omega_{\mathrm{D},i}t$，其中，$\tau_i$ 代表经第 i 条路径到达接收机的信号分量增量延迟，也就是实际延迟减去全部分量取平均后的延迟。τ_i 随时间而变化，因此，$\omega_\mathrm{c}\tau_i$ 和 $\omega_{\mathrm{D},i}t$ 分别表示多径延迟和多普勒效应对随机相位的影响。随机相位 $\psi_i(t)$ 在任何时刻都有可能影响复包络 $r(t)$ 而引起多径衰落。式（2.1-27）进一步改写成

$$r(t) = \sum_i a_i s(t - \tau_i)\mathrm{e}^{-\mathrm{j}\psi_i(t)} = s(t) * h(t,\tau) \qquad （2.1\text{-}28）$$

式中，$h(t,\tau)$ 为冲激响应；$s(t)$ 代表复基带传输信号。则输出信号可以表示为基带传输信号与冲激响应的卷积。冲激响应为：$h(t,\tau) = \sum_i a_i \mathrm{e}^{-\mathrm{j}\psi_i(t)}\delta(\tau - \tau_i)$，其中，$\tau_i$ 和 a_i 表示第 i 个分量的增量延迟和实际幅度；$\delta(t)$ 为单位冲激函数相位 $\psi_i(t)$ 在第 i 个增量延迟内某个多径分量所有的相移。当信道冲激响应具有时不变特性时，信道冲激响应为

$$h(\tau) = \sum_i a_i \mathrm{e}^{-\mathrm{j}\psi_i(t)}\delta(\tau - \tau_i) \qquad （2.1\text{-}29）$$

此冲激响应完全描述了多径信道的特性。

1）多径信道的主要描述参数

传输信号经过移动信道后，由于受到多径环境和移动台的移动性等影响，在时间、频率和角度上发生了色散。

（1）多径时散。

多径时散是指信号时间因多径传播而发生扩散的现象。在信号被多次发射后，那么接收到的脉冲序列是通过 N 条不同路径的信号之和，即

$$S_0 = \sum_{i=1}^{N} a_i s_i[t - \tau_i(t)] \qquad （2.1\text{-}30）$$

式中，τ_i 指第 i 条路径的相对时延差；a_i 指第 i 条路径的衰减系数。接收到的离散脉冲会变成具有一定宽度的连续信号脉冲，因为每个脉冲幅度是随机变化的。

（2）相干带宽。

相干带宽指的是在信道平坦的基础上一定范围内的两个频率分量具有较强的幅度相关性。因此，当两个正弦信号的频率间隔大于相干带宽时，受信道影响大不相同。相干带宽的定义为：频率相关函数大于 0.9 的某个特定带宽，其近似为

$$B_c \approx \frac{1}{50\sigma_\tau} \tag{2.1-31}$$

式中，σ_τ 为时延扩展。若将频率相关函数值放宽至大于 0.5，则相干带宽近似为

$$B_c \approx \frac{1}{5\sigma_\tau} \tag{2.1-32}$$

式（2.1-32）为估计值，需要用到频谱分析技术与仿真以确定时变多径信道对发送信号的精确影响。所以，在无线应用中，必须采用精确的信道模型来设计特定的调制解调方式。

2）多径信道的统计分析

接收信号的包络一般根据无线环境的不同，服从瑞利分布和莱斯分布。

（1）瑞利分布。

瑞利分布是一种用于描述平坦衰落信号或独立多径分量包络统计时变特性的分布类型，在没有视距传播的情况下，瑞利分布居于衰落较深的特点。两个正交高斯噪声信号之和的包络服从瑞利分布。

瑞利分布的概率密度函数为

$$p(r) = \begin{cases} \dfrac{r}{\sigma^2}\exp\left(-\dfrac{r^2}{2\sigma^2}\right) & (0 \leqslant r \leqslant \infty) \\ 0 & (r < 0) \end{cases} \tag{2.1-33}$$

其中，σ 是接收电压信号的均方根，σ^2 是接收信号包络的时间平均功率[4]。

不超过某特定值 R 的接收信号包络的概率为

$$P(R) = p_r\left(r \leqslant R\right) = \int_0^R p(r)\mathrm{d}r = 1 - \exp\left(-\frac{R^2}{2\sigma^2}\right) \tag{2.1-34}$$

瑞利分布的均值 r_{mean} 为

$$r_{\text{mean}} = E[r] = \int_0^\infty rp(r)\mathrm{d}r = \sigma\sqrt{\frac{\pi}{2}} = 1.2533\sigma \tag{2.1-35}$$

设瑞利分布的方差为 σ_r^2，$p(r)$ 为交流功率，则

$$\begin{aligned} \sigma_r^2 &= E[r^2] - E^2[r] = \int_0^\infty r^2 p(r)\mathrm{d}r - \frac{\sigma^2\pi}{2} \\ &= \sigma^2\left(2 - \frac{\pi}{2}\right) = 0.429\,2\sigma^2 \end{aligned} \tag{2.1-36}$$

式中，σ 是高斯信号的标准差，包络的均方根为 $\sqrt{2}\sigma$。r 的中值为

$$\frac{1}{2} = \int_0^{r_{\text{median}}} p(r)\mathrm{d}r \Rightarrow r_{\text{median}} = 1.177\sigma \tag{2.1-37}$$

由于一般在野外测量衰落数据，无法假定服从某一具体的分布，因此，在实际应用中常用中值。用中值而不是均值，是因为不同的分布的均值可能会有发生较大的幅度变化，用中值容易比较不同的衰落分布。

（2）莱斯分布。

当出现视距传播等主要的信号分量时，主信号分量上叠加了由不同路径到达的信号，此时信号包络服从莱斯分布。包络检测器输出的信号表现为将一个直流分量叠加在随机多径上[4]。

莱斯分布的概率密度函数为

$$p(r) = \begin{cases} \dfrac{r}{\sigma^2} \mathrm{e}^{-\frac{(r^2+A^2)}{2\sigma^2}} I_0\left(\dfrac{Ar}{\sigma^2}\right) & (A \geqslant 0, r \geqslant 0) \\ 0 & (r < 0) \end{cases} \tag{2.1-38}$$

式中，A 代表主信号分量幅度的最大值；$I_0(\bullet)$ 为修正的 0 阶第一类贝塞尔函数。一般用 $K = A^2/(2\sigma^2)$ 来描述莱斯分布，写成 dB 形式为

$$K(\mathrm{dB}) = 10\log\frac{A^2}{2\sigma^2}\,\mathrm{dB} \tag{2.1-39}$$

式中，K 为确定莱斯分布的莱斯因子。在 $A \to 0$、$K \to -\infty\,\mathrm{dB}$，以及主信号分量幅度减小的情况下，莱斯分布变成瑞利分布。

2.1.3　电波传播损耗预测模型

由于无线电波传播环境极为复杂，很难准确计算接收信号。通常情况下，通过大量的场强测验和分析统计数据，才能找出各种环境下的传播损耗和距离、频率，天线高度之间的关系，从而建立电波传播预测模型并预测出接收信号值。

在移动通信领域，在不同环境下根据测试数据分析总结出的经验模型有很多，下面分别介绍室外传播模型和室内传播模型。

1. 室外传播模型

几种常用的室外传播损耗预测模型有 Hata 模型、CCIR 模型和 LEE 模型。其中，Hata 模型分为 Okumura-Hata 模型和 COST-231 Hata 模型，是一种中值路径损耗预测模型，一般用于宏蜂窝，Okumura-Hata 适用频率范围为 150～1 500 MHz，COST-231 Hat 频率扩展至 2 GHz。

下面主要介绍 Okumura-Hata 模型、COST-231 Hata 模型和 LEE 模型 3 种常用的室外传播模型。

1）Okumura-Hata 模型

日本科学家奥村对无线电波传播损耗进行大量测量后，得出了很多经验曲线，并在此基础上，得出了 Okumura-Hata 模型。该模型适用于宏蜂窝系统，具体参数为，频率范围 f：150～2 000 MHz；基站天线有效高度 h_{te}：30～200 m；移动台天线有效高度 h_{re}：1～10 m；基站天线和移动台的水平距离 d：1～20 km；小区半径 $r > 1$ km。

Okumura-Hata 模型的路径损耗计算的经验公式为

$$
\begin{aligned}
L_p(\text{dB}) = & 69.55 + 26.16\lg f - 13.82\lg h_{te} - \alpha(h_{re}) + \\
& (44.9 - 6.55\lg h_{te})\lg d + C_{cell} + C_{terrain}
\end{aligned}
\tag{2.1-40}
$$

式中，$\alpha(h_{re})$ 为有效天线修正因子，是覆盖区大小的函数；C_{cell} 为小区类型校正因子；$C_{terrain}$ 为地形校正因子。根据所处地区不同，$\alpha(h_{re})$ 和 C_{cell} 分别定义为

$$
\alpha(h_{re}) = \begin{cases}
(1.11\lg f_c - 0.7)h_{re} - (1.56\lg f - 0.8_c) & \text{（中小城市）} \\
8.29(\lg 1.54 h_{re})^2 - 1.1 & (f_c \leqslant 300\text{ MHz}) \\
3.2(\lg 11.75 h_{re})^2 - 4.97 & (f_c \geqslant 300\text{ MHz})
\end{cases} \text{（大城市、郊区、乡村）}
\tag{2.1-41}
$$

$$
C_{cell} = \begin{cases}
0 & \text{（城市）} \\
-2[\lg(f_c/28)^2] - 5.4 & \text{（郊区）} \\
-4.78(\lg f_c)^2 - 18.33\lg f_c - 40.98 & \text{（乡村）}
\end{cases}
\tag{2.1-42}
$$

2）COST-231 Hata 模型

COST-231 Hata 模型是 Okumura-Hata 模型的扩展版本，适用的宏蜂窝系统参数为：频率范围 f：150～2 000 MHz；基站天线有效高度 h_{te}：30～200 m；移动台天线有效高度 h_{re}：1～10 m；基站天线和移动台的水平距离 d：1～20 km；小区半径 $r > 1$ km。

COST-231 Hata 模型的路径损耗计算的经验公式为

$$
\begin{aligned}
L_M(\text{dB}) = & 46.3 + 33.9\lg f_c - 13.83\lg h_{te} - \alpha(h_{re}) + \\
& (44.9 - 6.55\lg h_{te})\lg d + C_{cell} + C_{terrain} + C_M
\end{aligned}
\tag{2.1-43}
$$

式中，C_M 为大城市中心校正因子，有

$$
C_M = \begin{cases}
0\text{ dB（中等城市和郊区）} \\
3\text{ dB（大城市中心）}
\end{cases}
\tag{2.1-44}
$$

Okumura-Hata 模型和 COST-231 Hata 模型之间最主要的区别是频率衰减的系数不一样，前者频率衰减因子为 26.16，后者为 33.9。另外，COST-231 Hata 模型相比 Okumura-Hata 模型多了大城市中心衰减 C_M。

【例题 2-4】试用 Hata 模型求解中值路径损耗，已知参数如下：所处地区为大城市，基站有效天线高度为 40 m，发射频率为 900 MHz，移动台有效天线高度为 2 m，基站和移动台之间的水平距离为 15 km。

解：因所处地区为大城市，频率大于 450 MHz，h_{te}=40m，得到移动台天线修正因子为

$$
\alpha(h_{re}) = 3.2[\lg(11.75\times 2)^2]\text{ dB} - 4.97\text{ dB} = 1.045\text{ dB}
$$

中值路径损耗为

$$
\begin{aligned}
L_p(\text{dB}) = & 69.55 + 26.16\lg f - 13.82\lg h_{te} - \alpha(h_{re}) + (44.9 - 6.55\lg h_{te})\lg d + C_{cell} + C_{terrain} \\
= & 69.55 + 26.16\lg 900 - 13.82\lg 40 - 1.045 + (44.9 - 6.55\lg 40)\lg 15 \\
= & 164.1\text{ dB}
\end{aligned}
$$

3）LEE 模型

LEE 模型的核心是将城市视为平地，先考虑人为建筑的影响，在此基础上加上地形地貌的影响。主要的地形地貌影响是无阻挡、有阻挡和水面反射 3 种情况。

（1）无阻挡。

$$P_r = p_{r1} - \gamma \log \frac{r}{r_0} + \alpha_0 + 20 \log \frac{h_1'}{h_1} - n \log \frac{f}{f_0} \tag{2.1-45}$$

式中，r_0 为 1 km；f_0 为 850 MHz；h_1' 为天线有效高度；h_1 为天线实际高度；当 $f < f_0$ 时，$n = 20$；当 $f > f_0$ 时，$n = 30$。

（2）有阻挡。

$$P_r = p_{r1} - \gamma \log \frac{r}{r_0} + \alpha_0 + L(v) - n \log \frac{f}{f_0} \tag{2.1-46}$$

式中，$L(v)$ 为由山坡等地形引起的衍射损耗。

（3）水面反射。

$$P_r = \alpha \cdot P_0 \cdot \left(\frac{\lambda}{4\pi d} \right)^2 \tag{2.1-47}$$

式中，α 为由于移动无线通信环境引起的衰减因子。

2. 室内传播模型

室内无线信道的特点是覆盖面积小，接收机和发射机之间环境变化大。建筑物的布局和材料等是影响室内传播的主要因素[4]。室内无线传播同样受到反射、绕射和散射的影响。一般而言，建筑物内部楼层越高，收到的信号强度越强。在建筑物底层，由于受到建筑群的影响，进入建筑物里面的信号强度低；而在建筑物高层，若有视距路径则有较强的信号强度。室内传播特性的预测需根据场景不同而采用针对性更强的模型。下面简单介绍室内传播模型中常见的 4 种损耗。

1）分隔损耗（同楼层）

建筑物有大量的分隔和阻挡物，因此有内部和外部的结构。如果分隔是建筑结构的一部分，叫作硬分隔；低于天花板的可以活动的分隔，叫作软分隔。分隔的物理特性比较复杂，所以，通用模型不适用于特定的室内情况。

2）楼层间分隔损耗

建筑物材料、色彩等因素影响了建筑物楼层间的损耗。研究显示，建筑物中第一层的衰减比之后每增加一层所引起的衰减都要大得多，然而，对于 5 层或 6 层以上的楼层，附加的路径损耗就比较小了[9]。

3）对数距离路径损耗

大量实验表明，室内路径损耗服从公式

$$PL_{[dB]} = PL(d_0)_{[dB]} + 10n \lg \left(\frac{d}{d_0} \right) + X_{\sigma[dB]} \tag{2.1-48}$$

式中，n 依赖于周围环境和建筑物类型；X_σ 为标准偏差为 σ 的正态随机变量。

4）衰减因子模型

该模型考虑了建筑类型和阻挡物的影响，根据这一模型可得预测路径损耗与测量值的标准偏差约为 4 dB，而采用对数距离模型得到的偏差则可以达到 13 dB[4]。衰减因子模型为

$$PL(d)_{[dB]} = PL(d_0)_{[dB]} + 10\gamma_{SF} \lg\left(\frac{d}{d_0}\right) + FAF_{[dB]} \qquad （2.1\text{-}49）$$

式中，γ_{MF} 代表同一建筑楼层的指数值。处于同一楼层时，很好估算 γ，通过附加楼层衰减因子获得不同楼层路径损耗。用考虑多层影响的指数代替附加楼层衰减因子，则

$$PL(d)_{[dB]} = PL(d_0)_{[dB]} + 10\gamma_{MF} \lg\left(\frac{d}{d_0}\right) \qquad （2.1\text{-}50）$$

式中，γ_{MF} 为考虑多层影响的路径损耗指数。

研究显示，室内路径损耗为自由空间损耗与附加损耗因子之和，其损耗值随着距离成指数增长。对于多层建筑，式（2.1-50）可改写成：

$$PL(d)_{[dB]} = PL(d_0)_{[dB]} + 20\lg\left(\frac{d}{d_0}\right) + \alpha d + FAF_{[dB]} \qquad （2.1\text{-}51）$$

式中，α 为信道衰减常数，单位符号为 dB/m。

2.2 数字调制技术

超大规模集成电路和数字信号处理技术的发展使得数字调制系统比模拟调制系统更有优势，主要表现在前者相比后者具有更好的抗噪声性能和更强的抗信道损耗的能力。

移动通信系统中的数字调制方式多种多样，本小节主要介绍移动通信系统中数字调制技术的基本概念和常见的数字调制技术，包括线性调制技术、恒包络调制技术、多载波调制技术和扩频调制技术。

2.2.1 数字调制技术基本概念

数字调制(Digital Modulation，DM)是指将基带信号转化为适宜传输的、远高于基带频率的带通信号，输出信号称为已调信号，而基带信号称为调制信号。在无线移动信道中，由于衰落和多径的影响，需要设计数字调制方案来抵抗无线信道带来的损耗。数字调制的最终目的就是保证较好接收信号质量的同时占用更少的带宽。

1. 数字调制技术的性能指标

通常，使用功率效率和频带利用率来评价数字调制技术的性能。

功率效率：指当功率较低时，数字调制技术保持数字信号正确传输的能力，即每比特的信号能量与噪声功率谱密度在接收端特定误码概率下的比值，即

$$\eta_p = \frac{E_b}{N_0} \qquad （2.2\text{-}1）$$

式中，E_b 为信号能量；N_0 为噪声功率谱密度。

频带利用率：指当带宽有限时，数字调制技术容纳数据的能力，用给定带宽内每赫兹数

据速率来表示，即

$$\eta_b = \frac{R}{B} \qquad\qquad （2.2\text{-}2）$$

式中，R 代表数据速率；B 为已调信号的带宽。由香农定理

$$C = B\log_2\left(1+\frac{S}{N}\right) \qquad\qquad （2.2\text{-}3）$$

可知，由于最大的带宽效率受限于信道内的噪声，带宽效率有一个上限值，可表示为

$$\eta_{b\max} = \frac{C}{B} = \log_2\left(1+\frac{S}{N}\right) \qquad\qquad （2.2\text{-}4）$$

功率效率和频带利用率的选择要根据实际需求进行折中。当提高信号占用带宽时，例如对信号进行差错控制编码，由式（2.2-1）和式（2.2-2）可知，信号的带宽效率将降低；同时，当降低了给定误比特率所需的接收功率时，信号的功率效率会提高。通常，已有数字调制技术大多采用降低带宽且增加接收功率的方法，这样频带利用率得到提升而功率效率降低了。

2. 数字调制技术分类

现有数字调制技术主要有 4 种：线性调制技术、恒包络调制技术、多载波调制技术和扩频调制技术。

1）线性调制技术

调制技术根据传输信号幅度随调制信号发生变化情况划分为线性和非线性调制 2 种。在线性调制技术中，传输信号的幅度随着调制信号的变化呈线性变化。线性调制技术的特点是带宽效率高,满足有限频带下容纳尽可能多用户的移动通信系统的要求[7]。在线性调制方案中，传输信号一般表示为

$$s(t) = \mathrm{Re}[Am(t)\exp(\mathrm{j}2\pi f_c)] \qquad\qquad （2.2\text{-}5）$$
$$= A[m_R(t)\cos(2\pi f_c) - m_I(t)\sin(2\pi f_c)]$$

式中，A 为信号振幅；f_c 指载波频率；$m(t) = m_R(t) + \mathrm{j}m_I(t)$ 是已调信号的复包络，$m_R(t)$ 和 $m_I(t)$ 是复包络的实部和虚部。式（2.2-5）表明，载波的幅度随着调制信号的变化而呈现出线性变化。一般而言，经线性调制后，调制信号不是恒包络的。

2）恒包络调制技术

移动通信系统中多数使用非线性调制，采用非线性调制技术后，信号的包络可能是线性的也可能是恒定的。恒包络调制技术指载波幅度是恒定的，不受调制信号影响。通常，可以采用恒包络调制技术来消除因相位跃变带来的峰均功率比增加和频带扩展的问题。然而，恒包络调制技术占用的带宽比线性调制技术要大。因而，在带宽效率比功率效率重要的情况下，一般不采用恒包络调制。

3）多载波调制技术

根据采用的载波的个数，可以将数字调制技术分为单载波调制和多载波调制 2 种。单载波调制指某一时刻只采用一个载波，而多载波调制指某一时刻调制使用多个载波，如正交频分复用。

4）扩频调制技术

通常而言，一般的调制和解调技术的目的在于减少传输带宽，因带宽资源有限，当窄带化逼近极限时，最后只能压缩信息本身的带宽。而扩频调制技术以信道带宽来改善信噪比，即采用比最小信道传输带宽大好几个数量级的带宽传输信号。常用的扩频调制技术有直接序列调制和频率跳变调制 2 种。

2.2.2　线性调制技术

线性调制技术具有更好的频谱效率，但要使用功率效率较低的线性放大器用于信号传输。目前，正交振幅调制、正交相移键控、偏移正交相移键控以及 π/4 正交相移键控是移动通信系统中普遍采用的线性调制技术。

1. 正交振幅调制

正交振幅调制（Quadrature Amplitude Modulation，QAM）是指将两个独立的基带数字信号来调制两个相互正交的同频载波，达到抑制载波的双边带调制的目的，从而实现两路并行的数字信息传输。

QAM 信号的一般表达式为

$$s_{\text{QAM}}(t) = \sum_n A_n g(t - nT_s)\cos(\omega_c t + \varphi_n) \tag{2.2-6}$$

式中，A_n 代表基带信号中第 n 个码元的幅度；$g(t - nT_s)$ 是宽度为 T_s 的单个矩形脉冲；φ_n 是第 n 个码元的初始相位。将式（2.2-6）变换为正交表示形式，即

$$s_{\text{QAM}}(t) = \left[\sum_n A_n g(t - nT_s)\cos\varphi_n\right]\cos\omega_c t - \left[\sum_n A_n g(t - nT_s)\sin\varphi_n\right]\sin\omega_c t \tag{2.2-7}$$

令

$$\begin{aligned} X_n &= A_n\cos\varphi_n \\ Y_n &= A_n\sin\varphi_n \end{aligned} \tag{2.2-8}$$

则

$$\begin{aligned} s_{\text{QAM}}(t) &= \left[\sum_n X_n g(t - nT_s)\right]\cos\omega_c t - \left[\sum_n Y_n g(t - nT_s)\right]\sin\omega_c t \\ &= X(t)\cos\omega_c t - Y(t)\sin\omega_c t \end{aligned} \tag{2.2-9}$$

QAM 的振幅可以表示为

$$\begin{aligned} X(t) &= c_n A \\ Y(t) &= d_n A \end{aligned} \tag{2.2-10}$$

式中，A 为固定振幅；c_n 和 d_n 由输入数据决定。

QAM 信号调制原理图如图 2-11 所示，串/并变换器将输入的二进制序列输出成速率减半的两路并行序列，经过 2 电平到 L 电平的变换后，两路并行序列变成 L 电平的基带信号。L 电平基带信号经过预调制低通滤波器（Low Pass Filter，LPF），以抑制已调信号的带外辐射，

然后分别乘上同相载波和正交载波。最后，两路信号相加，就可以得到一个 QAM 信号。

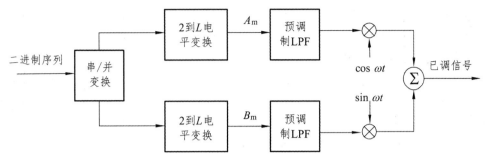

图 2-11 QAM 信号调制原理图

QAM 容易受到干扰，因此适合信道比较好的传输环境，一般应用于无线局域网（WLAN）802.11 和数字电视有线传输。

2. 正交相移键控

正交相移键控（Quadrature Phase Shift Keying，QPSK）中，数字信息采用载波的 4 种不同相位差来表示，即，将发送的比特序列每相邻两个的比特分成一组，组成一个四进制的码元，也就是双比特码元。载波的相位是 4 个间隔相等的值，例如 $\pi/4$、$3\pi/4$、$5\pi/4$ 和 $7\pi/4$，每一个相位对应的一对消息比特是唯一的。

QPSK 信号表示为

$$s_{\text{QPSK}}(t) = A\cos(\omega_c t + \varphi_k); \ \ k = 1,2,3,4, \ \ kT_s \leqslant t \leqslant (k+1)T_s \tag{2.2-11}$$

式中，A 代表信号幅度；ω_c 代表载波频率。

采用正交调制方式产生 QPSK 信号的原理如图 2-12 所示，将式（2.2-11）展开可得

$$
\begin{aligned}
s_{\text{QPSK}}(t) &= A\cos(\omega_c t + \varphi_k) = A\cos\varphi_k \cos\omega_c t - A\sin\varphi_k \sin\omega_c t \\
&= I_k \cos\omega_c t - Q_k \sin\omega_c t
\end{aligned}
\tag{2.2-12}
$$

式中，$I_k = A\cos\varphi_k$；$Q_k = A\sin\varphi_k$，且 $\varphi_k = \arctan(Q_k/I_k)$。

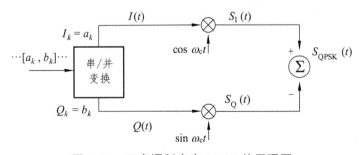

图 2-12 正交调制产生 QPSK 的原理图

当码元转换时，QPSK 信号的相位将发生跳变，因此，QPSK 信号的相位是不连续的。当两条支路的码元同时发生转换时，就会发生 ±180° 的相位跳变；当改变符号的支路只有一条时，相位跳变为 ±90°。另外，码元中两个比特同时发生变化时，会引起包络的起伏，从而造成频谱的扩散和邻信道干扰的增加。

3. 偏移正交相移键控

在 QPSK 中，当双比特码元同时变化时，相位的跳变为 180°，这导致信号包络起伏很大。为减少相位的突变，在时间上把两个正交分量的两个比特错开半个码元，也就是错开 $T_s/2 = T_b$ 时间。这样，每经过 T_s 的时间，只有一条支路的符号会发生变化，相位的跳变为 ±90°，信号包络的波动幅度得到减少。这种方法叫做偏移正交相移键控（Offset Quadrature Phase Shift Keying，OQPSK）。

OQPSK 中，两条支路码元符号不会同时变化，因而相邻两个比特信号的相位只会发生 ±90° 的变化，消除了 180° 相位变化的情况。OQPSK 信号的表达式为

$$s_{\mathrm{OQPSK}}(t) = [I(t)\cos\omega_c t - Q(t-T_b)\sin\omega_c t] \tag{2.2-13}$$

在包络变化幅度方面，OQPSK 信号比 QPSK 信号小许多，并且它没有包络零点。所以可以使用非线性功率放大器来实现 OQPSK 信号。

4. π/4 正交相移键控

QPSK 调制信号的带宽是无限宽的，而实际中带宽是有限的；当两个比特同时发生变化时，会出现相位翻转的现象，造成了包络的上下波动；包络的起伏造成频谱的扩散，使邻信道干扰增加。为了消除 QPSK 调制下相位翻转现象，在其基础上提出了 OQPSK。因为都采用相干解调，OQPSK 和 QPSK 的误码性能相同。但是，OQPSK 信号不能使用差分检测[13]，所以，设计接收机的时较复杂。

π/4 正交相移键控（π/4 Quadrature Phase Shift Keying，π/4 QPSK）在最大相位变化上对 OQPSK 和 QPSK 这 2 种调制方式进行了折中。与 OQPSK 和 QPSK 相比，π/4 QPSK 的最大相位变化是 ±45° 或 ±135°，比 QPSK 的变化小，改善了功率谱特性；π/4 QPSK 可以采用相干或非相干进行解调，而 QPSK 和 OQPSK 只能采用相干解调；此外，π/4 QPSK 具有功率效率高、抗干扰能力强、谱利用率高以及系统容量大等特点。

1）π/4 QPSK 信号产生

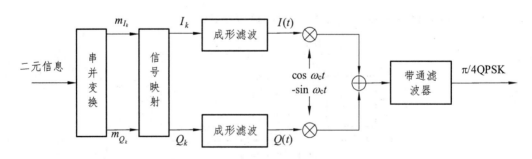

图 2-13　π/4 QPSK 信号产生框图

一般，采用正交调制方式产生 π/4 QPSK 信号，产生框图如图 2-13 所示。首先，经过串并变换后输入的二元信息被分成两路数据，每路数据的符号速率为输入时的一半；其次，两路数据经过信号映射（又名电平变换）成同相分量 I_k 和正交分量 Q_k；接着脉冲成型滤波器将 I_k 和 Q_k 变为同相分量 $I(t)$ 和正交分量 $Q(t)$；最后，经过载波调制的两路信号相加并带通滤波后产生的即为 π/4 QPSK 信号。

设已调信号为

$$s(t) = \cos(\omega_c t + \theta_k) \tag{2.2-14}$$

式中，θ_k 为 $kT_s \leqslant t \leqslant (k+1)T_s$ 间的附加相位，将上式展开，得到

$$s(t) = \cos\theta_k \cos\omega_c t - \sin\theta_k \sin\omega_c t \tag{2.2-15}$$

式中，θ_k 是前一个码元的附加相位 θ_{k-1} 和当前码元相位跳变量 $\Delta\theta_k$ 的和，表示为

$$\theta_k = \theta_{k-1} + \Delta\theta_k \tag{2.2-16}$$

设当前码元的两个信号分量表示为

$$\begin{aligned}
I_k &= \cos\theta_k = \cos(\theta_{k-1} + \Delta\theta_k) \\
&= \cos\Delta\theta_k \cos\theta_{k-1} - \sin\Delta\theta_k \sin\theta_{k-1} \\
Q_k &= \sin\theta_k = \sin(\theta_{k-1} + \Delta\theta_k) \\
&= \cos\Delta\theta_k \sin\theta_{k-1} + \sin\Delta\theta_k \cos\theta_{k-1}
\end{aligned} \tag{2.2-17}$$

设前一个码元的两个正交信号为 $I_{k-1} = \cos\theta_{k-1}$，$Q_{k-1} = \sin\theta_{k-1}$，由公式（2.2-17）可得当前码元信号为

$$\begin{aligned}
I_k &= I_{k-1}\cos\Delta\theta_k - Q_{k-1}\sin\Delta\theta_k \\
Q_k &= Q_{k-1}\cos\Delta\theta_k + I_{k-1}\sin\Delta\theta_k
\end{aligned} \tag{2.2-18}$$

由此可知，当前码元的信号 (I_k, Q_k) 除了和当前码元相位跳变量有关之外，还和前一个码元的信号 (I_{k-1}, Q_{k-1}) 有关。

双比特信息 (I_k, Q_k) 和相邻码元之间相位跳变量 $\Delta\theta_k$ 之间的关系如表 2-1 所示。

表 2-1　(I_k, Q_k) 与 $\Delta\theta_k$ 的对应关系

I_k	Q_k	$\Delta\theta_k$	$\cos\Delta\theta_k$	$\sin\Delta\theta_k$
1	1	$\pi/4$	$1/\sqrt{2}$	$1/\sqrt{2}$
-1	1	$3\pi/4$	$-1/\sqrt{2}$	$1/\sqrt{2}$
-1	-1	$-3\pi/4$	$-1/\sqrt{2}$	$-1/\sqrt{2}$
1	-1	$-\pi/4$	$1/\sqrt{2}$	$-1/\sqrt{2}$

从表 2-1 中数据可以看出，当码元转换时对应的相位跳变量只有 $\pm\pi/4$ 和 $\pm 3\pi/4$ 4 种情况，不会产生像 QPSK 信号一样较大的相位跳变，因此较大地改善了信号的频谱特性。

2）$\pi/4$ QPSK 信号的解调

由 $\pi/4$ QPSK 信号的调制方法可知，两个相邻的载波相位差包含着所传输的信号，因此，可采用相对容易实现的非相干差分解调。差分解调有基带差分解调和中频差分解调 2 种，在这里采用无需本地载波的中频差分解调，如图 2-14 所示。

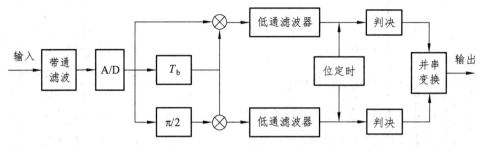

图 2-14　中频差分解调 $\pi/4$ QPSK 框图

设信号接收的中频信号为

$$s(t) = \cos(\omega_c t + \varphi_k), kT_b \leqslant t \leqslant (k+1)T_b \qquad （2.2\text{-}19）$$

经过延迟的信号 $s_{k-1}(t) = \cos(\omega_c t + \varphi_{k-1})$ 与两个支路的信号 $\cos(\omega_c t + \varphi_k)$ 和 $\sin(\omega_c t + \varphi_k)$ 分别相乘, 即

$$\begin{aligned} U(k) &= \cos(\omega_c t + \varphi_k)\cos(\omega_c t + \varphi_{k-1}) \\ V(k) &= \sin(\omega_c t + \varphi_k)\cos(\omega_c t + \varphi_{k-1}) \end{aligned} \qquad （2.2\text{-}20）$$

经低通滤波和抽样后得到

$$\begin{aligned} I(k) &= \frac{1}{2}\cos(\varphi_k - \varphi_{k-1}) \\ Q(k) &= \frac{1}{2}\sin(\varphi_k - \varphi_{k-1}) \end{aligned} \qquad （2.2\text{-}21）$$

令 $\Delta\varphi_k = \varphi_k - \varphi_{k-1}$, 根据 (I_k, Q_k) 与 $\Delta\theta_k$ 的对应关系, 可以判决 $I(k)$ 和 $Q(k)$ 的符号, 从而推导出所发射的原始数据。判决规则是: 当 $I(k) > 0$, 原始数据为 0, 否则为 1; 当 $Q(k) > 0$ 时, 原始数据为 0, 否则为 1。

2.2.3　恒包络调制技术

采用恒包络调制技术可以降低频谱旁瓣分量、提高误码性能, 常用的恒包络调制技术有最小频移键控和高斯最小频移键控 2 种。

1. 最小频移键控

二进制频移键控（Binary Frequency-Shift Keying, 简称 BFSK 或 2FSK）又称数字频率控制, 是一种较为成熟的调制技术, 利用载波频率变化来传递信息。在数字通信系统中, 经过 2FSK 调制后信号的频率变化是离散的, 频移键控经常用于低速率数据传输设备中。因为 2FSK 调制容易实现并且解调时不需要恢复本地载波。此外, 2FSK 支持异步传输和抵抗噪声, 因而广泛应用于低速率数据传输。

2FSK 信号的表达式为

$$S_{FSK}(t) = \sum_n b_n g(t - nT_s)\cos(\omega_1 t + \varphi_1) + \sum_n \overline{b_n} g(t - nT_s)\cos(\omega_2 t + \varphi_2) \qquad （2.2\text{-}22）$$

当传输码元"1"时, 对应输出频率 f_1; 当传输码元"0"时, 对应输出频率 f_2。2FSK 信号的带宽为: $B = |f_2 - f_1| + 2f_f$。

2FSK 信号实现起来比较容易，但也存在不足。第一，它比 2PSK 占用更大的频带，所以频带利用率更低一些；第二，一般 2FSK 信号是采用开关法产生的，相邻码元的载波波形相位不一定连续，所以在经过带限系统后，包络会有起伏[2]；第三，2FSK 信号的两个波形未必能保证严格的正交。为克服上述缺点，改进了 2FSK 信号，提出了最小频移键控（Minimum Shift Keying，MSK）调制方式。

1）MSK 信号的正交性

MSK 信号可表示为

$$S_{\text{MSK}}(t) = \cos[\omega_c t + \theta_k(t)]$$
$$= \cos\left(\omega_c t + \frac{\pi a_k}{2T_s}t + \varphi_k\right) \quad (2.2\text{-}23)$$

式中，$kT_s < t < (k+1)T_s$；ω_c 表示载频；$\pi a_k / 2T_s$ 代表相对于载波频偏；φ_k 是第 k 个码元的起始相位；$a_k = \pm 1$ 是输入数字信号；$\theta_k(t)$ 是除载波相位之外的附加相位，有 $\theta_k(t) = \frac{\pi a_k}{2T_s}t + \varphi_k$。当 $a_k = +1$ 时，信号频率为：$f_2 = f_c + \frac{1}{4T_s}$；当 $a_k = -1$ 时，信号频率为：$f_1 = f_c - \frac{1}{4T_s}$。由此可计算出频率差为：$\Delta f = f_2 - f_1 = \frac{1}{2T_s}$，因此，最小频率差为码元传输速率的一半。调制指数为：$\beta = \frac{\Delta f}{f_s} = \Delta f \times T_s = \frac{1}{2T_s} \times T_s = 0.5$。由于输入和输出信号的频率差是 2FSK 中两信号正交的最小频率间隔，因此，又叫作最小频移键控。

2）MSK 信号的相位连续性

由相位 $\theta_k(t)$ 连续这一条件，要求在 $t = kT_s$ 时满足

$$a_{k-1}\frac{\pi kT_s}{2T_s} + \varphi_{k-1} = a_k\frac{\pi kT_s}{2T_s} + \varphi_k \quad (2.2\text{-}24)$$

可以得到

$$\varphi_k = \varphi_{k-1} + (a_{k-1} - a_k)\frac{\pi k}{2}$$
$$= \begin{cases} \varphi_{k-1}, & a_k = a_{k-1} \\ \varphi_{k-1} \pm k\pi, & a_k \neq a_{k-1} \end{cases} \quad (2.2\text{-}25)$$

式（2.2-25）表明，MSK 信号第 k 个码元的起始相位除了和当前的 a_k 有关之外，还和前面的 φ_{k-1} 和 a_{k-1} 有关。

简便起见，假设第一个码元的初始相位为 0，则 $\varphi_k = 0$ 或 π。由 $\theta_k(t) = \frac{\pi a_k}{2T_s}t + \varphi_k$ 可知，$\theta_k(t)$ 是一个线性方程式。

在一个码元区间内，当 $a_k = +1$ 时，$\theta_k(t)$ 增大 π/2；当 $a_k = -1$ 时，$\theta_k(t)$ 减少 π/2。图 2-15 所示为 MSK 信号的相位网格图，其中，正斜率直线代表传输码元"1"时的相位轨迹，而负斜率直线代表传输码元"0"。

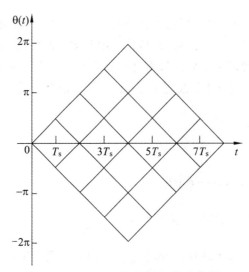

图 2-15　MSK 信号的相位网格图

3）MSK 信号的产生和调制原理

考虑到当 $a_k = \pm 1$，$\theta_k(t) = 0$ 或 π，MSK 信号可以用两个正交分量表示为

$$S_{\text{MSK}}(t) = \cos\varphi_k \cos\frac{\pi t}{2T_s}\cos\omega_c t - a_k\cos\varphi_k\sin\frac{\pi t}{2T_s}\sin\omega_c t$$

$$= I_k\cos\frac{\pi t}{2T_s}\cos\omega_c t + Q_k\sin\frac{\pi t}{2T_s}\sin\omega_c t$$

（2.2-26）

式中，$I_k = \cos\varphi_k$ 为同相分量；$Q_k = -a_k\cos\varphi_k$ 为正交分量。MSK 的产生框图如图 2-16 所示。

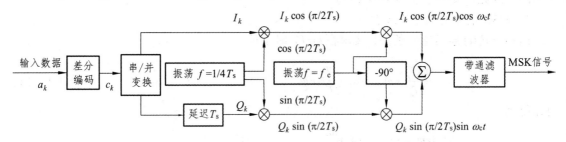

图 2-16　MSK 信号产生原理图

经过差分编码后输入数据序列 a_k 变成序列 c_k。对 c_k 进行串并变换并将一路信号延迟 T_s，得到错开一个码元宽度的两路信号 I_k 和 Q_k。然后，分别用 $\cos\frac{\pi t}{2T_s}$ 和 $\sin\frac{\pi t}{2T_s}$ 对 I_k 和 Q_k 进行加权，再对正交载波 $\cos\omega_c t$ 和 $\sin\omega_c t$ 进行调制。最后，调制后的两路信号相加后通过带通滤波，得到的即为 MSK 信号。

4）MSK 的频率关系

MSK 信号中，码元的传输速率为 $R_s = 1/T_s$，峰值频偏 f_d 和 f_1、f_2 有一定的关系。由 2FSK 信号的归一化相关系数

$$\rho = \frac{\sin(2\omega_c T_s)}{2\omega_c T_s} + \frac{\sin(2\omega_d T_s)}{2\omega_d T_s}$$

（2.2-27）

可知

$$\left.\begin{array}{l}\omega_c T_s = 2\pi f_c T_s = 2\pi(f_2+f_1)T_s = m\pi\\ \omega_d T_s = 2\pi f_d T_s = 2\pi(f_2-f_1)T_s = n\pi\end{array}\right\}\qquad（2.2\text{-}28）$$

式中，m 和 n 为整数。对于 MSK 信号，$h=(f_1-f_2)T_s=1/2$，因而式（2.2-28）中 $n=1$。当码元速率为 R_s 时，可得

$$f_c = mR_s/4, f_2=(m+1)R_s/4, f_1=(m-1)R_s/4\qquad（2.2\text{-}29）$$

即载波频率应当是 $R_s/4$ 的整数倍。

【例题 2-5】 设 MSK 信号的码元速率为 1000 B，用频率 f_0 和 f_1 分别代表码元"1"和码元"0"。当 $f_1=1\,250\,\text{Hz}$，试求 f_0。

解： 设载波频率为 f_c，由题知码元速率 $f_s=1\,000\,\text{B}$

由于

$$f_1=f_c+\frac{1}{4T_s}=f_c+\frac{f_s}{4}=1\,250\,\text{Hz}$$

因此，$f_c=1\,000\,\text{Hz}$。所以 $f_0=f_c-\dfrac{1}{4T_s}=1\,000-\dfrac{1\,000}{4}=750\,\text{Hz}$。

2. 高斯最小频移键控

经 MSK 调制后的已调信号具有恒包络和功率谱在主瓣外衰减较快的特点。然而，信号带外辐射功率在移动通信中受到的限制普遍要求衰减大于 70 分贝，MSK 调制的带外衰减速度还不够快，出现了邻道干扰的现象[3]。为了解决此类问题，如图 2-17 所示，在 MSK 调制前，先用高斯低通滤波器过滤掉基带信号中的高频分量，这种调制方式被称为高斯最小频移键控（Gaussian Minimum Shift Keying，GMSK）。使用高斯型低通滤波器使功率谱变得更加紧凑，从而使频谱利用率得到提高。

图 2-17　GMSK 信号产生原理图

MSK 的相位路径是由不同斜率的直线组合而成的折线，而 GMSK 的相位路径则在高斯滤波器的帮助下变成更平滑的曲线，所需的传输带宽也更低。GMSK 调制具有恒定包络、频谱效率高、良好的误码率特性和自同步性能的特点。

1）高斯滤波器传输特性

高斯滤波器的幅度特性为

$$H(f)=\mathrm{e}^{-(f^2/a^2)}\qquad（2.2\text{-}30）$$

冲激响应为

$$h(t)=\sqrt{\pi}a\mathrm{e}^{-(\pi at)^2}\qquad（2.2\text{-}31）$$

式中，a 为常数，滤波器的特性受到其取值的影响。令 B_b 为 $H(f)$ 的 3 dB 带宽，若 $H(0)=1$，则 $H(f)\big|_{f=B_b}=H(B_b)=0.707$，得到

$$a = \sqrt{2/\ln 2} \cdot B_{\mathrm{b}} = 1.6986 B_{\mathrm{b}} \approx 1.7 B_{\mathrm{b}} \qquad (2.2\text{-}32)$$

设待传输的码元长度为 T_{b}，速率为 $R_{\mathrm{b}} = 1/T_{\mathrm{b}}$。以 R_{b} 作为参考，对 f 进行归一化，即，$x = f/R_{\mathrm{b}} = fT_{\mathrm{b}}$，得到归一化 3 dB 带宽为

$$x_{\mathrm{b}} = B_{\mathrm{b}}/R_{\mathrm{b}} = B_{\mathrm{b}}T_{\mathrm{b}} \qquad (2.3\text{-}33)$$

采用归一化频率表示的频率特性为

$$H(x) = \mathrm{e}^{-(f/1.7B_{\mathrm{b}})^2} = \mathrm{e}^{-(x/1.7x_{\mathrm{b}})^2} \qquad (2.2\text{-}34)$$

令 $x = t/T_{\mathrm{b}}$，把 $a = 1.7x_{\mathrm{b}}$ 带入式（2.2-31）中，设 $T_{\mathrm{b}} = 1$，则有

$$h(\tau) = 3.01 x_{\mathrm{b}} \mathrm{e}^{-(5.3x_{\mathrm{b}}\tau)^2} \qquad (2.2\text{-}35)$$

由（2.2-35）可知，x_{b} 可以确定滤波器的特性。此外，高斯型滤波器具有带宽窄和陡峭的截止频率特性，这些满足了获得窄带输出信号频谱的条件。

2）GMSK 信号的相位路径

假设待发送的二进制序列 $\{b_k\}$（$b_k = \pm 1$）采用不归零码，且码元开始和结束的时刻都是 T_{b} 的整数倍，则经高斯滤波器后的输出为

$$q(t) = \sum_{k=-\infty}^{\infty} b_k g(t - kT_{\mathrm{b}} - T_{\mathrm{b}}/2) \qquad (2.2\text{-}36)$$

很明显，这是一条连续的光滑曲线。经调频器调频后，输出为

$$s(t) = \cos\left(2\pi f_{\mathrm{c}}t + 2\pi k_f \int_{-\infty}^{t} q(\tau)\mathrm{d}\tau\right) = \cos\left(2\pi f_{\mathrm{c}}t + \theta(t)\right) \qquad (2.2\text{-}37)$$

其中，$\theta(t) = k_f \int_{-\infty}^{t} q(\tau)\mathrm{d}\tau$ 为附加的相位；k_f 是一个由调频器灵敏度来确定的常数。因为 $q(t)$ 和 $\theta(t)$ 都是连续的函数，因此 $s(t)$ 为相位连续的 FSK 信号。

附加相位表示为

$$\theta(t) = k_f \int_{-\infty}^{t} q(\tau)\mathrm{d}\tau = k_f \int_{-\infty}^{kT_{\mathrm{b}}} q(\tau)\mathrm{d}\tau + k_f \int_{kT_{\mathrm{b}}}^{t} q(\tau)\mathrm{d}\tau$$
$$= \theta(kT_{\mathrm{b}}) + \Delta\theta(t) \qquad (2.2\text{-}38)$$

式中，$\Delta\theta(t) = k_f \int_{kT_{\mathrm{b}}}^{t} q(\tau)\mathrm{d}\tau$ 为 b_k 期间相位的变化量；$\theta(kT_{\mathrm{b}})$ 指码元在 b_k 时刻的相位。在码元结束时，相位的增量为在该码元期间 $q(t)$ 曲线下的面积 A_k，即

$$\Delta\theta_k = k_f \int_{kT_{\mathrm{b}}}^{(k+1)T_{\mathrm{b}}} q(t)\mathrm{d}t = k_f \int_{kT_{\mathrm{b}}}^{(k+1)T_{\mathrm{b}}} g(t - kT_{\mathrm{b}} - T_{\mathrm{b}/2})\mathrm{d}t = k_f A_k \qquad (2.2\text{-}39)$$

3）GMSK 信号的调制与解调

实际应用中，产生 GMSK 信号的主要方法是正交调制方法。GMSK 信号表示为

$$s_{\mathrm{GMSK}}(t) = \cos\left(\omega_{\mathrm{c}}t + k_f \int_{-\infty}^{t} q(\tau)\mathrm{d}\tau\right) = \cos\left(\omega_{\mathrm{c}}t + \theta(t)\right)$$
$$= \cos\theta(t)\cos\omega_{\mathrm{c}}t - \sin\theta(t)\sin\omega_{\mathrm{c}}t \qquad (2.2\text{-}40)$$

式中，$\theta(t) = \theta(kT_b) + \Delta\theta(t)$。在正交调制中，将式（2.2-40）中的 $\cos\theta(t)$ 和 $\sin\theta(t)$ 看作两个支路的基带信号。

相干解调和非相干解调都可以用于来解调 GMSK 信号。在移动信道中，相干载波的提取比较困难，一般采用非相干的解调方法，下面介绍 1 比特延迟差分解调方法。

假定接收信号为 $s(t) = s(t)_{GMSK} = A(t)\cos(\omega_c t + \theta(t))$，其中 $A(t)$ 表示因信道衰落而引起的时变包络。首先，接收机把 $s(t)$ 分成两路，对其中一路进行 1 比特的延迟和 90°的相移，得到 $W(t) = A(t)\cos\ [\omega_c(t - T_b) + \theta(t - T_b) + \pi/2]$，然后与另一路 $s(t)$ 相乘得到

$$
\begin{aligned}
x(t) &= s(t)W(t) \\
&= A(t)A(t - T_b)\frac{1}{2}\{\sin[\theta(t) - \theta(t - T_b)] - \\
&\quad \sin[2\omega_c t - \omega_c T_b + \theta(t) + \theta(t - T_b)]\}
\end{aligned}
\tag{2.2-41}
$$

经过低通滤波同时考虑到 $\omega_c T_b = 2n\pi$，得到

$$
\begin{aligned}
y(t) &= A(t)A(t - T_b)\sin[\theta(t) - \theta(t - T_b) + \omega_c T_b] \\
&= A(t)A(t - T_b)\frac{1}{2}\sin(\Delta\theta(t))
\end{aligned}
\tag{2.2-42}
$$

其中，$\Delta\theta(t) = \theta(t) - \theta(t - T_b)$ 代表一个码元的相位增量。由于 $A(t)A(t - T_b) > 0$，在 $t = (k+1)T_b$ 时刻对 $y(t)$ 抽样得到 $y((k+1)T_b)$，其符号取决于 $\Delta\theta((k+1)T_b)$ 的符号。根据对 $\Delta\theta(t)$ 路径的分析，可以进行如下判决：当 $y((k+1)T_b) > 0$，即 $\Delta\theta((k+1)T_b) > 0$，判决解调数据为 $\hat{b}_k = +1$；当 $y((k+1)T_b) < 0$，即 $\Delta\theta((k+1)T_b) < 0$，判决解调数据为 $\hat{b}_k = -1$。

4）GMSK 信号功率谱

将高斯滤波放置在 MSK 调制前，使得 GMSK 相位路径变得平滑，信号的频率变化也变得更平稳，也大大地减少了接收信号频谱的带外辐射。滤波器的通带 x_b 越窄，GMSK 信号的频谱就会变得越窄，相应地对邻道的干扰也就越小。例如，GSM 空中接口速率 $R_b = 270\ \text{kb/s}$，若取 $x_b = B_b T_b = 0.25$，则有以下结果：

（1）$B_b = x_b / T_b = 65.567\ \text{kHz}$。

（2）99%功率带宽为 $0.86R_b = 232.2\ \text{kHz}$。

（3）99.9%功率带宽为 $1.09R_b = 294.3\ \text{kHz}$。

以上数据说明，虽然进一步减少 x_b 能使带宽变窄，但当 x_b 过于小时，带宽超出了 GSM 系统 200 kHz 的频道间隔，这就会造成码间干扰的增加。

2.2.4　多载波调制技术

前面提到的调制技术，发送信号只采用单一载波频率，调制信号通过不理想的信道传输后容易出现信号的失真和码间串扰的情况。多载波调制技术是利用多个子信道来发送信号，具体做法是首先将信道分成若干个子信道，其次，将基带码元均匀地分散到各个子信道中，调制和传输载波，通过多个子信道将信号发送出去。在多载波传输系统中，输入数据经串/并变换分成若干路低速率并行数据流，再将每路低速率数据采用相互独立的载波调制，最后将各路数据叠加在一起构成发送信号，其原理如图 2-18 所示。

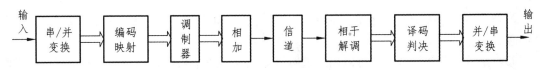

图 2-18　多载波调制原理图

OFDM 是多载波调制技术典型代表，经 OFDM 调制后，已调信号具有高效、抗多径、衰落能力强和频谱利用率高等优点。在接收端，一般是采用相干解调技术来分离出子载波。

假设输入码元的周期为 t_s，速率为 r_s。经过串并变换后，长度为 N 的输入码元转换为长度为 $T_s = Nt_s$、速率为 $R_s = 1/T_s = 1/Nt_s = r_s/N$ 的并行码。输入的 N 个码元分别用来调制 N 个子载波，即

$$f_n = f_0 + n\Delta f, n = 0,1,2,\cdots N-1 \tag{2.2-43}$$

式中，Δf 代表子载波之间的间隔，且 $\Delta f = 1/T_s = 1/Nt_s$。当 $f_0 > 1/T_s$ 时，子载波之间是两两正交的关系，即

$$\frac{1}{T_s}\int_0^{T_s}\sin(2\pi f_k t + \varphi_k)\sin(2\pi f_j t + \varphi_j) = 0 \tag{2.2-44}$$

式中，$f_k - f_j = \dfrac{m}{T_s}(m = 1,2,\cdots)$。将 N 条并行支路的已调子载波信号相加后，得到的即为经 OFDM 调制的发射信号，表示为

$$D(t) = \sum_{n=0}^{N-1} d(n)\cos(2\pi f_n t) \tag{2.2-45}$$

在接收端，将接收到的信号同时进入 N 条并联支路，然后再和 N 个子载波相乘和积分，便可得到各支路的数据

$$\hat{d}(k) = \int_0^{T_s} D(t)2\cos\omega_k t\,\mathrm{d}t = \int_0^{T_s} d(n)2(\cos\omega_n t)^2\,\mathrm{d}t = d(k) \tag{2.2-46}$$

各支路的调制方式可采用 PSK 或 QAM 等数字调制方式。此外，提高频谱利用率，通常采用多进制的调制方法。用 $d(n) = a(n) + jb(n)$ 表示并行支路输入的数据，其中，$a(n)$ 和 $b(n)$ 代表输入的同相分量和正交分量的实序列。并行输入数据在各自支路上调制一对正交载波，得到经 OFDM 调制后的输出信号为

$$D(t) = \sum_{n=0}^{N-1}[a(n)\cos(2\pi f_n t) + b(n)\sin(2\pi f_n t)] = \mathrm{Re}\left\{\sum_{n=0}^{N-1} A(t)\mathrm{e}^{\mathrm{j}2\pi f_0 t}\right\} \tag{2.2-47}$$

式中，$A(t)$ 为信号包络，且 $A(t) = \sum_{n=0}^{N-1} d(n)\mathrm{e}^{\mathrm{j}n\Delta\omega t}$。

OFDM 中频谱的重叠，极大地提高了带宽效率，OFDM 信号的带宽表示为

$$B = f_{N-1} - f_0 + 2\delta = (N-1)\Delta f + 2\delta \tag{2.2-48}$$

式中，δ 表示二分之一子载波信道带宽。假设每条支路都采用 M 进制调制，则各并行支路传输的比特速率为 $R_b = NR_s\log_2 M$，带宽效率可表示为

$$\eta = \frac{R_b}{B} = \frac{NR_s\log_2 M}{(N-1)\Delta f + 2\delta} \tag{2.2-49}$$

若子载波信道严格限制带宽，且 $\delta = \Delta f/2 = 1/2T_s$，则带宽效率为 $\eta = R_b/B = \log_2 M$ 在再实际应用中，与最小带宽相比，各子信道的带宽要稍微大一些，即 $\delta = (1+\alpha)/2T_s$，则 $\eta = \dfrac{\log_2 M}{1 + \alpha/N}$。因此，可以通过增加子载波的数目 N 和减小 α 的方法来提高带宽效率。

OFDM 能在多径信道环境中克服码间干扰，因此，在 OFDM 中没必要采用均衡器来抵消码间干扰的影响[10]。

2.2.5 扩频调制技术

扩频调制中使用远大于信息本身带宽的信号来传输信息。扩频系统需要较大的带宽，因此，扩频调制系统适合在多用户接入时使用，用来保证多用户同时通信且不会相互干扰。直接序列调制和频率跳变调制是目前最基本的扩频方法。

1. 直接序列调制

直接序列调制指使用一组编码序列来调制载波，详细过程为：采用速率很高的伪随机序列/伪噪声（Pseudo Noise，PN）对发射端信号进行调制，这样信号的频谱将被展宽；然后展宽频谱后的信号进行射频调制。在接收端，首先，经过混频后，接收信号变成中频信号，再采用与发射端使用的相同的 PN 码对该中频信号进行反扩展，从而输出窄带信号，该过程叫作解扩；其次，再将解扩了的中频窄带信号输入解调器，从而恢复出原始信号。图 2-19 中的子图（a）和（b）分别是二进制直接序列扩频系统（Direct Sequence Spread Spectrum，DS-SS）的发射端和接收端结构图，若将扩频和解扩两个步骤去除，则该系统成为普通数字调制系统。

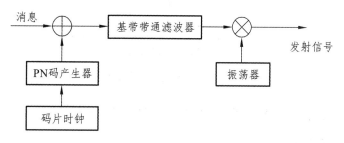

（a）二进制 DS-SS 发射端结构图

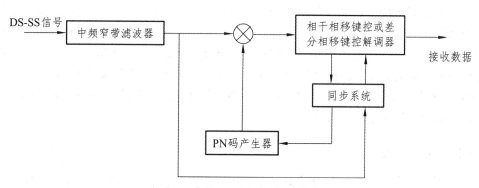

（b）二进制 DS-SS 接收端结构图

图 2-19 二进制 DS-SS 发射端与接收端结构图

2. 频率跳变调制

频率跳变调制技术（Frequency Hopping Spread Spectrum，FHSS）采用伪随机的载波跳频来传输数据，因此，只有知道跳频规律才能恢复数据。在发射端，采用伪随机码扩频后，信号频率在很高的频率范围内变换，因此射频载波也会在很宽的范围内变换，从而形成宽带离散谱。图 2-20 为单信道调制 FHSS 的发射端和接收端结构图。

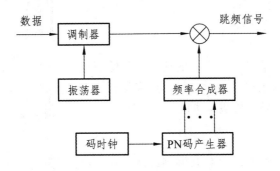

（a）FHSS 发射端结构图

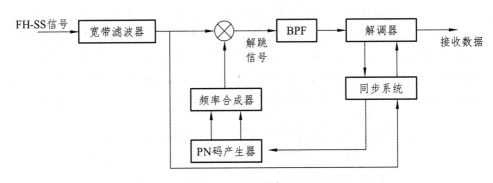

（b）FHSS 接收端结构图

图 2-20　FHSS 发射端和接收端结构图

2.3　抗衰落技术

在移动通信系统中，经无线信道传输后，接收信号受到严重的衰落，除了因多径传播特点和接收机移动性所产生的多普勒频移等影响外，无线信道中固有的各种噪声和干扰也将使得接收信号出现失真。通常情况下，一些信号处理技术普遍应用于移动通信系统中，用来提高信号的抗衰落能力，以改善接收信号的质量。在这一节中，将介绍最常见的信号处理技术，分别是分集技术、信道编码技术、均衡技术和多天线技术。以上信号处理技术一般可以独立使用，也可以根据实际情况联合使用。

2.3.1　分集技术

通常情况下，分集技术用在移动通信系统中以对抗衰落产生的影响。分集接收技术的基本思想是：接收端对接收到的多个衰落特性相互独立并各自携带相同信息的信号进行处理，从而减少信号电平的起伏。分集包含两层含义，一是分散传输，二是集中处理。分散传输使接收端获得多个衰落信号，它们是统计独立的且携带相同的信息。集中处理是指接收端将接收到的多个统计独立的衰落信号合并在一起，以减少衰落所带来的影响[6]。在移动通信系统中主要有"宏分集"和"微分集"这两类分集方式。

1. 宏分集

宏分集又叫作多基站分集，能有效减小慢衰落的影响。宏分集的大意是，在不同地理位置和方向上部署多个基站，以确保通信不中断，也就是各个方向上的信号传播不会同时受到阴影效应或者地形的影响而出现严重慢衰落。图 2-21 所示为宏分集示意图，移动终端与接收到的信号中最强的信号进行通信，即移动台在路段 B 移动时，选择和基站 B 通信，而在路段 A 移动时则和基站 A 通信。

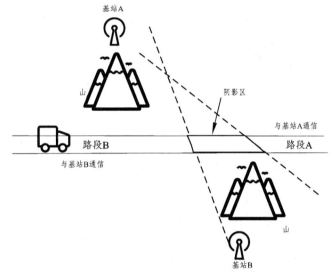

图 2-21 宏分集示意图

2. 微分集

微分集能有效减少快衰落的影响，通常可以分为以下 4 种分集方式。

1）空间分集

空间分集基于快衰落（多径衰落）的空间独立性，也就是在任意两个不同的位置接收同一个发射信号，当这两个位置的距离足够大时，在这两处接收到的信号的衰落是独立不相关的。发送端使用一副天线发射信号，而在接收端使用两幅（或多副）相距足够大的天线进行接收，接收到的信号来自同一发射机且其衰落是独立。因而，这种分集方式又称天线分集或接收天线分集，即单输入/多输出（Single Input/Multiple Output，SIMO）系统。反之，若在采用多根天线在发射端发射同一信号，则为多输入/单输出（Multiple Input/Single Output，MISO）系统或 MIMO 系统。

空间分集的接收机至少需要两幅相隔距离为 d 的天线，相隔距离 d 与工作波长、地物及天线高度有关。实际测试表明，在市区取 $d=0.5\lambda$，在郊区则取 $d=0.8\lambda$。在实际工程设计中，基站天线高度一般为几十米。

2）频率分集

频率分集利用载波衰落不相关性来实现，即采用两个或两个以上不同的载波频率间隔大于信道相关带宽的载频来传输同一信号，从而实现频率分集。相关带宽定义为 $B_c = 1/2\pi\Delta$，其中，Δ 为延时扩展。假设，在市区中，$\Delta = 3\,\mu s$，则 B_c 约为 53 kHz，此时，频率分集则要使用两个频率间隔 53 kHz 以上的发射机同时发送同一信号，在接收端则需使用两个以上的独立接收机来接收。很明显，这样增加了设备复杂度，且占用了更多的带宽，频谱利用率低。这对于频谱资源匮乏的移动通信而言，频率分集需要占用更多的频谱资源，其代价是巨大的。所以，一般采用调频扩频技术来实现频率分集。在移动台静止或移动缓慢的情况下，调频可以得到更明显的频率分集效果，而在移动台高速移动的时候，效果就没那么明显了。

3）极化分集

水平和垂直路径在移动环境中是不相关的，也就是说，不同极化的电磁波的衰落特性是各自独立的。因此，发送信号时可以采用两根天线，它们的位置很近但极化方式不同，这样就可以做到分集。例如，将垂直极化和水平极化两副发射天线安装在发射端的同一地点，同理，也在接收端同一地点安装垂直极化和水平极化两副接收天线，从而获得两路衰落特性独立的极化分量。极化分集的好处在于只需要一根天线，这样空间节省得更好；缺点是由于在两副极化天线上分配发射或接收功率，会造成约 3 dB 的功率损失。

4）时间分集

除了具有空间独立性和频率独立性之外，快衰落也具有时间独立性。同一信号在不同的时间范围内被多次发送，只要时间间隔足够大，每次发送信号所出现的衰落就会是相互独立的。接收端将重复收到的同一信号进行合并，这样可以减少衰落的影响[11]。

3. 合并技术

在使用不同的分集技术后，获得 M 路衰落独立的信号，然后，通过采用合并技术对 M 路衰落信号进行处理，以提升接收端信号的质量。如图 2-22 所示，当接收端接收到 $M(M \geqslant 2)$ 个衰落独立的分集信号后，采用线性合并器相加后合并输出。

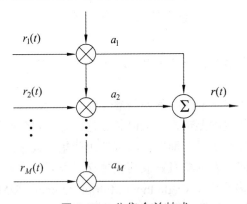

图 2-22 分集合并技术

设 M 个输入信号为 $r_1(t)$，$r_2(t), \cdots$，$r_M(t)$，经过线性合并器后，输出为

$$r(t) = a_1 r_1(t) + a_2 r_2(t) + \cdots + a_M r_M(t) = \sum_{k=1}^{M} a_k r_k(t) \qquad (2.3\text{-}1)$$

式中，a_k 为第 k 路信号的加权系数。合并方式因加权系数不同而不同。常用的合并方式有选择式合并、最大比值合并以及等增益合并 3 种。

1）选择式合并

选择式合并是指选择信噪比最高的一条支路的信号作为合并器的输出。选择式合并器中，被选择的路径的加权系数为 1，其余均为 0。

2）最大比值合并

最大比值合并是指接收端首先调整多条分集支路的相位，其次，乘上适当的增益系数后同相相加，最后，由检测器进行检测，其原理如图 2-23 所示。各支路信号包络为 r_k，且加权系数 a_k 与包络 r_k 和噪声功率 N_k 的关系如下

$$a_k = \frac{r_k}{N_k} \tag{2.3-2}$$

可得，采用最大比值合并技术的输出信号包络为

$$r_R = \sum_{k=1}^{M} a_k r_k = \sum_{k=1}^{M} \frac{r_k^2}{N_k} \tag{2.3-3}$$

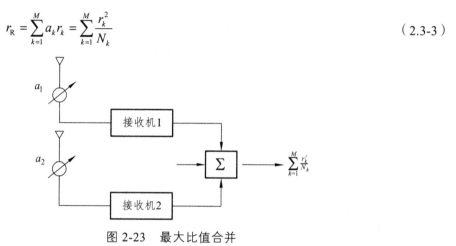

图 2-23　最大比值合并

3）等增益合并

在最大比值合并中，当所有的加权系数均相等且为 1 时，得到是即是等增益合并。等增益合并的加权系数为

$$a_k = 1, k = 1, 2, \cdots, M \tag{2.3-4}$$

图 2-24 所示为等增益合并技术示意图，经等增益合并后，输出端是各路信号幅值的叠加。在 CDMA 系统中，等增益合并接收的信号间具有正交

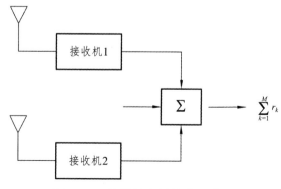

图 2-24　等增益合并技术示意图

性，因此衰落在各个通道间具有差异但不影响系统的信噪比。等增益合并技术适用于系统中接收信号的幅度不方便测量的情况。

4）3 种分集合并技术的性能比较

表 2-2 列出了选择式合并、最大比值合并以及等增益合并的工作方式和优缺点。

表 2-2　3 种分集合并技术的工作方式和优缺点比较

分集合并技术	工作方式	优点	缺点
选择式合并	选择支路中信噪比最高的一个	比开关式合并的性能更好	要同时监视各个支路上的信号
最大比合并	按照总信噪比最大化的原则	可获得通信系统的最优性能	要同时解调 M 条支路，并估算其信噪比
等增益合并	各支路等权值相加	接近最优性能且不用估算信噪比计算法	要同时对各个支路进行解调

2.3.2　信道编码技术

利用无线信道传送数字信号后，到达接收端的数字信号经常出现错误，原因是信道中存在噪声、干扰等。一般，采用信道编码技术最大限度地较少噪声、干扰等因素的影响的同时，赋予系统一定的纠错和抗干扰能力，以提高移动通信系统的可靠性。

信道编码又称差错控制编码，其基本思想是：在信息码元中加入与其有某种确定关系的督码元，使原本不具有规律性的信息序列转换成具有某种特定关系的序列。由于无线信道特性不理想，通过信道编码的信息到达接收端后可能会出现错误。而在接收端，则要检验信息码元与监督码元之间是否符合某种特定的约束关系。若信息码元与监督码元之间的特定关系被破坏，接收端发现这种错误或对其中的差错进行纠正的过程被称为信道解码或译码[5]。

信道编码增加了传送的比特数，减少了有用信息数据的传输。根据信息码元和监督码元之间的约束方式可将编码技术划分为分组编码技术和卷积编码技术 2 种。

1. 分组编码技术

分组编码技术指将信源的码元序列分成独立的块进行处理和编码，即码元序列分为 k 个码元为一组，编码器为每组码元生 r 个校验位，此时，码字长度变成 $n=k+r$ 位。线性分组码指的是分组码的信息码元与校验码元之间呈线性关系。对于长度为 n 的二进制线性分组码，在所有可能的码字中，可以选择 $M=2k\ (k<n)$ 个码字组成一种编码，这些码字被叫作许用码字，其余则为禁用码字。例如，经过线性分组编码技术，一个 k 比特信息被映射到长度为 n 的码组中，该码字选自 M 个码字构成的码字集合，余下的那些码字则可用来对该分组码进行检错或纠错。

2. 卷积编码技术

卷积码可以用 (n,k,m) 来描述，其中 k 为输入字节数；n 表示输出码字数；m 为约束长度，即卷积编码器的 k 元组的级数。与分组编码不同的是，卷积编码产生的 n 元码组除了与当前输入的 k 元组有关外，还与前面 $(m-1)$ 个输入的 k 元组有关。随着 m 的增加，卷积码的纠错性能也随之增大，而差错率随着 n 的增加而呈指数下降，在编码器复杂度相同的情况下，卷积码比分组码的性能更优。

　　卷积码与分组码的根本区别在于：卷积码连续输出的已编码序列是由连续输入的信息序列得到的；而在分组编码中，本组的 $n{-}k$ 个校验元只和本组的 k 个信息元有关[12]。随着约束长度的增加，卷积码译码的复杂度以非线性的方式迅速增加，因此，实际应用中卷积码受限于存储容量和系统运算速度。

2.3.3　均衡技术

　　因信道带宽有限，信道衰落和多普勒效应等的影响，接收端会产生码间干扰，这严重阻碍了在无线信道中传输高速数据。通常在接收端采用均衡技术[3]，以克服码间干扰，提高无线通信系统的性能。所谓均衡，是指一些克服码间干扰的方法。均衡本质上是在接收端设计一个与信道特性相反的称为均衡器的网络，从而减小或消除由于码间干扰引起的信号失真。

　　1. 无码间干扰传输的条件

　　1）无线信道传输的码间干扰

　　图 2-25 所示为数字基带信号系统框图，图中输入基带信号为

$$b(t) = \sum_{k=-\infty}^{\infty} b_k \delta(t - kT_\text{s}) \tag{2.3-5}$$

式中，$\{b_k\}$（$b_k = \pm 1$）为输入二进制序列；T_s 为码元发送间隔，也就是码元周期。

　　通常，广义信道指的是发送端设备如调制器、滤波器和接收机前端等设备在内的无线信道。设广义信道的单位冲激响应为 $h(t)$，那么经广义信道后输出信号的表达式为

$$x(t) = b(t) * h(t) = \sum_{k=-\infty}^{\infty} b_k \cdot h(t - kT_\text{s}) \tag{2.3-6}$$

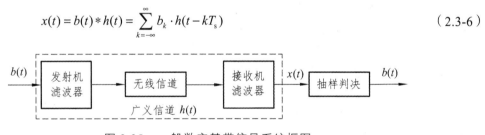

图 2-25　一般数字基带信号系统框图

　　在不考虑噪声干扰的情况下，一个理想的无码间干扰的数字传输系统的单位冲激响应 $h(t)$，应是在指定的时间对接收码元的采样不为零，而其余时间的采样值均为零。然而，因为无线信道的多径效应，码元到达接收机的时延不同，因此，码元的时延扩展会对前后的码元造成干扰（如前导干扰、拖尾干扰）。

　　在接收端，将接收信号通过接收机滤波器进行滤波后再送入抽样判决器进行判决，从而可以确定发送端所发送的数字信息，如图 2-25 所示。以第 k 个码元 b_k 的抽样判决为例，假设抽样时刻为 $t = kT_s + t_0$，则在 t 时刻对输入信号的抽样值为

$$x(kT_s + t_0) = b(k) \cdot h(t_0) + \sum_{n \neq k} b_n \cdot h[(k-n)T_\text{s} + t_0] \tag{2.3-7}$$

由式（2.3-7）可知，如果想要消除码间干扰，应该满足

$$\sum_{n \neq k} b_n \cdot h[(k-n)T_s + t_0] = 0 \qquad (2.3\text{-}8)$$

在实际情况中，由于 b_n 是随机的，利用相互抵消的办法不能让码间干扰变成零。最理想的情况是，相邻码元的前一个码元的波形到达后一个码元抽样判决时刻已经衰减到零。由于 $h(t)$ 波形的"拖尾"很长，导致相邻码元间存在码间干扰。若 $h(t)$ 在 $T_s + t_0$、$2T_s + t_0$ 等其他码元的抽样时刻上的判决都为零，则码间干扰将会被消除。

2）消除码间干扰的条件

如前所述，若 $h(t)$ 只在本码元的抽样时刻上取得最大值，而在其余码元的抽样时刻上均为零，则码间干扰将会被消除。在时刻 $t = kT_s$ 对 $h(t)$ 进行抽样，有

$$h(kT_s) = \begin{cases} 1, & k = 0 \\ 0, & k\text{为其他整数} \end{cases} \qquad (2.3\text{-}9)$$

该式是无码间干扰的时域条件。接下来，求解满足式（2.3-9）的传输系统特性 $H(\omega)$。

因为

$$h(t) = \frac{1}{2\pi}\int_{-\infty}^{\infty} H(\omega)\mathrm{e}^{\mathrm{j}\omega t}\mathrm{d}\omega \qquad (2.3\text{-}10)$$

在时刻 $t = kT_s$ 有

$$h(kT_s) = \frac{1}{2\pi}\int_{-\infty}^{\infty} H(\omega)\mathrm{e}^{\mathrm{j}\omega kT_s}\mathrm{d}\omega \qquad (2.3\text{-}11)$$

进行变换后有

$$\frac{1}{T_s}\sum_i H\left(\omega + \frac{2\pi i}{T_s}\right) = \sum_k h(kT_s)\mathrm{e}^{-\mathrm{j}\omega kT_s} \qquad (2.3\text{-}12)$$

因此，无码间干扰的传输系统 $H(\omega)$ 应满足

$$\frac{1}{T_s}\sum_i H\left(\omega + \frac{2\pi i}{T_s}\right) = 1, \ |\omega| \leqslant \frac{\pi}{T_s} \qquad (2.3\text{-}13)$$

上式称为奈奎斯特第一准则。只要基带传输系统的特性 $H(\omega)$ 满足这一准则，就能实现无码间干扰。

2. 均衡器设计原理

在数字基带传输系统中，为达到无码间干扰的目的，通常的做法是将一个可调滤波器引入到接收滤波器和抽样判决器之间，该滤波器的作用被称为均衡器，如图 2-26 所示。

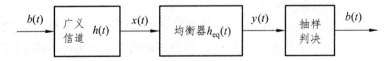

图 2-26　数字基带传输系统均衡原理示意图

设均衡器的幅频特性为 T_ω，有

$$H'(\omega) = H(\omega) \cdot T_\omega \qquad (2.3\text{-}14)$$

式中，$H(\omega)$ 为传输系统的频率特性，当 $H'(\omega)$ 满足奈奎斯特第一准则，即

$$\sum_i H'\left(\omega + \frac{2\pi i}{T_s}\right) = T_s, \ |\omega| \leqslant \frac{\pi}{T_s} \tag{2.3-15}$$

则传输系统不存在码间干扰。由式（2.3-14）和（2.3-15）可知

$$\sum_i H\left(\omega + \frac{2\pi i}{T_s}\right) \cdot T\left(\omega + \frac{2\pi i}{T_s}\right) = T_s, \ |\omega| \leqslant \frac{\pi}{T_s} \tag{2.3-16}$$

假设 $T(\omega)$ 是以 $2\pi/T_s$ 为周期的周期函数，即 $T\left(\omega + \frac{2\pi i}{T_s}\right) = T(\omega)$，则

$$T(\omega) = \frac{T_s}{\sum_i H\left(\omega + \frac{2\pi i}{T_s}\right)}, \ |\omega| \leqslant \frac{\pi}{T_s} \tag{2.3-17}$$

$T(\omega)$ 的傅里叶级数表示形式为

$$T(\omega) = \sum_{n=-\infty}^{\infty} C_n \mathrm{e}^{-jnT_s\omega} \tag{2.3-18}$$

式中傅里叶系数 C_n 为

$$C_n = \frac{T_s}{2\pi} \int_{-\frac{\pi}{T_s}}^{\frac{\pi}{T_s}} T(\omega)\mathrm{e}^{jn\omega T_s}\mathrm{d}\omega \tag{2.3-19}$$

式（2.3-19）表明，C_n 完全由 $H(\omega)$ 决定。对式（2.3-18）进行傅里叶反变换，可得均衡器的单位冲激响应为

$$h_{\mathrm{eq}}(t) = F^{-1}[T(\omega)] = \sum_{-\infty}^{\infty} C_n \delta(t - nT_s) \tag{2.3-20}$$

因此，在接收滤波器和抽样判决器之间插入单位冲激响应满足式（2.3-20）的均衡器可以从理论上消除码间干扰。

3. 均衡器的分类

均衡器的种类很多，可以根据技术类型把均衡器分为线性和非线性 2 种；根据检测等级可分为 2 类：码片均衡器、符号均衡器和序列均衡器；按其频谱效率可分为 3 种：基于训练序列的均衡、盲均衡和半盲均衡；按均衡器的位置可以分为预均衡和均衡。自适应均衡可以根据研究的角度和领域分为 2 类：时域均衡器和频域均衡器。其中，时域均衡器的设计原理建立在响应波形上，即直接校正因码间干扰导致的失真波形，而使整个传输系统的冲激响应符合奈奎斯特第一准则。频域均衡器则是对传输系统的频率特性进行校正或补偿，例如，采用可调滤波器的频率特性补偿系统的频率特性，使传输系统的总特性符合无失真传输条件[7]。

2.3.4　多天线技术

随着无线通信技术的发展和用户数的激增，充分利用有限的频谱资源满足人们对高质量通信的追求是一项重要的研究课题。一般情况下，无线通信系统的发射端和接收端各使用一

根天线，即单输入/单输出（Single Input/Single Output，SISO）系统。1948年，香农指出，由于最大发射功率是有限的，提高信噪比的方法对信道容量的提高是有限的。因此，研究人员考虑在发射端（或）接收端部署多天根线，以提高系统容量和效率[13]，此时，该系统成为一个多天线系统。在 SIMO 系统中，发射端使用一根天线，接收端使用多根天线，若接收端各天线接收信号的衰落是相互独立时，通过分集合并技术可以得到接收分集增益。在 MISO 系统中，发射端的多个发射天线可以发送相同或不同的信号，经接收端的单天线接收后采用数字信号处理技术可得到发送分集增益。此外，由于空间分集，SIMO 系统在抗信道衰落、抗噪声和干扰等方面的能力得到了增强，接收信号的质量也有所改善。因空间复用，MISO 系统，具有更高的数据传输速率和频谱效率。MIMO 系统在发射端和接收端均采用了多根天线，所以，它同时具备了 SIMO 和 MISO2 种系统的优势。以下主要介绍 MIMO 技术。

1. MIMO 技术原理

图 2-27 为 MIMO 模型的信道矩阵。设发送端部署 n_T 根天线，接收端部署 n_R 根天线，每个收/发天线之间都有 MIMO 子信道。因此，MIMO 系统总共有 $n_R \times n_T$ 个子信道，其信道响应矩阵 H 表示为

$$H = \begin{pmatrix} h_{11} & h_{12} & \cdots & h_{1n_T} \\ h_{21} & h_{22} & & \\ \vdots & \vdots & \ddots & \\ h_{n_R 1} & h_{n_R 2} & \cdots & h_{n_R n_T} \end{pmatrix}_{n_R \times n_T}$$

（2.3-21）

其中，$h_{i,j}(i=1,2,\cdots,n_R; j=1,2,\cdots,n_T)$ 代表第 j 根发射天线到第 i 根接收天线的信道冲激响应。

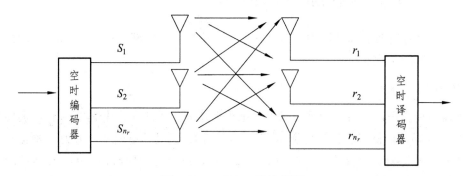

图 2-27 MIMO 系统框图

简便起见，设发送信号带宽比子信道带宽要窄得多，各子信道都经历平坦性落；发射总功率为 P，各发射天线功率相同且为 P/n_T；忽略掉阴影衰落、天线增益等因素，有信道响应矩阵的归一化约束为

$$\sum_{j=1}^{n_T} \left| h_{ij} \right|^2 = n_T$$

（2.3-22）

假设在发射端，每个符号周期发送的信号为 $n_T \times 1$ 维列矢量 x，$x = (x_1, x_2, \cdots, x_{n_T})^T$，其中 x_i

代表第 i 个发射天线发送的符号。由信息理论可知，在高斯信道中，输入信号的最优分布也应该是高斯分布[2]。假设发送信号矢量的每个分量都是零均值、独立同分布的高斯随机变量，发送信号协方差矩阵为

$$R_{xx} = E(xx^{\mathrm{H}})\qquad(2.3\text{-}23)$$

式中，$E(\cdot)$ 为数学期望；H 表示共轭转置。

发送信号协方差矩阵满足

$$\mathrm{Tr}(R_{xx}) = P\qquad(2.3\text{-}24)$$

式中，$\mathrm{Tr}(\cdot)$ 为矩阵的迹；P 代表总发射功率。

若每个发射天线的发送功率都相同，则式（2.3-23）改写成

$$R_{xx} = \frac{P}{n_{\mathrm{T}}}I_{n_{\mathrm{T}}}\qquad(2.3\text{-}25)$$

式中，$I_{n_{\mathrm{T}}}$ 为 $n_{\mathrm{T}} \times n_{\mathrm{T}}$ 维单位矩阵。

在接收端，噪声用 $n_{\mathrm{R}} \times 1$ 维列矢量 n 来表示，即 $n = (n_1, n_2, \cdots, n_R)^{\mathrm{T}}$，其中 n_i 为第 i 个接收天线接收到的噪声。假设噪声分量都是高斯随机变量且功率都为 σ^2，那么接收到的噪声矢量的协方差矩阵表示为

$$R_{nn} = E(nn^{\mathrm{H}}) = \sigma^2 I_{n_{\mathrm{R}}}\qquad(2.3\text{-}26)$$

式中，$I_{n_{\mathrm{R}}}$ 为 $n_{\mathrm{R}} \times n_{\mathrm{R}}$ 维单位矩阵。

设接收信号为 $n_{\mathrm{R}} \times 1$ 维列矢量 y，$y = (y_1, y_2, \cdots, y_{n_{\mathrm{R}}})^{\mathrm{T}}$，其中，每个分量代表一根接收天线收到的信号。因此，MIMO 系统的信道模型表示为

$$y = Hx + n\qquad(2.3\text{-}27)$$

接收信号的协方差矩阵为

$$R_{yy} = E(yy^{\mathrm{H}}) = HR_{xx}H^{\mathrm{H}} + R_{nn} = \frac{P}{n_{\mathrm{T}}}HH^{\mathrm{H}} + \sigma^2 U_{n_{\mathrm{R}}}\qquad(2.3\text{-}28)$$

2. MIMO 系统的信道容量

利用 MIMO 技术可以将无线信道容量成倍地提高而无须增加带宽和天线的发送功率。假设发射端的信道矩阵未知，而接收端的已知。发送端使用 n_{T} 根天线，接收端使用 n_{R} 根天线，令 $x = \sqrt{E_{\mathrm{s}}/n_{\mathrm{T}}}\,s$，其中 E_{s} 代表发射信号在每一个符号时间内的平均能量，由式（2.3-27）可知信道模型公式为

$$y = Hx + n = \sqrt{\frac{E_{\mathrm{s}}}{n_{\mathrm{T}}}}Hs + n\qquad(2.3\text{-}29)$$

式中，s 是一个 $n_{\mathrm{T}} \times 1$ 的复矩阵，可表示为 $s = [s_1\ s_2\ \cdots s_{n_{\mathrm{T}}}]^{\mathrm{T}}$，并且 s 满足以下两个条件

$$\begin{aligned}E(s) &= 0\\ \mathrm{Tr}(R_{ss}) &= n_{\mathrm{T}}\end{aligned}\qquad(2.3\text{-}30)$$

式中，$R_{ss} = E(ss^{\mathrm{H}})$，$\mathrm{Tr}(\cdot)$ 表示矩阵的迹。

由奇异值分解理论可知，任何一个 $n_R \times n_T$ 矩阵 $\boldsymbol{H}$ 可以写成

$$\boldsymbol{H} = \boldsymbol{U} \sum \boldsymbol{V}^H \qquad (2.3\text{-}31)$$

式中，$\boldsymbol{U}^H \boldsymbol{U} = \boldsymbol{V}^H \boldsymbol{V} = \boldsymbol{I}$；$\sum = \mathrm{diag}\{\sigma_i\}_{i=1}^r$，$\sigma_i > 0$，$r$ 是矩阵 $\boldsymbol{H}$ 的秩。

对 $\boldsymbol{H}\boldsymbol{H}^H$ 进行特征值分解得到

$$\boldsymbol{H}\boldsymbol{H}^H = \boldsymbol{Q}\Lambda\boldsymbol{Q}^H \qquad (2.3\text{-}32)$$

其中，$\boldsymbol{Q}\boldsymbol{Q}^H = \boldsymbol{Q}^H\boldsymbol{Q} = \boldsymbol{I}_{n_T}$，$\Lambda = \mathrm{diag}(\lambda_i)_{i=1}^{n_T}$。当 $i > r$ 时，$\lambda_i = 0$。

由信息论知识可知，信道容量的表达式为

$$C = \max_{f(s)} I(\boldsymbol{s}; \boldsymbol{y}) \qquad (2.3\text{-}33)$$

式中，$f(s)$ 代表矢量 $\boldsymbol{s}$ 的概率密度函数；$I(\boldsymbol{s}; \boldsymbol{y}) = h(\boldsymbol{y}) - h(\boldsymbol{y}|\boldsymbol{s})$ 代表矢量 $\boldsymbol{s}$ 和 $\boldsymbol{y}$ 的互信息；$h(\boldsymbol{y})$ 代表矢量的平均信息论，也叫作熵；$h(\boldsymbol{y}|\boldsymbol{s})$ 是条件信息量，也叫作条件熵。

当发送信号 $\boldsymbol{s}$ 和噪声 $\boldsymbol{n}$ 均独立统计时，有 $h(\boldsymbol{y}|\boldsymbol{s}) = h(\boldsymbol{n})$，则

$$I(\boldsymbol{s}; \boldsymbol{y}) = h(\boldsymbol{y}) - h(\boldsymbol{n}) \qquad (2.3\text{-}34)$$

式中

$$h(\boldsymbol{y}) = \log_2[\det(\pi e \boldsymbol{R}_{yy})]$$
$$h(\boldsymbol{n}) = \log_2[\det(\pi e N_0 \boldsymbol{I}_{n_T})] \qquad (2.3\text{-}35)$$

式中，$N_0 = \sigma^2$，$\boldsymbol{R}_{yy} = E\{\boldsymbol{y}\boldsymbol{y}^H\} = \dfrac{E_s}{n_T}\boldsymbol{H}\boldsymbol{R}_{ss}\boldsymbol{H}^H + N_0\boldsymbol{I}_{n_T}$。将 $h(\boldsymbol{y})$ 和 $h(\boldsymbol{n})$ 代入公式（2.3-34）有

$$I(\boldsymbol{s}; \boldsymbol{y}) = \log_2 \det\left(\boldsymbol{I}_{n_T} + \frac{\rho}{n_T}\boldsymbol{H}\boldsymbol{R}_{ss}\boldsymbol{H}^H\right) \qquad (2.3\text{-}36)$$

式中，$\rho = E_s/N_0$。因此信道容量可表示为

$$C = \max_{\mathrm{Tr}(\boldsymbol{R}_{ss})=M} \log_2 \det\left(\boldsymbol{I}_{n_T} + \frac{\rho}{n_T}\boldsymbol{H}\boldsymbol{R}_{ss}\boldsymbol{H}^H\right) \qquad (2.3\text{-}37)$$

当 $\boldsymbol{R}_{ss} = \boldsymbol{I}_{n_T}$ 时，互信息可写成

$$I = \log_2 \det\left(\boldsymbol{I}_{n_T} + \frac{\rho}{n_T}\boldsymbol{H}\boldsymbol{H}^H\right) \qquad (2.3\text{-}38)$$

经奇异值分解，上式可以变换为

$$I = \sum_{i=1}^r \log_2\left(1 + \frac{\rho}{n_T}\lambda_i\right) \qquad (2.3\text{-}39)$$

式中，r 和 $\lambda_i(i = 1, 2, \cdots, r)$ 分别为矩阵 $\boldsymbol{H}\boldsymbol{H}^H$ 的秩和正特征值。将上式代入式（2.3-37）中可得

$$C = \sum_{i=1}^r \log_2\left(1 + \frac{\rho}{n_T}\lambda_i\right) \qquad (2.3\text{-}40)$$

在已知发射端信道参数的情况下，采用注水算法是分配发送功率的最佳策略。分配到信

道 i 的功率为

$$P_i = (\mu - \sigma^2/\lambda_i) \tag{2.3-41}$$

其中，μ 的确定应该满足 $\sum\limits_{i=1}^{r} P_i = P$。

考虑信道矩阵 $\boldsymbol{H}$ 的奇异值分解，在等效信道模型中，第 i 个信道的接收功率为

$$P_i = (\lambda_i \mu - \sigma^2) \tag{2.3-42}$$

因此，多天线信道容量为

$$C = \sum\limits_{i=1}^{r} \log_2 \left(1 + \frac{P_i}{n_0}\right) \tag{2.3-43}$$

MIMO 系统将多根天线部署在在发送端和接收端，收发天线之间形成了多个子信道，系统的信道容量得到了极大的提高。

本章小结

移动通信系统无线传播环境复杂多变，信息传输面临严峻挑战。为提高移动通信的用户数量与通信质量，本章介绍了几种常用关键技术。

首先，无线电波传播及无线信道对信息的传输有直接影响。2.1 节介绍了无线电波传播的 3 种基本传播方式及其损耗，分析了电波传播的路径及其衰落，给出了室内和室外电波传播损耗预测模型，为研究移动通信关键技术奠定了基础。

其次，信号经无线信道传播后，接收端信号的幅度会因衰落和多径的影响发生急剧的变化。2.2 节介绍了常用数字调制技术，包括：线性调制技术、恒包络调制技术、多载波调制技术和扩频调制技术，用于提高信号抗干扰和抗多径衰落的能力。不同的调制方式，其调制特性不同，选用数字调制的时候要将带宽效率、功率效率、误码率等指标考虑进去。

最后，多径传播、多普勒频移、噪声和干扰等影响，都会造成接收信号的严重衰落和失真。2.3 节介绍了分集技术、信道编码技术、均衡技术和多天线技术 4 种信号处理技术，用于提高接收信号的质量。一般要根据信道的实际情况来决定是独立使用还是联合使用上述信号处理技术。

习　题

一、简答题

1. 移动通信中，无线电波主要有哪些传播方式？分别具有什么特点？

2. 简述 QPSK 和 OQPSK 的特点和区别。

3. MSK 调制和 FSK 调制的区别是什么？

4. 多载波调制的核心思想是什么？简述OFDM系统的工作原理以及它是如何抵抗频率选择性衰落的。

5. 列出移动通信系统中常用的抗干扰和抗衰落技术。

6. 分集合并技术通常有几种？它们是如何工作的？分别说明其优缺点。

7. 影响分集性能的主要原因有哪些？

8. 简述均衡技术的基本原理和自适应均衡器的核心思想？

9. 简述 MIMO 技术的基本思想并画出 MIMO 系统的原理示意图。

10. 移动通信对调制技术有哪些要求？

二、计算题

1. 当载波频率为 900 MHz，移动台运动速率为 60 km/h 时，求解最大多普勒频移。若移动台的运动方向与入射波方向一致并成 30°夹角，求移动台接收信号的频率。

2. 利用 Okumura-Hata 模型计算城市中的路径损耗，各参数如下：基站天线高度为 40 m，发送频率为 900 MHz，移动台天线高度为 2 m，通信距离为 15 km。

3. 已知发送的二进制信息为 1001001，码元速率为 1 kB。假设比特"0"对应载波频率 f_1=3 kHz；比特"1"对应载波频率 f_2=1 kHz，分别计算 2FSK 和 2PSK 信号的带宽并画出 2FSK 信号的波形图。

4. 设高斯滤波器的归一化 3dB 带宽为 0.5，符号速率为 19.2kbps。写出滤波器的频率响应表达式（频率单位 kHz）。

■ 本章参考文献

[1] 舒力. 干扰协调技术的研究及其在 LTE-A 中的应用[D]. 北京：北京邮电大学，2011.

[2] 樊昌信，曹丽娜. 通信原理[M]. 北京：国防工业出版社，2010.

[3] 张轶. 现代移动通信原理与技术[M]. 北京：机械工业出版社，2018.

[4] RAPPAPORT T S. 无线通信原理与应用[M]. 2 版. 周文安，付秀花，王志辉，等 译. 北京：电子工业出版社，2012.

[5] 白皓东. 基于 PN 序列的 OFDM 无线信道估计方法研究[D]. 北京：华北电力大学，2008.

[6] 付秀花，王家政. 现代移动通信原理与技术[M]. 北京：国防工业出版社，2020.

[7] 蔡跃明，吴启晖. 现代移动通信[M]. 北京：机械工业出版社，2012.

[8] 别永辉. 工控无线网络的关键性技术研究及其在港口的应用[D]. 武汉：武汉理工大学，2006.

[9] 陈方杰. 地面天线覆盖楼宇的传播模型分析[J]. 科技风，2010, 000(008): 245.

[10]科里·比尔德. 无线通信网络与系统[M]. 朱磊，许魁 译. 北京：机械工业出版社，2017.

[11]丁娇. 应对 OCSI 的单中继与多中继选择及功率分配方法[D]. 桂林：广西师范大学，2017.

[12]徐健，杜丽娟. 卷积编码器的设计与实现[J]. 大众科技，2006(3): 30.

[13]HEATH R W Jr. 无线数字通信-信号处理的视角[M]. 郭宇春，张立军，李磊 译. 北京：机械工业出版社，2019.

第3章 GSM/GPRS 数字蜂窝移动通信系统

欧洲邮电管理委员会（Confederation of European Posts and Telecommunications，CEPT）于 1982 年决定研发第二代移动通信系统，也就是延续至今还在商用的全球移动通信系统（Global System for Mobile Communications，GSM）。1991 年是 GSM 开始大规模部署的时期，而此时 GSM 作为一种数字移动通信技术已经成熟，并且实现了全球漫游（除少数国家外），这标志着移动通信技术从之前基于模拟技术的通信系统向数字技术的通信系统转变。与模拟技术相比，数字技术可以提供更高质量、更可靠、更安全的通信服务，并且具有更好的节能和频谱利用效率等优势。因此，GSM 的出现对于推动移动通信技术的发展起到了非常重要的作用。

本章主要介绍 GSM 系统的发展历程，包括其组成部分、无线接口、控制与管理。同时还会详细介绍一种在 GSM 移动通信基础上发展起来的移动分组数据业务——通用无线分组业务（General Packet Radio Service，GPRS）。

3.1 GSM 系统概述

3.1.1 GSM 发展史

GSM 是一种数字移动通信标准[1]，建立在蜂窝系统的基础上。该标准由欧洲电信标准协会（European Telecommunications Standards Institute，ETSI）制定。

模拟蜂窝移动通信系统的出现对于移动通信技术的发展产生了重要的影响，采用了频分复用等技术来提高频率利用率，增加了系统容量，并且还实现了越区切换和漫游等功能，为用户提供了更好的服务。然而，这种模拟蜂窝系统也存在着一些缺点。

（1）由于不同厂商的设备设计和技术实现方式存在差异，每个系统之间往往缺乏公共的接口和标准，导致互操作性和互联互通方面存在较大困难。这意味着用户在不同的网络之间切换时可能需要更长的时间，并且需要更多的人工干预，这对用户体验和运营商的服务质量都会造成不良影响。

（2）一方面该系统原本是为语音通信服务设计的，数据承载方面存在较大限制，很难满足日益增长的数据业务需求。从技术上讲，传输速度较慢、容量不足、网络架构不够灵活、覆盖范围有限等因素都导致了数据业务的开展面临一定的困难。另一方面，数据业务在当时并没有得到足够的重视和投资，所以相关设备和技术也相对落后，缺乏支持和保障。

（3）在频谱利用率方面存在一定限制，无法满足大容量的通信需求。该系统采用的是模拟技术和频分复用等技术，其频段资源有限，随着用户数量的增加，频率资源也将变得更加紧张。这意味着，在高峰期或区域人口密集的地区，用户可能会经常遇到网络繁忙、信号弱或无法连接等问题，对用户体验造成不良影响。

（4）系统采用的是模拟技术，而非数字技术，其安全性和保密性相对较差。由于系统中信号传输采用的是无线电波，容易被窃听和截获，从而导致信息泄露和通信安全风险。此外，该系统中的用户鉴权机制不够完善，存在被冒用、伪造身份等问题，这也容易造成欺诈行为和"假机"现象的发生。

欧洲的模拟蜂窝移动通信系统存在着不互通、无法漫游等问题，限制了用户的使用便利性和服务范围。因此，为了解决这些问题，欧洲在 1982 年就开始了对于移动通信标准的探索，北欧国家提交了一份有关 900 MHz 频段的欧洲公共电信业务规范建议书，并为制定相关标准和建议书成立了"移动特别小组"（Group Special Mobile，GSM），该小组隶属于 ETSI 技术委员会。数年的发展之后，在 1991 年，GSM 标准正式更名为"全球移动通信系统"，这也反映了 GSM 的发展和应用范围已经逐渐扩大到了全球。随着 GSM 标准的完善和商用，大多数欧洲的 GSM 运营商开始提供语音业务，并逐渐支持无线数据业务。

GSM 有三种版本，每一种都使用不同的载波频率[2]。最初的 GSM 使用 900 MHz 附近的载频（上行链路的频段范围在 890 MHz 到 915 MHz 之间，下行链路的频段范围在 935 MHz 到 960 MHz 之间）。后来增加了 GSM-1800，也就是 DCS-1800，这是 GSM-900 的一个延伸，在 GSM-900 的基础上把频段做了拓展，用以支持不断增加的用户数目，并且降低了移动台的最大发射功率。此外，GSM-1800 与最初的 GSM 在信号处理和交换技术等方面完全相同。因此，在使用时无须做出其他修改。随着载波频率的增加，会导致信号传输的路径损耗也增加，从而影响信号的传输距离和强度；同时，减少发射功率可能会导致覆盖范围明显缩小，影响用户的接入和使用体验。第三个版本被称为 GSM-1900 或 PCS-1900（Personal Communications Service-1900，个人通信服务-1900），在 1 900 MHz 的载波频率上运行，主要用于美国。

3.1.2　GSM 系统组成

GSM 是由移动台（Mobile Station, MS）、网络子系统（Network SubSystem, NSS）、基站子系统（Base Station Subsystem, BSS）和操作支持子系统（Operation Support Systems, OSS）四个基本部分构成的移动通信系统。其中，BSS 为 MS 和 NSS 提供无线接口服务，并管理无线资源、控制呼叫等功能；NSS 则是整个 GSM 系统的核心控制中心，负责处理呼叫连接、移动性管理、用户鉴权和安全等功能，并提供与其他网络之间的连接；而 MS、BSS 和 NSS 共同构成了 GSM 系统的实体组成部分，为移动用户提供高质量、高效率的通信服务。同时，OSS 则承担着移动用户管理、移动设备管理、网络运维等任务，支持整个 GSM 系统的稳定运行和优化发展。

1. NSS

NSS 是一个包括切换功能、数据库管理和安全管理的系统，用于管理 GSM 移动用户之间的通信和 GSM 移动用户与其他通信网络用户之间的通信。NSS 还负责处理用户数据和移动性管理。NSS 由一系列功能实体组成，每个功能实体的描述如下：

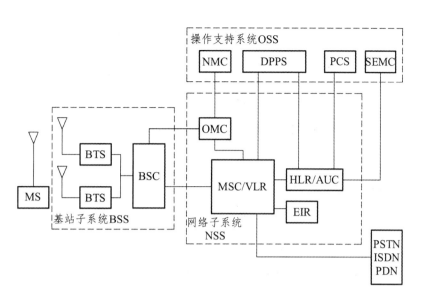

图 3-1　GSM 系统组成

移动交换中心（Mobile Switching Center, MSC）：GSM 系统的核心节点，负责控制 MS 并管理其语音通信。MSC 还作为移动通信系统与其他公共通信网络之间的桥梁，完成网络接口、公共通道信令系统以及计费等功能。此外，MSC 还能够处理 BSS 与 MSC 之间的切换，并辅助管理无线资源和移动性等方面的任务。为了建立呼叫路由，MSC 还可以执行网关 MSC 的功能，即查询目标移动终端的位置信息。

访问位置寄存器（Visitor Location Register, VLR）：是一个数据库，存储针对客户辖区的呼入和去话呼叫检索到的信息，以及用户注册信息服务和其他服务（如区域客户的位置标识和提供给客户的服务参数）。

归属位置寄存器（Home Location Register, HLR）：一个存储移动电话网络中所有用户身份信息和位置信息的数据库。HLR 包含每个设备的详细信息，如 IMSI、MSISDN 和服务请求路由信息。此外，HLR 还记录了与这些设备有关的动态数据信息，例如当前所在的 MSC/VLR 地址和分配给设备的补充业务。HLR 是核心网络元素之一，用于处理鉴权、计费和其他服务请求，并将相应请求转发到相应的网络元素。通过 HLR，移动运营商可以跟踪其用户的位置并提供高质量的服务[3]。

鉴权中心（Authentication Center, AUC）：一种功能实体，用于生成认证加密所需的三个参数（随机数、一致响应、密钥），以确定移动客户的身份并保持呼叫的机密性。

设备标识寄存器（Equipment Identity Register, EIR）：一个系统级的数据库，用于存储移动设备的相关参数信息，如国际移动设备身份码等。EIR 的主要作用是确保移动设备的合法性，防止不合法的设备接入网络并进行通信。

操作维护中心（Operation and Maintenance Center, OMC）：一个包含多个子系统的系统，用于管理和监控一个 GSM 网络。这些子系统包括无线部分的操作与维护中心（Operations and Maintenance Center – Radio, OMC-R）、移动部分的操作与维护中心（Operations and Maintenance Center–Mobile, OMC-M）、交换部分的操作与维护中心（Operations and Maintenance Center–Switch, OMC-S）、GPRS 部分的操作与维护中心（Operation and Maintenance Center for

GPRS, OMC-G）和网络管理中心（Network Manage Center, NMC）。OMC 负责配置管理、故障管理和性能管理等任务，以确保整个 GSM 网络的顺畅运行，如图 3-2 所示。

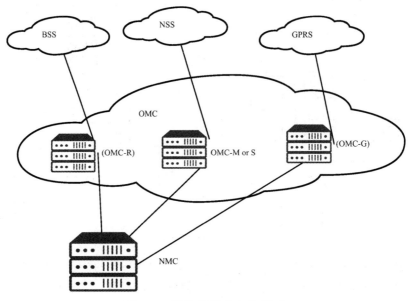

图 3-2　操作维护中心的组成

2. BSS

BSS 是构成 GSM 系统的基本组成部分，作为无线通信网络的核心，其承担着重要的角色。BSS 一方面直接连接到 MS 进行无线传输和资源管理，包括对无线信号的解调、编码、加密等处理；另一方面，BSS 与 MSC 相连，实现移动用户之间或移动用户与固网用户之间的通信和传输系统信息处理。如果需要对 BSS 进行维护和操作，则可以通过与 OSS 建立的通信连接来实现。

BSS 主要包括基站控制器（Base Station Controller，BSC）和基站收发台（Base Transceiver Station，BTS）两个部分。BSC 位于 MSC 和 BTS 之间，具有管理和控制一个或多个 BTS 的功能，主要任务包括无线信道的分配、控制 BTS 和 MS 之间的传输功率以及离区信道的切换。此外，BSC 还可将局部网络汇聚，并通过 A 接口连接到 MSC。

BTS 是基站子系统的无线收发设备，负责对 MS 的信号进行接收和发送。BTS 通过 Abis 接口与 BSC 相连，由 BSC 控制其无线传输功能。具体来说，BTS 主要实现无线传输功能，包括无线分集、有线转换、无线信道加密和跳频等。其中，无线分集可以提高信道容量和抗干扰性能；有线转换将无线信号转换为有线信号，以便通过传输网进行数据传输；无线信道加密可以保护通信安全；跳频则可以降低信道干扰和提高网络容量。此外，BTS 与 MS 之间通过空中接口 Um 建立通信链接，进行语音、短信和数据等业务的传输。空中接口是 GSM 移动通信系统中最关键的组成部分之一，对于保证用户通信质量和体验至关重要。

3. MS

MS 是 GSM 移动通信网中用户使用的设备，可分为移动终端（Mobile Terminal，MT）和客户识别卡（Subscriber Identity Module，SIM）。MT 是指手机本身，MS 可以对话音进行编码、信道进行编码、信息进行加密等，同时也能够实现通信处理中的鉴权、位置更新等功能。SIM

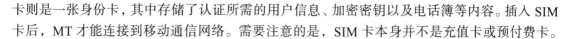

卡则是一张身份卡，其中存储了认证所需的用户信息、加密密钥以及电话簿等内容。插入 SIM 卡后，MT 才能连接到移动通信网络。需要注意的是，SIM 卡本身并不是充值卡或预付费卡。

4. OSS

OSS 是一个可以执行多种任务的系统，其中包括移动用户管理、移动设备管理和网络运维等。在移动用户管理方面，OSS 需要处理用户数据管理和呼叫计费问题。用户数据管理通常由用户 HLR 来完成，包括存储用户信息、管理用户位置和提供用户身份验证等功能。与此同时，SIM 卡管理则需要使用专用的个性化设备，以确保 SIM 卡的安全性和可靠性。呼叫计费可以在各个 MSC 和 GMSC（Gateway MSC）上处理，也可以在 HLR 或者独立的计费设备上进行集中处理，以便为用户提供准确的话费账单。除了移动用户管理外，OSS 还需要处理移动设备管理和网络运维等问题。移动设备管理包括对 BTS 和 BSC 等基站设备进行配置和管理，以确保无线网络的正常运行。网络运维则涉及到整个移动通信网络的规划、监控、故障诊断和优化等任务，以保证网络稳定性和可靠性。除此之外，OSS 还包括 NMC（Network Management Center，网络管理中心）、SEMC（Security Management Center，安全性管理中心）、用于用户设备卡管理的 PCS（Personal Communications Service，个人通信业务）、用于集中计费管理的 DPPS（Data Post-processing System，数据库处理系统）等功能实体，分别用于网络监控、安全管理、用户设备卡管理和集中计费管理。

3.1.3　GSM 系统的主要特点

GSM 系统的主要特点包括频谱效率高、容量大、安全性强等，下面对其特点展开详细描述。

1. 频谱效率高

GSM 系统采用了多种先进的无线通信技术，包括高效的调制器、编码和交织技术、均衡技术以及动态功率控制技术等。这些技术旨在最大限度地提高信道容量和传输效率，从而能够在有限的频谱资源下支持更多的用户和数据传输，使得 GSM 系统能够充分利用频谱资源。

2. 容量大

随着信道传输带宽的增加，GSM 系统中使用的同频复用模式可以降低到更小的比例，例如 4/12 或 3/9，甚至比模拟系统中的 7/21 还要小。这种降低同频复用比例的方法可以使得 GSM 系统的同一频率上承载更多的通信量，从而提高了系统的容量效率。此外，引入半速率语音编码和自动话务分配技术可以进一步减少越区切换的数量，从而提高系统的容量效率。相比于 TACS 系统，GSM 系统的每 1 MHz 小区的信道数提高了 3～5 倍。

3. 话音质量与无线传输质量无关

由于 GSM 在 900 MHz 频带中采用 TDMA 全数字的方式工作，并且其规范对空中接口和语音编码进行了定义，因此，在信号强度达到一定阈值以上时，无线传输质量往往不再与语音质量有关，这是由于数字传输技术的特点所决定的。

4. 开放的接口

GSM 标准提供的接口不仅限于空中接口，还包括网络之间和网络设备之间的接口。这些接口，例如 A 接口、Abis 接口等，是用于不同系统模块之间相互通信的标准化接口。

5. 安全性强

GSM 系统通过鉴权、加密和临时识别码（Temperate Mobile Station Identity，TMSI）等机制来确保通信的安全性。其中，鉴权用于验证用户的访问权限，以防止未经授权的用户接入网络。空中接口采用加密方式，由 SIM 卡和网络 AUC 密钥共同决定，可以有效地保护用户数据的机密性和完整性。此外，TMSI 是一个由业务网络分配给用户的临时标识号，用于保护用户的隐私和位置信息，防止他人跟踪用户并泄露其位置信息，从而提高了通信的保密性和安全性。

6. 在 SIM 卡基础上实现漫游

GSM 系统具备全球漫游的功能，可以让用户在国内和跨国通信中更为便捷地切换不同的网络。漫游是移动通信领域的一项重要特性，能够使用户在不同地区间自由移动，而无须更改号码或计费方式。GSM 系统实现漫游的方式是基于 SIM 卡识别号和国际移动用户识别号。这意味着用户只需要携带 SIM 卡，就可以在其他国家使用移动通信服务。同时，用户的号码和计费账号也会保持不变，从而可以方便地租用终端设备进行通信，而无须担心更改计费方式或号码带来的不便。

7. 能自动选择路由

在 GSM 系统中，当一个用户想要给另一个移动用户拨打电话时，无需知道该移动用户的具体位置。这是因为 GSM 系统会自动选择最佳路径将呼叫路由到目标移动设备上，从而实现通信连接。

3.2 GSM 系统的无线接口

3.2.1 GSM 系统的主要接口

移动通信网络由多个基本组成部分或功能实体构成，这些部分需要通过接口连接以实现信息交换。在进行网络部署时，为确保接口的统一性，所有功能实体必须符合相同的接口规范[4]。图 3-3 所示为移动通信系统所用的各种接口，其中各个接口的释义如表 3-1 所示。

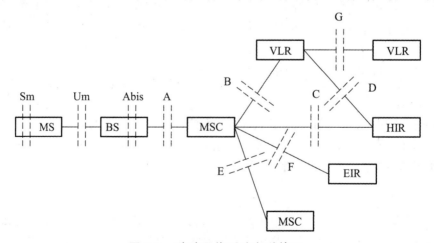

图 3-3　移动通信系统各种接口

表 3-1　移动通信系统所用的各种接口释义

接口缩写	表示含义
Sm	用户和网络之间的接口，也称为人机接口
Abis	基站控制器和基站收发信台之间的接口
A	基站和移动交换中心之间的接口[5]
Um	移动台与基站收发信台之间的接口，也称为无线接口或空中接口
B	移动交换中心和访问位置寄存器之间的接口
C	移动交换中心和归属位置寄存器之间的接口
D	归属位置寄存器和访问位置寄存器之间的接口
E	移动交换中心之间的接口
F	移动交换中心和设备标志寄存器之间的接口
G	访问位置寄存器之间的接口

3.2.2　GSM 接口协议

在计算机网络中，接口是用于连接相邻实体或网络元素的连接点，而协议则规定了这些接口上信息交换的规则和格式。根据开放式系统互联通信参考模型（Open System Interconnection Reference Model，OSI）的概念，协议可以根据功能被分为不同的层次。第一层包括物理层和传输层，主要负责处理数据的物理传输和基本的信号传递。第二层包括链路层和网络层，主要负责数据的路由选择和传输控制。第三层及以上则被归为应用层，主要处理具体的网络应用和高层服务。每个层次都有各层的协议和规则，并且不同层之间的协议也需要相互配合，协同工作。通过分层设计，协议的复杂性得到了有效的控制，同时也提高了网络的可靠性和灵活性。

GSM 系统中，各个接口采用了分层协议结构，符合 OSI 模型的规范。这种分层设计的主要目的是隔离不同组信令协议的功能，并按照一定的顺序描述协议的层次关系。每一层协议在明确的服务接入点对上层协议提供本层特定的通信服务[6]。在 GSM 网络中，各个接口之间主要采用七号信令来传递各种资源管理、移动性管理和呼叫控制信息。这些信息被划分到不同的协议层次中，以便于实现有效的通信和管理。通过这种分层设计，GSM 系统能够更加高效地进行资源调度和数据传输，以满足用户的需求，同时也保证了网络的可靠性和安全性。图 3-4 所示为 GSM 系统接口协议分层示意图，表 3-2 为 GSM 系统接口协议分层示意图中各种缩写表示的含义。

表 3-2　GSM 系统接口缩写释义

GSM 系统接口英文缩写	表示含义
LAPDm	Dm 信道的链路接入规程
RR	无线资源管理
CM	通信管理
MM	移动管理
LAPD	D 信道的链路接入规程
BTSM	BTS 管理部分
MTP	消息传送部分
SCCP	信令连接和控制部分
BSSMAP	BSS 管理应用部分

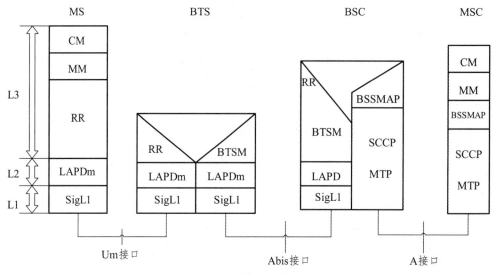

图 3-4　GSM 系统接口协议分层示意图

其中各层协议的含义如下：

L1（Layer 1）：物理层，是无线接口的第一层，提供传输比特流所需的物理链路（如无线链路）和逻辑通道（包括业务通道和逻辑通道），为上层提供不同的功能。每个逻辑通道都有各自单独的服务访问点。

L2（Layer 2）：数据链路层，其主要作用是在移动设备和基站之间建立可靠的专用数据链路。为此，GSM 系统采用了 ISDN 的 D 信道链路接入协议（LAPD）作为 L2 协议的基础，并根据实际需求进行相应的修改，以适用于 Um 接口。因此，在 Um 接口中使用的 L2 协议被称为 LAPDm。通过这种协议设计，GSM 系统能够有效地保证数据传输的可靠性和安全性，同时也提高了网络的性能和效率。

L3（Layer 3）：应用层，主要负责控制和管理协议层。L3 层通过将用户和系统控制过程中的信息按照一定的协议分组，并在指定的逻辑信道上进行传输，能够实现对无线资源的高效管理和控制。具体来说，L3 层包括三个基本子层：无线资源管理（Radio Resource，RR）、移动性管理（Mobile Management，MM）和接续管理（Connection Management，CM）。其中，RR 子层主要负责对无线资源进行管理和优化，以保证无线信号的可靠传输。MM 子层则负责处理与移动台的位置和状态相关的问题，如位置更新、寻呼和鉴权等。CM 子层则负责处理和管理呼叫建立、释放和切换等过程，以确保用户可以顺畅地进行通话。为了提供并行呼叫处理能力，CM 子层通常包含多个呼叫控制（Call Control，CC）单元。此外，为了支持补充业务和短消息服务，CM 子层还设有补充业务（Supplementary Service，SS）单元和短消息业务管理（Short Message Service，SMS）单元。通过呼叫控制、补充业务和短信服务等各个单元的配合工作，GSM 系统能够实现更加全面和灵活的网络业务需求。同时，L3 层的设计也能够支持多种不同的移动性管理和接续管理功能，从而满足不同情况下的网络需求。

3.2.3　GSM 系统的接入方式

在无线通信系统中，多个用户需要通过同一个基站进行通信，并与其他用户同时共享该基站的资源。为了实现这一点，需要对不同用户和基站发出的信号进行编码和调制，以便区分不同的用户和信号。这些编码和调制技术可以使基站能够准确地识别哪些用户正在发送信号，同时也可以帮助每个用户在大量的信号中准确地辨认出需要接收的信号。

多址技术是一种用于无线通信中的地址识别技术，允许多个用户在同一频段或时间段内共享通信资源。常见的多址技术包括频分多址（Frequency Division Multiple Access，FDMA）、时分多址（Time Division Multiple Access，TDMA）、CDMA 和空分多址（Space Division Multiple Access，SDMA）。其中，FDMA 将频率分割成多个带宽较窄的子信道，每个用户使用不同的子信道进行通信；TDMA 将时间分割成若干个时隙，每个用户在各自的时隙内进行通信；CDMA 通过将用户信息编码成唯一的码字来实现用户之间的区分；SDMA 则利用空间上的分离，将用户分配到不同的天线或方向，从而实现用户间隔离。

1. 多址技术

1）FDMA

FDMA 在进行通信的时候因为采用了不同频率的信道传输数据，所以相互之间不会产生干扰。早期的通信方式都是通过这种技术实现的，实现起来比较容易，但是信道复用率低。

2）TDMA

TDMA 可以实现信道的复用，但是需要将信道的载波在不同的时间进行分片处理，即分成 8 个间隙给 8 个用户使用，因为占用的时间不相同，所以相互之间不会干扰。此技术在相同信道的情况下较频分多址技术可以容纳更多的用户。

3）CDMA

CDMA 允许多个地球站共享同一个信道，从而提高了频率利用率和数据传输容量。每个地球站都具有一个唯一的"码序列"，这个"码序列"与其他地球站不同且正交，因此能够实现各个用户之间的互相区分，避免干扰。CDMA 技术在地面监测系统、跟踪系统以及移动通信等领域都得到广泛应用，其抗干扰性能优越，同时也可以支持高速数据传输。总体来说，CDMA 技术比前两种多址技术具有更高的频率利用率[7]。

4）SDMA

SDMA 利用空间分隔将天线阵列分为多个互相独立的子阵列，每个子阵列可以看作一个独立的天线，从而形成多个不同的空间通道。这些通道可以同时传输不同用户的数据，从而增加了信道容量和频率复用。SDMA 技术可以在各种无线通信系统中应用。在这些系统中，用户可以被分配到不同的天线或天线阵列，以便实现更高的频谱效率和更好的用户体验。通过使用 SDMA 技术，通信系统可以支持更多的用户连接，提高信道容量，减少干扰，提高覆盖范围，从而更好地满足用户需求。与其他多址技术相比，SDMA 技术具有更高的频谱效率和更好的用户体验。SDMA 技术还可以与其他多址技术相兼容，例如 CDMA、FDMA 等，从而实现组合的多址技术，如"空分-码分多址（SD-CDMA）"。

2. GSM 中的多址技术

GSM 系统采用 TDMA 和 FDMA 结合的方式来实现无线接口，其中每个频道可以被划分为 8 个时隙。这意味着在一个载波频率上，最多可以同时支持 8 个全速率或 16 个半速率的移动客户端进行通信[8]。每个时隙都可以看作是一个独立的信道，因此多个用户可以在同一频道上进行通信，而不会相互干扰。通过这种方式，GSM 系统能够提高通信资源的利用效率，并支持更多的用户同时进行通信。

TDMA 系统具有如下特性：

1）每个载频有多路信道

如前所述，TDMA 系统可以被看作是一个频率时间矩阵，其中各个元素表示不同的信道。在每个频率上，TDMA 系统被划分为多个时隙，这些时隙按照时间顺序排列。每个时隙都可以用来传输一个用户的数据或信息。基站控制着各个信道的分配和使用，根据需要向移动客户端提供语音或数据服务。

2）利用突发脉冲序列传输

在 TDMA 系统中，MS 的信号功率传输是通过离散的脉冲序列来实现的。具体来说，在指定的时隙内，移动终端会发射一个脉冲序列，以表示其数据或信息。由于每个时隙都有固定的时间间隔和长度，因此移动终端的信号功率传输是不连续的。

3）传输速率高，自适应均衡

每个载频具有很多时隙，因此传输速率比较高。但是，数字传输同时也带来了时间色散的问题，这会导致信号在传输过程中产生时延。为了解决这一问题，必须采用自适应均衡技术来对接收到的信号进行处理和调整，以消除时延和其他干扰因素对数据传输的影响，从而保证数据的准确性和可靠性。

4）传输开销大

由于 TDMA 系统的数据传输是在时隙内进行的，所以接收器必须在每个时隙中重新同步，以确保正确地接收和解码数据。为了将不同的时隙分开并避免干扰，保护时间也是必要的。因此，与 FDMA 系统相比，TDMA 系统通常需要更多的开销和计算能力来实现同步和保护时间等功能。

5）对新技术开放

例如，当比特率由于语音编码算法的改进而降低时，TDMA 系统的信道可以很容易地重新配置以适应新技术。

6）共享设备的成本低

由于每个载波频率服务于多个客户，TDMA 系统的每个客户共享设备的平均成本显著低于 FDMA 系统。

7）MS 设计较复杂

在 TDMA 系统中，由于多个用户共享同一个频带，并且使用时间分割的方式进行数据传输，因此需要对数据进行时隙调度、时钟同步等复杂的数字信号处理，以保证不同用户之间的数据传输不会发生碰撞。相比之下，在 FDMA 系统中，由于每个用户占用各自的子载波进行数据传输，不需要进行时隙调度和时钟同步等复杂的数字信号处理。然而，移动站仍然需要实现基于子载波的信道编解码、调制解调等功能。因此，可以说 TDMA 系统相对于 FDMA 系统的移动站功能要求更高一些，需要进行更多的数字信号处理。

3.2.4 GSM 系统的逻辑信道

在 GSM 系统中，信道被分为两种类型：物理信道和逻辑信道。每个物理信道对应一个时隙，并根据 BTS 和 MS 之间传输的信息类型定义一个逻辑通道。这些逻辑信道被映射到物理信道上传送。在下行链路上，从 BTS 到 MS 的方向传输，而在上行链路上则相反。逻辑信道可分为两大类：业务信道（Traffic Channel，TCH）和控制信道（Control Channel，CCH），如图 3-5 所示。

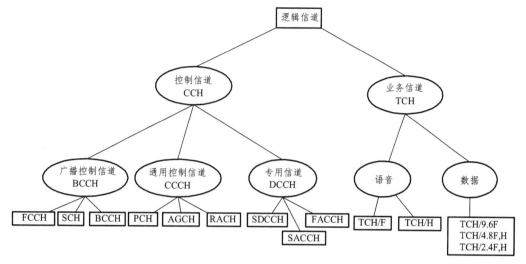

图 3-5　GSM 逻辑信道图

1. TCH

在 GSM 系统中，TCH 是用于语音和数据传输的业务信道。语音通话可以通过全速率语音业务通道（TCH/F）或半速率语音业务通道（TCH/H）进行传输。同样地，数据通信也可以通过不同速率的业务通道来实现，如全速率数据业务通道（如 TCH/F9.6、TCH/F4.8、TCH/F2.4）和半速率数据业务通道（如 TCH/H4.8、TCH/H2.4）。这里的数字 9.6、4.8 和 2.4 表示以 kb/s 为单位的数据速率。

2. CCH

CCH 在 GSM 系统中扮演着重要的角色，支持了各种类型的信令和数据的传输，包括广播信息、呼叫控制信息和私密控制信息等。CCH 被定义为广播通道（Broadcast Channel，BCH）、公共控制信道（Common Control Channel，CCCH）和专用控制信道（Dedicated Control Channel，DCCH）。

1）BCH

BCH 是一种在 GSM 系统中使用的下行传输信道，以固定的传输格式向整个小区内的所有用户广播特定的系统消息。BCH 主要包括三个单向下行信道：频率校正信道（Frequency Correction Channel，FCCH）、同步信道（Synchronization Channel，SCH）和广播控制信道（Broadcast Control Channel，BCCH），采用点对点的传播方式。

FCCH：主要用于传输基站的频率校正信息，用于校正 MS 的本地振荡器频率，从而使其与基站同步。通过对 FCCH 信道接收信号进行频率偏移量的精准测量，MS 可以计算出频率误差，并将其纠正到正确的水平。由此，MS 就能够正确地接收和解码其他信道上的数据。需要注意的是，FCCH 信道只有在 MS 进入一个新的小区时才被使用，以便校正

MS 的频率与该小区的基站频率相匹配。一旦 MS 成功连接到基站并完成频率校正，FCCH 信道就会停止发送。

SCH：用于提供 MS 需要同步的所有信息，以保证能够正确地接收和解码基站发送的信号。SCH 信道主要传输小区标识信息，包括 TDMA 帧号、基站识别码和相应的时隙偏移等信息。这些信息可以帮助 MS 正确地同步基站的时钟，并确定下行信道的位置和时间，以便进行正确的数据接收。另外，SCH 信道还可以传输其他必要的同步信息，例如传输功率控制参数和天线选择参数等信息。这些信息对于确保无线通信质量和提高通信效率非常重要。

BCCH：用于向每个基站广播通用的信息。这些信息包括小区的所有频点，邻近小区的 BCCH 频点，位置区识别号，小区识别号以及随机接入控制信道的管理、控制和选择参数等选项。这些信息都是空闲模式下的 MS 必需的，只有具备这些网络信息 MS 才能正常工作。这些信息被称为系统消息，并通过 BCCH 信道进行广播。

2）CCCH

CCCH 是 GSM 系统中用于在 BTS 和 MS 之间传递控制信息的信道，主要用于呼叫建立和寻呼功能。CCCH 包括三种控制信道：寻呼信道（Paging Channel，PCH）、随机接入信道（Random Access Channel，RACH）和接入许可信道（Access Grant Channel，AGCH）。

PCH：用于向 MS 发送寻呼消息以实现搜索移动台的功能。PCH 属于下行链路，采用点对点的传播方式，即移动台通过监听其所在小区的 PCH 信道来接收寻呼消息。当 BTS 需要与某个移动台进行通信时，会向移动台所在的位置寄存器（Location Register，LR）发送一个寻呼请求，该请求会被转发到 MSC/VLR 上进行查找。如果 MS 在 MSC/VLR 中注册，那么 MSC/VLR 就会将寻呼消息发送给移动台所在的小区的 BTS，最终 BTS 会在 PCH 信道上广播这条寻呼消息，移动台就能收到并进行响应。因此，PCH 信道在 GSM 系统中起着至关重要的作用，支持在广域覆盖范围内搜索移动台、呼叫移动台和短消息传递等功能，是实现 GSM 系统全面控制和管理的基础之一。

RACH：用于 MS 通过该信道向 BTS 发送请求以获得一个独立专用控制信道（Standalone Dedicated Control Channel，SDCCH）。MS 可以通过 RACH 信道进行主叫、登记和位置更新等操作。RACH 属于上行链路，采用点对点的传播方式。当 MS 需要与 BTS 进行通信时，会先使用 RACH 信道发送一个随机接入请求，该请求包含了 MS 的特定信息，如移动台识别码（Mobile Station Identity，MSI）和随机接入时延等。当 BTS 收到随机接入请求后，会根据请求中的信息判断是否有可用的资源分配给 MS，并对其进行响应。如果 BTS 成功为 MS 分配了 SDCCH 信道，那么 MS 就可以通过该信道与 BTS 进行通信了。

AGCH：当网络以空闲方式收到 MS 的信道请求时，AGCH 根据分配的描述（子信道描述和接入参数）为 MS 分配一个专用信道，并通过广播向所有移动台查找匹配的 MS。AGCH 属于下行信道，采用点对点的传播方式。

3）DCCH

DCCH 是 GSM 系统中的一个点对点双向控制信道，用于在呼叫连接阶段和通信过程中，在 MS 和 BS 之间传输必要的控制信息。DCCH 由三个子通道组成：SDCCH（Stand-Alone Dedicated Control Channel，独立专用控制信道）、SACCH（Slow Associated Control Channel，慢速随路控制信道）以及 FACCH（Fast Associated Control Channel，快速随路控制信道）。

SDCCH：用于分配 TCH 之前呼叫建立过程中传送系统信令以及传送辅助业务。例如位置更新、鉴权和短消息点对点业务在此信道上进行。

SACCH：在 GSM 系统中与 TCH 或 SDCCH 相关的信道。在上行方向，用于发送 MS 接收到的有关服务和邻近小区信号强度的测试报告，这对于实现 MS 参与切换功能至关重要。在下行方向，SACCH 则用于 MS 的功率管理和时间调整。

FACCH：在 GSM 系统中与 TCH 相关的快速随路控制信道，用于在语音传输过程中快速传输控制信息。工作在借用模式下，即当需要以比 SACCH 所能处理的速度更高的速率传输信令信息时，可以借用 20 毫秒的话音（数据）来传输该信息。这种情况通常发生在切换过程中。由于语音解码器会重复最后 20 毫秒的语音，用户不会感觉到中断。通过使用 FACCH，GSM 系统可以在语音传输期间实现快速的控制信令交换，提高网络效率和通信质量，从而为用户提供更好的通信服务。

3．逻辑信道实际应用举例

图 3-6 所示是一个 MS 被叫过程中，逻辑信道使用的流程，具体步骤如下：

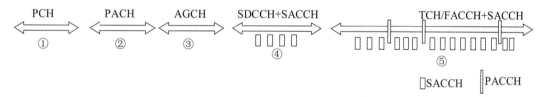

图 3-6　GSM 无线接口 MS 被叫流程

（1）GSM 网络通过 PCH 发送寻呼信息，寻找被叫 MS。

（2）被叫 MS 通过 RACH 发出接入请求信息，接入网络。

（3）GSM 网络分配 SDCCH 给被叫 MS，用来传送鉴权信令。

（4）被叫 MS 通过 SDCCH 与网络之间进行信令交互，并通过 SACCH 传送无线链路监控信息，如需要 TCH 通信，则分配 TCH。

（5）被叫移动台在 TCH 上通信，并通过 SACCH 或 FACCH 传送无线链路监控信息。

3.3　GSM 系统的控制与管理

3.3.1　位置登记

位置登记（Location Registration，LR）是指移动设备在网络中注册其当前位置的过程。当移动设备从一个位置移动到另一个位置时，移动设备需要向网络注册新的位置，以便网络可以将呼叫和短信路由到正确的位置[9]。GSM 系统的位置更新包括：

（1）MS 的位置登记。

（2）MS 非周期性位置更新。

（3）在一定的时间内，网络与 MS 无联系，MS 自动地、周期性地与网络联系，核对数据。

位置信息存贮在 HLR 和 VLR 中[10]。GSM 系统将整个网络的覆盖区域分割为许多位置区，每个位置区都使用不同的标识符进行标识，如图 3-7 中的 LA₁，LA₂，LA₃，LA₄……

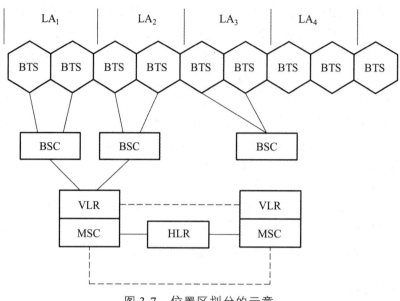

图 3-7　位置区划分的示意

MS 首次入网时，通过 MSC 在 HLR 中登记注册并存储相关参数信息，如 MS 编号、移动用户识别码及业务类型。移动台在运动时，位置会不断变化，VLR 会记录这些变化并进行位置登记[10]。如果移动台进入另一个地区，VLR 会向其 HLR 更新相关参数信息，并由 HLR 保存位置信息，以便提供路由服务。VLR 中存储的信息具有非永久性，存储的信息随着移动台的离开被删除。

MS 开机时，通过 BCCH 获取所在位置的标志。如果消息与原位置区标志相同，则表示移动台仍在原位置区；否则，移动台已进入新的位置区，需要更新位置。

MS 申请位置更新可能发生在不同的情况下，如初始登记在任意一个地区中进行，过区位置登记可在同一个 VLR 服务区或不同 VLR 服务区进行。进行位置登记的过程会根据具体情况的不同而有相应的改变，但基本方法是保持一致的。图 3-8 所示展示了两个 VLR 位置更新过程，具体过程如下。

（1）新移动用户开机时，登记信息通过空中接口传送至 VLR 并进行鉴权登记。同时，HLR 随时获悉 MS 的位置信息，可通过 D 接口向 VLR 索取该信息。完成登记后，网络将对该用户的国际移动用户识别码（International Mobile Subscriber Identity，IMSI）数据做"附着"标记。若用户关机，则 MSC/VLR 将对其 IMSI 数据做"分离"标记，即去其"附着"。

（2）当 MS 处于开机空闲状态，MS 将随时接收网络发来的当前小区的位置识别信息，并将其存储起来，若下一次接收的位置标志与原存储的位置标志不同，则表示 MS 发生了位置移动，此时 MS 将发送位置更新请求信息，网络将更新（注册）到新的 VLR 区域，同时 HLR 也将随之更新，之后 HLR 将向旧的 VLR 发出"注销该用户有关数据"的消息。

（3）为了避免网络无法得知移动台的状态，系统实行了强制登记措施，例如要求移动台在一定时间内进行位置更新。这个过程被称为周期性位置更新。这样一来，即使网络不能接收到移动台正确的消息，也能通过强制登记获得其最新状态。

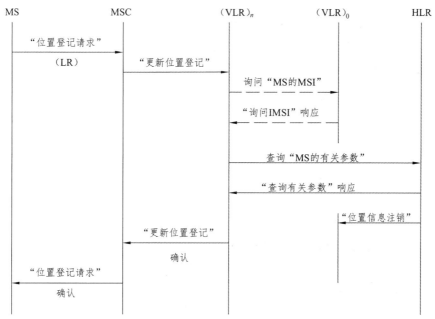

图 3-8　位置登记过程

3.3.2　鉴权与加密

由于空中接口极易被攻击，GSM 系统采用鉴权来保证 MS 的合法性，同时采用加密防止攻击者窃听，从而确保通信安全。

AUC 提供三参数数组（随机数 RAND、符号响应 SRES、密钥 K_c）用于鉴权和加密。用户在入网签约时获得唯一的 K_i 和 IMSI，并存储于 AUC 数据库和 SIM 卡中[11]。根据 HLR 的请求，AUC 生成一个三参数数组，如图 3-9 所示。

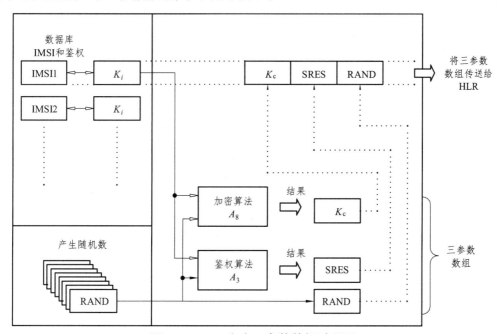

图 3-9　AUC 产生三参数数组过程图

首先，AUC 产生一个 RAND，再用获取的 RAND 和 K_i 通过加密算法（A_8）和鉴权算法（A_3）计算出加密密钥（K_c）和符号响应（SRES）；最后将获得 RAND、SRES 和 K_c 作为一个三参数组传送给 HLR。

1. 鉴权

鉴权是指对移动用户进行身份验证，以确定其是否有权访问网络和使用网络服务。鉴权过程通常在用户请求连接到网络并接收网络服务时进行，如图 3-10 所示。

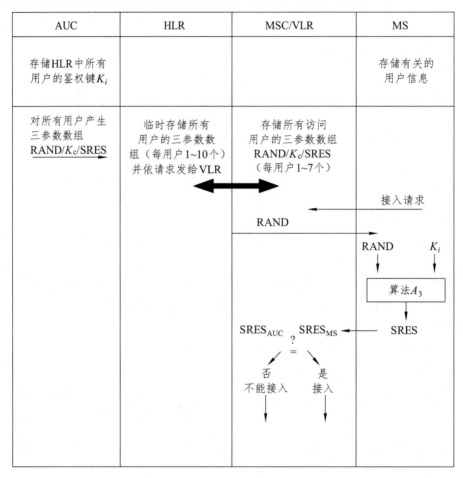

图 3-10　鉴权过程图

GSM 系统中的鉴权过程涉及 AUC、HLR、MSC/VLR 和 MS，其中存储着与用户有关的信息或参数。当 MS 申请入网时，MSC/VLR 向 MS 发送随机数 RAND，MS 使用鉴权密钥 K_i 和鉴权算法 A_3 计算符号响应 SRES，并将其返回给 MSC/VLR 进行合法性验证。

2. 加密

GSM 系统的加密主要涉及 MS、BTS、MSC/VLR 和 AUC 等几个实体。当 MS 和 BTS 建立连接时，实体会根据 GSM 算法 A_5，使用共享密钥 K_c 来对话音频信号进行加密。K_c 的值由 AUC 生成，并在鉴权阶段通过 HLR 传递给 MSC/VLR 和 MS。在加密过程中，BTS 使用 K_c

对话音频信号进行加密，而 MS 使用同样的 K_c 进行解密，以便恢复语音信号的原始内容。如图 3-11 所示。

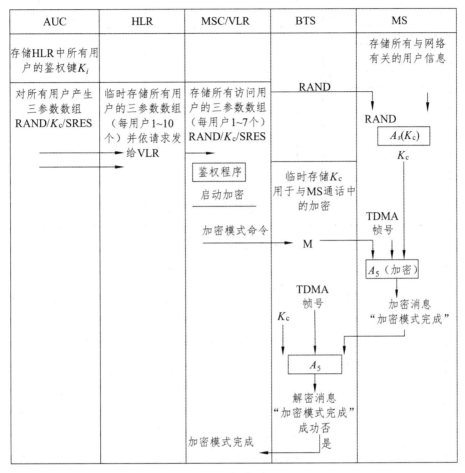

图 3-11　加密过程图

3. 设备识别

每个 MS 都拥有独一无二的移动台设备识别码（International Mobile Device Identity Code，IMEI）。所有的 IMEI 都存储在 EIR 中。EIR 包含三种类型的设备列表：白名单、灰名单和黑名单。白名单是指合法的设备识别码，黑名单是指禁止的设备识别码，而灰名单则由运营商决定是否使用。设备识别的目的是识别系统中使用的设备是否为被盗或非法的设备。设备识别过程如图 3-12 所示。

4. IMSI 保密

为了防止未经授权的访问和潜在的 IMSI 盗窃，在通过空中接口传输时使用 TMSI 代替 IMSI。只有当 TMSI 不可用或位置更新失败时，才会使用 IMSI [12]。每次 MS 请求位置更新或呼叫尝试等服务时，MSC/VLR 都会分配一个新的 TMSI。在位置更新期间分配新的 TMSI 的过程如图 3-13 所示。

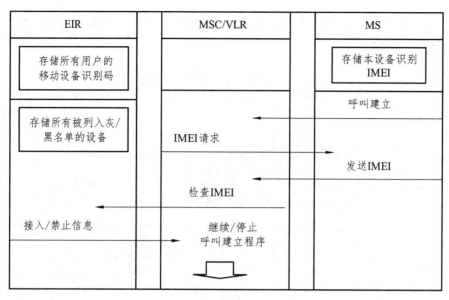

图 3-12　设备识别过程图

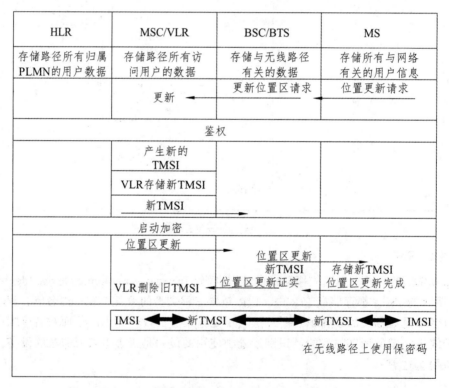

图 3-13　位置更新时新的 TMSI 分配过程图

3.3.3　呼叫接续

在 GSM 系统中，呼叫接续是指在通话期间，当 MS 从一个基站的覆盖范围移动到另一个基站的覆盖范围时，保证通话的无缝转移。呼叫有 2 类：一种是主呼，即移动用户对固定用户发起呼叫；另一种是被呼，即固定用户向 MS 发起呼叫。

1. 移动用户主呼

移动用户对固定用户发起呼叫的接续过程如图 3-14 所示。

MS 通过信道 RACH 向 BS 发出"信道请求"信息，如果成功接收，则 BS 会通过信道 AGCH 向 MS 发出"立即分配"指令。如果 MS 在规定时间内没有收到"立即分配"指令，MS 可以重复发送"信道请求"信息，直到分配成功或重试次数达到预设值为止。

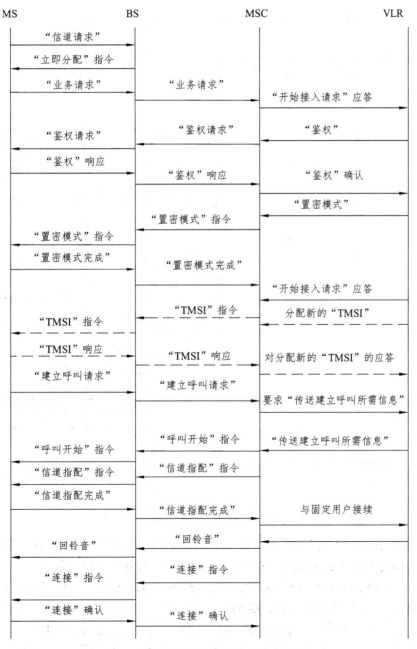

图 3-14　移动用户主呼时的接续过程

在收到"立即分配"指令后,MS 通过分配的信道 DCCH 和 BS 建立信令链路,并向 BS 发送"业务请求"信息。接下来,MSC/VLR 会向 MS 发送"鉴权请求",其中包含一个随机数 RAND,MS 使用鉴权算法 A_3 对 RAND 进行处理后,向 MSC/VLR 返回"鉴权响应"信息,表示自己是合法的用户。

2. 移动用户被呼

固定用户向 MS 发起呼叫的连接过程如图 3-15 所示。

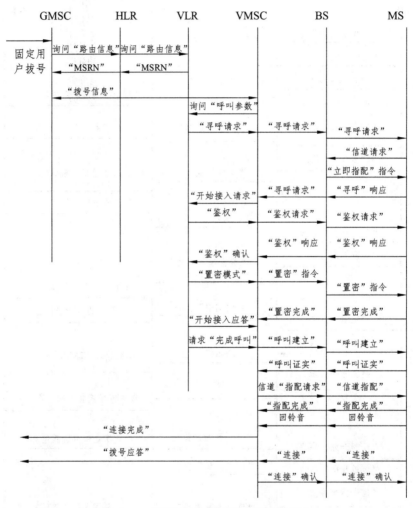

图 3-15　移动用户被呼时的连接过程

固定用户向移动用户拨出呼叫号码后,固定网络将呼叫接续到就近的移动交换中心(Gateway Mobile Switching Center,GMSC),然后通过 HLR 查询路由信息,获取被呼叫移动用户的漫游号码(Mobile Station Roaming Number,MSRN)。GMSC 将呼叫接续到被呼叫移动用户所在地区的移动交换中心(Visited Mobile Switching Center,VMSC),并向 VMSC 查询呼叫参数,发送"寻呼请求"给相关的基站控制器(Base Station Controller,BSC)。BSC 根据被呼叫移动用户所在的小区确定所用的基站,并在信道 PCH 上发送"寻呼请求"信息[13]。

当 MS 接收到寻呼请求信息后，MS 会向 BS 发送"信道请求"信息，如果 BS 接收成功，BS 会为 MS 分配一个专用控制信道，即信道 DCCH，并通过信道 CCCH 向 MS 发送"立即指配"指令。接着，MS 和 BS 通过分配的 DCCH 建立信令链路，并向 VMSC 发送"寻呼"响应信息。

MS 接收到来自 VMSC 的"开始接入请求"后，进行鉴权和置密模式过程，然后发送"呼叫证实"信息给 VMSC。VMSC 接收到呼叫证实信息后，向 BS 发送"指配请求"，要求分配信道 TCH 给 MS。BS 在收到指配请求后，向 MS 分配信道 TCH，并向 VMSC 发送"指配完成"信令。MS 和 VMSC 通过分配的 TCH 建立语音通话链路，呼叫接续完成。

3.3.4　越区切换与漫游

越区切换是指当移动设备从一个基站的覆盖范围内进入另一个基站的覆盖范围时，移动设备必须切换到新的基站，以保持与网络的连接状态。在越区切换过程中，移动设备可能需要更改所使用的信道和频率，以确保通信的连续性和质量[14]。

GSM 系统采用 MS 辅助切换法，其核心思想是把越区切换的功能如检测和处理等部分划分给各个 MS。本基站和周围基站的信号强度由 MS 来测量，然后发送给 MSC，由 MSC 对测量结果进行分析和处理，从而对越区切换做出决策。

越区切换主要包含以下 3 种情况：

1. 同一个 BSC 控制区内不同小区之间的切换

含不同扇形之间的切换，该切换的目标小区和当前服务小区不在同一个蜂窝下，但是目标服务小区和源服务小区在同一个 BSC 的控制范围内。该越区切换示意图如图 3-16 所示。

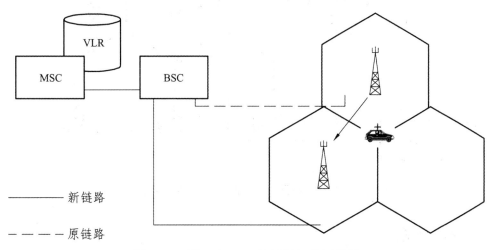

图 3-16　同一个 BSC 的越区切换示意图

2. 同一个 MSC 控制区，不同 BSC 之间的切换

切换的目标小区和当前服务小区不在同一蜂窝下，目标服务小区和源服务小区分别处于两个 BSC 控制范围内，因此这种切换方式必须在两个 BSC 和 MSC 共同参与下完成。其示意

如图 3-17 所示。

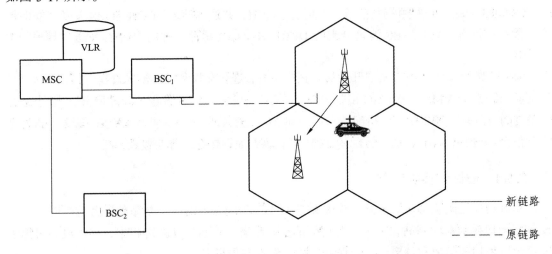

图 3-17　同一个 MSC/VLR 区内，不同 BSC 间的切换示意图

3. 切换的目标小区和当前服务小区不在同一个小区，目标小区和源服务小区分别在两个 MSC 的控制范围内

这种切换方法必须使各个小区所属的不同 MSC 和 BSC 共同协调完成，如图 3-18 所示。

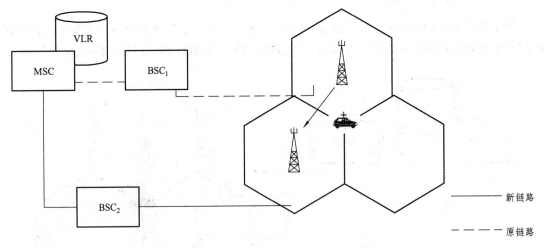

图 3-18　不同 MSC/VLR 的切换示意图

3.4　GPRS 系统

3.4.1　GPRS 概述

GPRS (General Packet Radio Service) 是一种基于分组交换技术的移动通信服务[15]，是 GSM 数字移动通信网络的一种扩展，允许数据在移动设备和网络之间进行分组传输。GPRS 不像传统的语音通信服务那样需要建立持续的连接，而是按需建立和释放连接，只在需要传

输数据时才占用网络资源。

GPRS 系统是通过对一些设备和网络设施进行共用来实现分组数据业务的功能，如共用 GSM 频率、基站等，以较低的 GPRS 设备成本投入和少量的 GSM 设备改动。在 GSM 电路交换系统为基础上，GPRS 系统在业务上进行扩充。因此，GPRS 系统可以被看作是移动通信和分组数据通信融合的第一步。分组数据通信和数字蜂窝移动通信是通信领域两大发展迅猛的产业。

通过新增功能实体，GSM-GPRS 网络实现了分组数据功能，同时保留了原 GSM 网络的话音功能。该网络的分组数据传输由新增的功能实体完成，这些实体构成了一个独立的网络实体，并通过旁路 GSM 数据来实现 GPRS 业务。为了减少对 GSM 网络的变动，GSM-GPRS 网络通过一系列接口协议与原 GSM 网络共同完成了 MS 的移动管理功能。这样，GSM-GPRS 网络成功地实现了移动通信和分组数据通信的融合。

3.4.2　GPRS 网络结构

将分组交换和分组传输概念引入 GPRS 网络中，加强了 GSM 网络从网络体系上对数据业务的支持。从结构不同的角度来看，GPRS 网络组成如图 3-19 和图 3-20 所示，可分为逻辑结构示意图和网络结构示意图。GPRS 可以看成是叠加 GSM 网络的另一个网络。

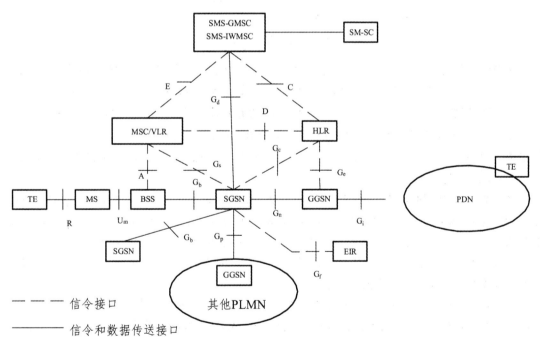

MSC/VLR—移动交换中心/拜访位置寄存器；EIR—设备识别寄存器；SMS-GMSC—短消息接口 MSC；
GGSN—网关 GPRS 支持节点；BSS—基站子系统；SMS-IWMSC—短消息中介 MSC；
HLR—归属位置寄存器；SM-SC—短信中心；TE—数据终端；
PDN—分组数据网；MS—移动台。

图 3-19　GPRS 的逻辑结构示意图

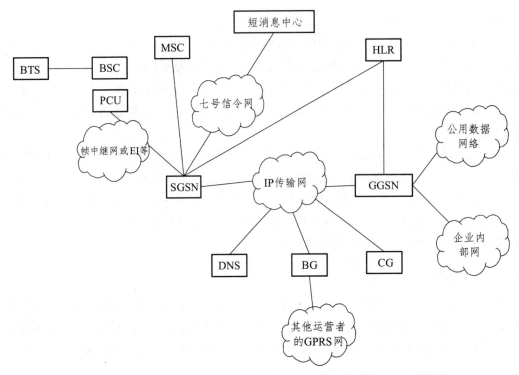

BTS—基站；HSC—基站控制器；CS—计费网关；DNS—域名服务器；BG—边界网关。

图 3-20　GPRS 网络结构示意图

GPRS 是在 GSM 网络基础上增加了 GPRS 支持节点 SGSN 和网关 GPRS 支持节点 GGSN，并通过多种接口实现的。SGSN 为 MS 提供移动性管理和路由选择等服务，而 GGSN 则用于访问外部数据网络和业务。SGSN 和 GGSN 统称为 GPRS 支持节点 GSN。GSN 之间的可选接口为 G_s 和 G_c。若需要实现联合位置更新、电路交换、寻呼等功能，则选用 G_s 接口，而 GGSN 从 HLR 中获取位置信息时选用 G_c 接口。如果没有选用 G_c 接口，GGSN 则需要通过 SGSN 从 HLR 获取位置信息[14]。

MS 的用户信令和数据通过基站子系统分流，电路业务进入 GSM 核心网，而分组业务则进入 GPRS 骨干网。为了实现这个功能，GSM-GPRS 网络新增了一些功能实体，并通过 A 和 G_b 接口与原有的网络相连接。BSC 和 SGSN 之间采用帧中继方式相连，以支持带宽请求并提高线路利用率。在业务量较小时，G_b 接口还可以暂时共享原有 GSM 网 A 接口的传输资源，通过设备复用将 GPRS 数据流送往 SGSN[14]。

GPRS 骨干网内的各 GSN 实体之间通过 G_n 接口连接，实现信令和数据传输。这些实体可以在现有的传输网络（如 Internet、ATM、DDN、ISDN、以太网和帧中继器）中进行选择。

SGSN 和 GGSN 作为 GPRS 骨干网中的节点，与 HLR、MSC 或 VLR、SMS-GMSC、EIR 等原 GSM 网络实体之间通过 G_r、G_c、G_s、G_f、G_d 等接口相连，通信过程仅涉及信令，且利用七号信令网络进行。

GGSN 通过 G_i 接口与外部的分组数据网（PDN）连接，PDN 可以是 Internet、X.25 或 X.75 等网络。G_i 接口是根据需要与不同的 PDN 相应地连接的接口。

3.4.3　GPRS 系统的主要功能实体

GPRS 业务涉及 HLR、GGSN、SGSN、BSS、MS 以及外部 PDN 等实体，还有可能包括 MSC/VLR、SMS-GMSC 等实体。GPRS 的主要功能是通过 SGSN 和 GGSN 与 MS、HLR、PDN 等相关实体的协作实现的。每个实体的具体功能如下：

（1）分组控制单元（Packet Control Unit，PCU）：负责将用户数据进行分组并进行错误检测和纠正，然后将分组数据发送到 GPRS 骨干网中的 SGSN。在接收到来自 SGSN 的分组数据时，PCU 会将数据解封装并交给相应的 GPRS 用户。同时，PCU 还可以根据 GPRS 网络的负载情况和通信状况对分组数据进行调度和优化，以保证网络的高效性和稳定性。

（2）SGSN：GPRS 支持节点（GSN）中的一个，是实现 GPRS 业务的核心节点之一。SGSN 的主要功能是为移动台提供移动性管理、安全性管理、路由选择等服务，并将移动台与外部数据网络建立连接。

（3）GGSN：是 GPRS 网络中的一个重要节点，主要作用是为移动终端提供到外部分组数据网络的连接，将 GPRS 用户数据流转发至 Internet 或其他分组数据网络。GGSN 负责将接收到的分组数据流与相应的外部分组数据网关路由器相连，并将数据流中的 IP 地址转换为合适的外部地址，同时也将外部分组数据网络发送至移动终端。

（4）边界网关（Border Gateway，BG）：用于互联 PLMN 间的连接点，用于传递数据包。边界网关可以执行路由选择、流量管理、安全策略实施等功能，同时也是互联网的重要组成部分之一。在一些场景下，边界网关也可以指企业或组织内部的网络边界设备，用于管理内部网络和公共互联网之间的连接和通信。

（5）计费网关（Charging Gateway，CG）：用于实现 GPRS 业务的计费管理。CG 是连接 GPRS 骨干网和计费系统的接口，负责将 GPRS 用户使用的数据流量、时长等信息传送到计费系统，以便计费系统能够对用户进行计费。

（6）域名服务器（Domain Name System，DNS）：用于将 URL 转换为 IP 地址，以便终端设备可以连接到相应的服务器。在 GPRS 网络中，每个 SGSN 和 GGSN 都需要配置 DNS 服务器的 IP 地址，以便向移动终端提供 DNS 服务。

3.4.4　GPRS 业务种类

成功建设 GPRS 网络的关键在于业务的设计和开展，因此 GPRS 网络建设应该与业务设计和开展同步进行，这是 GPRS 网络灵活性的一个重要特点。因此，在 GPRS 网络建设过程中，应该遵循同步发展原则，以确保 GPRS 网络的成功建设。

GPRS 网络能够提供多种服务，包括常规的 Internet 无线接入、本行业特点的业务、第三方业务接入等，增强网络利用效率，为用户提供更好的信息服务体验。同时，大集团用户可以通过 GPRS 网络构建虚拟专用网络。

GPRS 系统提供数据包传输方式的数据业务，可分为纵向应用和横向应用 2 类。纵向应用面向集团内部用户，而横向应用则面向个人用户。

1. 点对点（PTP）承载业务支持的横向（面向个人）应用业务

（1）E-mail 业务，适合公司外出办公人员随时接入公司数据库和收发 E-mail。

（2）Telnet 远程登录业务，实时双向端到端横向应用业务。

（3）FTP 文件传输业务。

2. PTP 承载业务支持的纵向（面向集团用户小数据）应用业务

（1）基于 GPRS 的 WAP 业务。

（2）手机和计算机上网。

（3）短消息业务（SMS over GPRS，需对现有短消息中心进行改造完成后提供）。

本章小结

本章主要介绍了 GSM 和 GPRS 数字蜂窝移动通信系统，数字蜂窝移动通信系统将通信范围划分为多个相隔一定距离的小区，在不同小区下，移动用户依靠终端跟踪基站实现切换，使通信不中断。

3.1 节主要介绍了 GSM 数字蜂窝移动通信系统，具体内容为 GSM 的发展史和 GSM 系统的各个组成部分，并分析了 GSM 系统的主要特点：频谱利用率高、容量大、开放接口等。

3.2 节引入了 GSM 系统的各种主要接口，接口的协议和接入方式等内容。因为移动通信网络由若干个基本部分（或功能实体）组成。为了信息的顺利交换，这些功能实体在进行网络部署时，有关功能实体之间都要用规定的接口进行连接。

3.3 节介绍了 GSM 系统的控制与管理的过程，包括位置登记、鉴权与加密、呼叫接续、越区切换与漫游等内容。

3.4 节重点介绍了 GPRS 数字蜂窝移动通信系统方面的内容。主要包括 GPRS 系统概况、网络结构、主要功能实体以及提供的业务种类。GPRS 是一种基于 GSM 网络的无线数据业务，能够提供常规的 Internet 无线接入服务，为用户提供更加丰富的信息服务体验。同时，GPRS系统还能让运营商直接向用户提供具有本行业特点的业务，并给第三方的业务提供商提供接入服务，使网络利用更加高效。

习　题

一、填空题

1. 在 GSM 系统中，BSC 与 BTS 之间的接口称为_____接口。

2. 在 GSM 系统中，BTS 与 MS 之间的接口称为_____接口。

3. 在 GSM 系统中，BSC 与码变换器之间的接口称为_____接口。

4. GSM 系统中，鉴权三参数为_____，_____及_____。

5. GSM 系统的公共控制信道分为三种：_____，_____及_____。

6. GSM 系统中的业务信道，主要用于传送_____和_____。

7. GPRS 无线接口的物理层分成了两个子层，分别是_____和_____。

8. GPRS 系统中，MS 建立和结束与 GPRS 网络的连接，是通过_____和_____两个过程实现的。

二、选择题

1. GSM 的频带宽度是（　　　　）。

　　A. 30 kHz　　　　　B. 200 kHz　　　　　C. 25 MHz　　　　　D. 45 MHz

2. 在 GSM 中，每一个帧有（　　　　）个时隙。

　　A. 5　　　　　　　B. 6　　　　　　　　C. 7　　　　　　　　D. 8

3. GSM 分级帧结构中，每个复帧占用（　　　　）。

　　A. 4.62 ms　　　　B. 0.577 ms　　　　　C. 120 ms　　　　　D. 3

4. GSM 规范要求均衡器能够处理时延高达（　　　　）左右的反射信号。

　　A. 5 μs　　　　　　B. 10 μs　　　　　　C. 15 μs　　　　　　D. 20 μs

5. GSM 中，不属于公共控制信道的是（　　　　）。

　　A. 同步信道　　　B. 寻呼信道　　　　C. 随机接入信道　　　D. 允许接入信道

6. GSM 中 A 接口采用的物理连接是（　　　　）。

　　A. 2.048 Mb/s 的 PCM 数字传输链路　　　B. 4.096 Mb/s 的 PCM 数字传输链路

　　C. 光纤接口　　　　　　　　　　　　　D. 微波接口

7. 基站控制器和基站收发信台之间的接口是（　　　　）。

　　A. B 接口　　　　　B. C 接口　　　　　C. D 接口　　　　　D. Abis 接口

8. GSM 系统的开放接口是指（　　　　）。

　　A. NSS 与 NMS 间的接口　　　　　　　B. BTS 与 BSC 间的接口

　　C. MS 与 BSS 间的接口　　　　　　　　D. BSS 与 NMS 间的接口

9. 位置更新过程是由下列哪个部分发起的？（　　　　）

　　A. MSC　　　　　　B. VLR　　　　　　C. MS　　　　　　　D. BTS

10. GPRS 的最高理论速率是（　　　　）。

　　A. 9.6 kb/s　　　　B. 21.4 kb/s　　　　C. 171.2 kb/s　　　　D. 2.048 Mb/s

11. GPRS 的分组数据信道中，不属于专用控制信道的是（　　　　）。

　　A. PACCH　　　　　B. PTCCH/U　　　　C. PTCCH/D　　　　D. PBCCH

12. GPRS 信道编码方案，速度最快的是（　　　　）。

　　A. CS-4　　　　　　B. CS-3　　　　　　C. CS-2　　　　　　D. CS-1

三、简答题

1. 移动通信中对调制解调器的要求是什么？

2. 简述移动通信的特点。

3. GSM 系统中 GMSC 的主要作用是什么？

4. 简述 GSM 系统的鉴权中心 AUC 产生鉴权三参数的原理以及鉴权原理。

5. 简述 GSM 系统中第一次位置登记过程。

6. GSM 系统的越区切换有几种类型？

7. 简述 GSM 系统越区切换的主要过程。

8. 简述引起切换的原因，并说明切换是由谁发起的？

9. WCDMA 与 GSM 的关系是什么？

10. 简述 GSM 的帧结构。

四、计算题

1. 利用下面的频段号计算对应的上下行工作频率：

（1）100；（2）700。

2. 试计算工作频率为 900 MHz、通信距离分别为 10 km 和 20 km 时，自由空间传播损耗是多少？

五、画图题

1. 画出 GSM 系统的协议模型图。

2. 画出 GSM 系统的组成框图。

本章参考文献

[1] 高倩. GSM 移动通信系统概述[J]. 数字传媒研究, 2015, 32: 128(07): 48-52.

[2] 杨清爽. "全球通"GSM 数字通信系统综述[J]. 当代通信，1996(5):8-9.

[3] 张巧琳. GSM 系统中归属局位置登记器（HLR）简介[J]. 湖北邮电技术，1996, 02: 28-31.

[4] 黄波. 浅谈. GSM 无线网络接口技术及实现[J]. 科学技术创新, 2020(34): 117-118.

[5] 魏然. GSM 数字蜂窝移动通信系统中的 A 接口[J]. 电信网技术, 1997(01): 24-29.

[6] 张红文. GSM 的接口和协议[J]. 科技交流，2008(1): 85-87.

[7] 罗济军. 移动通信中的 GSM 系统和 CDMA 系统之比较//中国通信学会[C]. 中国通信学会, 1997.

[8] 孙孺石. GSM 数字移动通信工程[M]. 北京：人民邮电出版社，1996.

[9] 蔡跃明，吴启晖. 现代移动通信[M]. 北京：机械工业出版社，2013.

[10] 高健，刘良华，王鲜芳. 移动通信技术[M]. 北京：机械工业出版社，2012.

[11] 姚景朋，张立志，何旭萌. 基于三维联合检测法的伪基站检测系统方案设计[J]. 电子设计工程, 2016, 24(14): 52-55.

[12] 高新，李玲玲. WAPI 技术在 3G 时代增强 MID 用户使用体验上的应用[J]. 中国新技术新产品, 2010 (17): 25-25.

[13] 齐典. 基于软件定义网络的移动通信网络设计[J]. 通讯世界, 2017 (21): 14-15.

[14] 孟丽，吕英杰. GPRS 系统简介[J]. 邮电设计技术, 2001 (7): 8-12.

第 4 章　第三代移动通信系统

3G 移动通信技术以 CDMA 技术为主，相比于 2G 在数据传输速率上有明显的提升，且能同时提供话音和数据业务等。本章主要介绍第三代移动通信系统的系统概述及其主流标准技术和应用，首先介绍 3G 系统的概念及其技术背景、典型特征和发展历程，其次是 3G 中主流的三大通信系统技术，分别为 WCDMA 通信系统、CDMA2000 通信系统以及 TD-SCDMA 通信系统，最后详细介绍相关系统原理、系统特点和关键技术。

4.1　3G 系统概述

4.1.1　3G 发展背景

3G 即第三代移动通信，与第一代移动通信技术和第二代移动通信技术相比，3G 将无线通信和国际互联网等技术结合，形成全新的移动通信系统。这一技术可以处理图像、音乐等媒体形式，并支持商务功能，如电话会议等。无论室内、室外还是行车环境，无线网络提供了至少 2 Mb/s、384 kb/s 和 144 kb/s 的数据传输速度[1]。

3G 是为大多数地区提供高质量、高速率多媒体业务的通信系统，能够全球无缝覆盖和漫游，兼容其他移动通信系统、固网系统和数据网络系统。终端设备小巧便携，方便在任何时间、任何地点进行各种类型的通信。

ITU 于 1985 年提出了第三代移动通信系统的概念，最初命名为 FPLMTS（Future Public Land Mobile Telecommunication System，未来公众陆地移动电信系统），后来在 1996 年更名为 IMT-2000（International Mobile Telecommunications-2000，国际移动电信 2000）。IMT-2000 的目标是实现世界范围内的统一性，保持与固网各种业务的相互兼容，为用户提供较高的服务质量，支持全球漫游能力的小型终端的全球使用，并支持多媒体功能和广泛的业务。ETSI 在 1987 年开始研究移动通信系统，开发出了 UMTS。经过多年的发展与融合，ITU 最终通过了 4 种主流的 IMT-2000 无线接口规范，分别是美国提交的 CDMA2000、欧洲提交的 WCDMA、中国提交的 TD-SCDMA 以及以 IEEE802.16 系列宽带无线标准为基础的 WiMAX[1][2]。

4.1.2　3G 典型特征和组成

IMT-2000 的典型特征主要表现在以下几个方面：

1. 全球性

IMT-2000 的出现使得全球范围内的移动通信变得更加便捷和无缝化，同时为各种不同类型的应用提供了更为广泛的支持。IMT-2000 拥有统一全球频段和漫游功能，使得用户可以在不同的地方使用同样的设备，无需无须担心网络连接的问题。这些特点使得 IMT-2000 成为全球移动通信标准的重要里程碑。

2. 具有支持多媒体业务的能力

IMT-2000 可以提供多种业务，包括语音、数据和多媒体业务，这使得用户可以使用同一设备进行多种不同类型的通信和信息传输，并且将多种信息进行融合，进一步提升用户体验。而且 IMT-2000 支持分组交换技术，这意味着可以提供更高效的数据传输以及更好的网络资源利用率，为无线上网和无线 IP 技术的实现提供了可能性。

3. 高速传输，传输速率能按需分配

在快速移动环境下，IMT-2000 可以支持 144 kb/s 的数据传输速率，足以满足大多数应用程序的需求。在室内慢速移动环境下，IMT-2000 可以支持高达 2 Mb/s 的数据传输速率，这意味着用户可以轻松地进行高清视频流媒体和其他带宽密集型任务。在室内外步行环境下，IMT-2000 可以提供至少 384 kb/s 的数据传输速率，在卫星移动环境中，IMT-2000 可以提供至少 9.6 kb/s 的数据传输速率。

4. 统一性

IMT-2000 可以将实现多种不同类型的移动通信系统集成为一个统一系统，便于提供多种不同的服务。这些不同类型的移动通信系统包括寻呼、无线电话、蜂窝移动通信和卫星移动通信等。

5. 便于过渡、演进，高兼容性

IMT-2000 拥有多网络互联的能力，包括可以实现与 2G、ISDN 和 PDN 等不同类型的网络进行互联；具备移动通信系统在各个阶段不断演进的灵活性；能将移动网络与固定网络相互兼容和融合，使得移动网络可以共享固定网络的基础设施和服务资源。这些特点让 IMT-2000 成为了一种非常强大和灵活的移动通信系统。

6. 业务灵活性

在 IMT-2000 标准中，确实要求网络可以自由引入新的业务，并尽可能地适用到各种移动环境中，以便在任何时间和地点实现人与人之间的便利通信。为此，IMT-2000 确保了网络的灵活性和可扩展性，使得网络可以随着不断变化的市场需求而及时调整网络结构，以满足用户对于更多、更高质量业务的需求。同时，IMT-2000 还定义了一系列的接口标准和协议，以确保网络各单元之间的互操作性和相互连接，从而最小化对网络各单元的影响。

7. 智能化

IMT-2000 系统的典型特征是智能化,其他允许移动终端灵活地选择连接地面网或卫星网，并且可以在移动或固定方式下进行连接。

IMT-2000 系统的网络构成如图 4-1 所示[3]，主要由核心网（Core Network，CN）、无线接入网（Radio Access Network，RAN）、MT 和用户识别模块（User Identity Module，UIM）组

成，分别对应 GSM 系统中的子交换系统（Switch Sub-System，SSS）、BSS、MT 和 SIM。

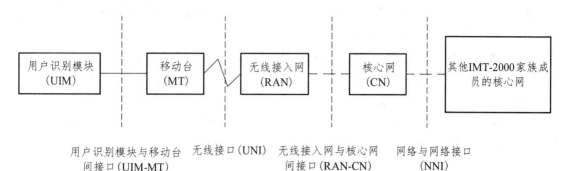

图 4-1　IMT-2000 的功能组成模型及接口

由图 4-1 可以看出，ITU 定义了以下 4 个标准接口：

（1）网络与网络接口（Network to Network Interface，NNI）是指不同"家族成员"之间的标准接口，可以保障用户可以在不同网络之间无缝漫游。

（2）无线接入网和核心网之间的接口主要负责连接两个不同的网络，即无线接入网和核心网。

（3）无线接口（User Networks Interface，UNI）指的是用户设备和无线网络之间的接口，定义了用户设备（例如手机、电脑计算机或其他无线终端设备）与网络之间的通信规则。

（4）用户识别模块和移动台之间的接口是连接 UIM 和 MT 的接口，允许用户在移动通信网络中进行身份验证、访问控制和计费等操作。

4.1.3　3G 发展历程

1. IMT-2000 的基本要求

ITU 不仅要求 IMT-2000 满足高速率的数据传输业务，还要达到对频率和无线电资源灵活的管理要求。因此，有以下几项基本要求：

（1）全球性统一标准。

（2）全球使用公共频带。

（3）满足多用户接入。

（4）具有全球漫游能力。

（5）高质量语音通信和高数据传输速率。

ITU 规定，IMT-2000 的无线传输技术必须满足以下要求：在快速移动环境下、步行环境下和固定位置环境下，最高传输速率分别达到 144 kb/s、384 kb/s 和 2 Mb/s。

2. 第三代移动通信系统的演进

3G 主要由欧洲倡导的 UMTS 演进路线和美国倡导的 CDMA2000 演进路线组成，如图 4-2 所示。

UMTS 演进路线中的 1G/2G/2.5G 都有可发展商业的潜力。其发展过程经历了从 1G 的全接入通信系统 TACS 和北欧移动电话（Nordic Mobile Telephone，NMT）发展至 GSM 系统。在 GSM 系统向 3G 演进的过程中，其中经历了 GPRS 和 EDGE，最后演进到 UMTS。UMTS 无线接入网主要采用 WCDMA 标准。

CDMA2000 是一种基于 CDMA 技术的 2G 和 2.5G 移动通信系统，在无线部分和网络部分都进行了演进。CDMA2000 1X 是其中的一种演进方式，采用单载波技术的峰值速率可达到 144 kbps。虽然 CDMA2000 1X 不能满足 3G 标准，但比传统的 2G 系统提高了很多，并且有着更好的语音质量和数据传输性能。此外，CDMA2000 还有其他演进方式，例如 CDMA2000 1xEV-DO 和 CDMA2000 1xEV-DV，其速率可以高达 2.4 Mb/s。

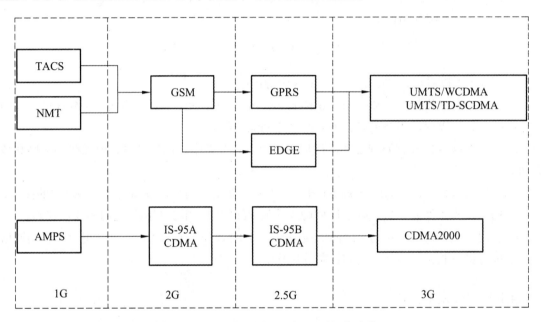

图 4-2　第三代移动通信系统演进路线

3. CDMA 系统的发展历程

CDMA2000 是一种基于 CDMA 技术的 3G 通信系统，其它是 IS-95 标准的升级版，采用了更高的数据传输速率和更强的安全保障。

CDMA 系统技术标准经历了从 IS-95A 到 IS-95B，再到 CDMA2000 1X 的过程。此外，CDMA2000 还有其他演进方式，例如 CDMA2000 1X EV-DO 和 CDMA2000 1X EV-DV，图 4-3 所示为 CDMA 系统的演进发展过程。

CDMA2000 的演进历程可以追溯到 20 世纪 90 年代初期，当时 IS-95A 成为第一款商用 CDMA 移动通信系统。随着技术的发展，IS-95B 应运而生，其性能得到了进一步提高。

由于北美在 CDMA 通信方面有丰富的研究基础和实践经验，因此在 IS-95 系统向 3G 系统演进时，与 IS-95 有良好的兼容性的 CDMA2000 作为其所采用的技术。最终，美国电信工业协会（Telecommunication Industries Association，TIA）将 CDMA2000 技术制定为 IS-2000 标准，并批准为 CDMA2000 技术的标准化规范，为 3G 网络的无线通信协议奠定了基础。

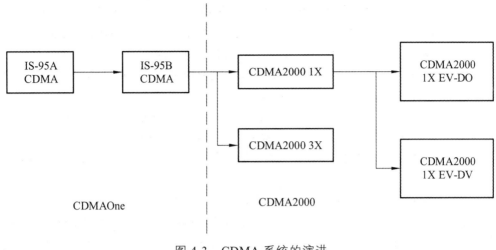

图 4-3　CDMA 系统的演进

CDMA2000 采用基于 IS-2000 标准的系统和空口所采用的技术。目前为止，CDMA2000 已经发布了以下几个标准版本：

（1）CDMA2000 Release 0：由高通公司开发，并于 1999 年获得 TIA 的标准化。CDMA2000 Release 0 可提供高达 153.6 kbp/s 的数据速率，改进了语音质量和传输容量并支持更好的互联网和多媒体应用。

（2）CDMA2000 Release A：由高通公司开发，并于 2002 年被 3GPP2 标准化。，相对于 Release 0 增强了无线链路传输性能。

（3）CDMA2000 Release B：于 2001 年作为原始 CDMA2000 标准的升级版本推出，于 2002 年 4 月由 3GPP2 制定完成，并新增了救援信道。

（4）CDMA 2000 Release C：于 2002 年 5 月由 3GPP2 制定完成，该版本中前向链路增加了数据和语音传输（Evolution -Data and Voice，EV-DV）来提升传输能效。

（5）CDMA 2000 Release D：于 2004 年 3 月由 3GPP2 制定完成，在该版本中它支持软切换的过程。

CDMA 2000 系统根据带宽的使用标准来划分有多种工作方式，其中 CDMA2000 1X 被称为独立使用一个 1.25 MHz 载波的方式；如果将 3 个载波叠加在一起，即使用带宽为 3.75 MHz 载波的方式，称之为 CDMA2000 3X，可达到更高的传输速率。CDMA2000 1X 仅支持数据（Evolution-Data Only，EV-DO），并且专门用于高速数据传输，经过多次优化改进后发展出 Release 0 和 Release A 等两个版本。CDMA2000 1X EV-DV 是 EV-DO 的演进，EV-DO 仅支持数据，不能支持语音，但是 EV-DV 可以支持高数据量的语音通话，并可以支持视频通话，解决了 EV-DO 不支持视频通话的缺点。

4. UMTS 系统的发展历程

UMTS 是主要使用 WCDMA 接入技术，同时提供语音、数据和多媒体通信业务的移动通信网络。UMTS 将 WCDMA 作为其首选空口技术，并增加了 TD-SCDMA 和 HSDPA 技术。UMTS 的标准化主要起源于欧洲和日本的 3G 无线通信研究活动。在 20 世纪 80 年代中期欧洲就已经研究 3G，欧洲通信标准协会特别移动部负责 UMTS 的标准化工作。日本于 1993 年开始研究 3G 系统，并于 1994 年 10 月开始征集无线传输技术。在此基础上，日本于 1997 年提出了 WCDMA 技术。同年，3G 标准方案的候选技术逐渐缩小为 WCDMA 和 TD-CDMA 两种技术。到了 1999 年初，UTRA（Universal Terrestrial Radio Access，通用陆地无线接入）成为 UMTS 的无线传输技术，其中 FDD 模式和 TDD 模式分别采用了 WCDMA 技术和 TD-CDMA 技术。自此以后，标准化工作一直在不断推进。

1998 年，欧洲 ETSI 的 UTRA WCDMA 与日本发明的 WCDMA 合并为现在广泛使用的 WCDMA 系统，并成立了国际标准化组织 3GPP 来制定 WCDMA 标准。随后，3GPP 分别于 2000 年 3 月、2001 年 3 月和 2002 年 6 月推出了三个标准版本，即 R99（也称为 R3）、R4 和 R5。

Release99（R99）版本从 1999 年 12 月起，每 3 个月更新一次，在 2000 年 6 月版本基本稳定，可供开发。R99 版本的 WCDMA 核心网络被分为 CS 域和 PS 分组交换（Packet Switching，分组交换）域，这是基于 MSC/GMSC 和服务/网关 GPRS 支持节点（Serving GPRS Support Node/Gateway GPRS Support Node，SGSN/GGSN）的演化而来的。R99 版本能够提供的主要业务平台包括基本定位服务、号码可携带服务、增强智能服务、GSM 和 UMTS 之间的互通，同时支持所有 GSM 及其补充服务[4]。

R4 版本是一个重要的里程碑，因为"全 IP 网络"概念的引入使其在核心网 CS 域中起到了控制与承载分离的作用，这使得网络更加灵活、可扩展，并且能够更好地支持多种应用和服务。

R5 版本是第三代移动通信标准中的一个重要版本，引入了 IP 多媒体子系统（IMS 域）和新的无线接入技术，包括 MIMO、多天线反馈分集、混合自动重传请求（Hybrid Automatic Repeat ReQuest，HARQ）等技术。

到了 3GPP R6 版本阶段，主要是在现有基础上进行增强和改进，为用户提供更优质的服务和更好的体验。

5. 我国对第三代移动通信系统的研究

2000 年底，我国第三代移动通信系统网络发展跃居到世界第二位，使用网络人数超过 6 000 万。随着技术的发展和人类数量的不断增加，2004 年，我国的 3G 用户数量达到 2 亿。

目前，我国 3G 的应用网络覆盖性好，从 3G 业务的使用情况来看，用户有一半以上的时间是在室内的环境，因此 3G 业务更容易满足用户的室内需求。因此，对于 3G 网络的发展和建设而言，良好的室内覆盖是至关重要的因素，而室内分布系统是实现 3G 网络在室内应用的关键手段。室内分布系统的基本原理是通过布置室内天线，将基站信号均匀地分布在整个室内，以保证良好的信号覆盖和足够的载频来吸收话务量。

4.2 WCDMA 移动通信系统

4.2.1 WCDMA 概述

WCDMA 系统中的 CN 基于 GSM-MAP 架构，可以与 GSM 网络无缝衔接，并可通过网络扩展方式在基于 ANSI-41 的 CN 上运行。WCDMA 系统是一种支持宽带、电路交换和分组交换业务的无线通信技术。WCDMA 它可以在一个载波内同时支持不同类型的业务，如话音、数据和多媒体服务，并且支持实时和非实时业务的传输，可以根据不同的应用需求调整业务质量参数，例如延迟、误比特率和误帧率等。

WCDMA 是一种采用 DS-CDMA 多址方式的无线通信技术，其码片速率为 3.84 Mc/s，载波带宽为 5 MHz 等。该系统运用 GPS 精确定位技术，能够同时选择同步和不同步两种方式，提升系统容量和覆盖范围，并减少对 GPS 信号的依赖性。在反向信道方面，WCDMA 采用导频符号相干 RAKE 接收技术，可有效解决 CDMA 中反向信道容量受限的问题。RAKE 接收器通过同时接收多个路径上的信号来提高信号质量和容量，并具有较强的抗多径干扰能力。

WCDMA 系统采用精确的功率控制方式，包括基于 SIR 的快速闭环控制、开环控制和外环控制三种不同方式。该系统的功率控制速率为 1 500 次/s，可变控制步长在-4~0.25 dB 之间，可以有效地应对抗衰落的需求，实现快速、准确的发射功率调整[6]。除此之外，WCDMA 采用了自适应天线、多用户检测等一系列先进技术，以提高系统性能和可靠性，并满足不断增长的移动通信需求。

WCDMA 系统使用不同的长码进行扩频，以及对称 QPSK 调制来实现前向链路专用物理信道（Dedicated Physical Channel，DPCH）的扩频调制。为了支持多个用户和多个服务类型，正交数据和同相数据使用相同的信道标识码和扰频码进行扩频。该系统采用正交可变扩频参数（Orthogonal Variable Spread Factor，OVSF）码作为信道标识码，以区分不同的物理信道并支持不同的比特率。同一个小区内的下行链路采用相同的 40 960 码片长的扰频码。总共有 512 个可用扰频码，并被分成 32 组，每组 16 个码，以便更快地搜索小区。

WCDMA 系统中的上行链路专用物理信道采用双信道 QPSK 调制进行扩频。同相和正交信道使用不同的信道标识码进行扩频，并将信号调制到射频。为保证专用物理数据信道（Dedicated Physical Data Channel，DPDCH）和专用物理控制信道（Dedicated Physical Control Channel，DPCCH）的正交性，上行链路与下行链路中采用的码属于同一类的 OVSF 码作为信道标识码。通常情况下，上行链路的扰频码是 40 960 码片长的伪随机码，同时也可以使用短 VL-Kasami 码以提高多用户检测效率[7]。在下行链路中，导频信号通过时分复用方式发送来对各用户进行相干检测，并且每条链路对应一个导频信号进行信道估计。使用自适应天线时，上行链路也采用时分复用的导频信号进行相干检测。

WCDMA 系统通过单码扩频传输低速率数据和多码扩频传输高速率数据在业务信道上传输。对于同时传输的多业务数据，使用时分复用技术来进行传输。在完成外部编码、内部编码、业务复用和信道编码后，多业务数据被映射到一个或多个 DPDCH 上。采用多码扩频传输时，数据流将被串/并变换成两路，并通过同相和正交信道进行扩频传输。为实现更高的误码率要求，WCDMA 系统采用卷积码和级联码作为信道编码。其中约束长度为 9 的卷积编码和卷积率在 1/4 和 1/2 之间的信道编码适用于误码率较低的业务，而级联编码和外部 R-S 编码适用于对误码率要求更高的业务。此外，WCDMA 系统还支持帧间交织技术以改善时延问题[8]。

WCDMA 系统利用公共信道传输短且不频繁使用的数据，而使用专用信道传输长且常用的数据。当面对较大的数据分组时，WCDMA 系统会选择采用单个分组传输，并在传输完成后立即释放占用的专用信道资源。在多分组传输中，专用信道会一直保持开启以传输控制和同步信息。

WCDMA 传输通道有 2 类纠错方式：前向纠错（Forward Error Correction，FEC）和自动重发请求（Automatic Repeat-Request，ARQ）[9]。FEC 是无线业务最基本的纠错方式，在 FEC

方式中，ETSI 又提出了 3 种前向信道纠错编码，分别是：

1. 卷积码

卷积码通常具有 10^{-3} 的误码率，主要应用于传统话音业务，例如 2G 系统中约束长度为 9、码率为 1/2 和 1/3 的卷积码。一般而言，正常（非打孔）模式下和打孔模式下的专用传输信道（Dedicated Channel，DCH）的卷积码的码率分别为 1/3 和 1/2。卷积码可以有效纠正随机错码，并且在码率和复杂度相同的情况下，性能优于分组码。

2. 外 R-S 码+外交码+卷积码

典型应用通常是误码率为 10^{-6} 的业务。采用 256 进制的 R-S 码，码率约为 4/5。信道编码中采用级联码进行外交织，交织宽度与 R-S 分组码码长相等。采用帧间交织方式，交织范围为 20 ms 到 150 ms。该方法具有成熟的编码理论基础，但硬件复杂度较高，时延较高。

3. Turbo 码

Turbo 码是一种适用于高数据率（32 kb/s 以上）和高质量业务的备选方案。日本 ARIB 在 1998 年 7 月的版本中采用 Turbo 码代替串行级联码作为高质量业务的纠错编码方案。其优点是性能能接近香农极限，译码算法的硬件实现比串行级联码简单。缺点是缺乏理论基础，性能分析只能依靠仿真，会导致较大的时延。

4.2.2　WCDMA 网络结构

UMTS 系统包括 RAN 和 CN 两个部分。其中，RAN 负责处理所有与无线通信相关的功能，而 CN 则实现 UMTS 系统内语音呼叫、数据连接以及与外部网络之间交换和路由任务。为了更好地管理和维护，CN 还可以按功能在逻辑上划分为 CS 域和 PS 域，其中 HLR 是共有节点，存储用户签约信息、支持新业务以及提供增强的鉴权功能[10]。UMTS 通信网络结构如图 4-4 所示。

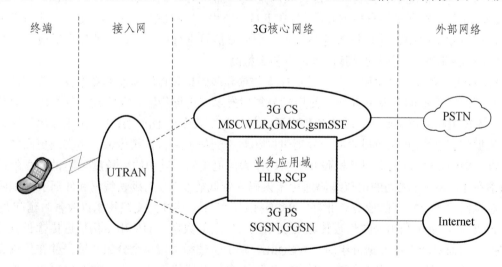

图 4-4　UMTS 通信网络结构图

MSC/VLR 是 WCDMA 核心网 CS 域的重要节点，与 UMTS 无线接入网（UTRAN）通过 Iu-CS 接口连接，在 PSTN/ISDN 接口处与外部网络（如 PSTN、ISDN）相连。其主要功能包括呼叫控制、移动性管理、鉴权和加密等。MSC/VLR 是 WCDMA 核心网 CS 域中的重要节点，主要负责呼叫控制、移动性管理、鉴权和加密等任务。MSC/VLR 通过 Iu-CS 接口与 UTRAN 相连，并通过 PSTN/ISDN 接口与外部网络（如 PSTN、ISDN）连接。

GMSC 是 WCDMA 移动网 CS 域与外部网络之间的一个可选功能节点，作为网关节点，其主要功能在于实现 VMSC 功能中的呼入呼叫路由，以及与固定网等外部网络的结算。

SGSN 是 WCDMA 核心网 PS 域的一个节点，与 UTRAN 通过 Iu_PS 接口相连；与 GGSN 通过 Gn/Gp 接口连接；与 HLR/AUC 通过 Gr 接口连接。其主要提供路由转发、移动性管理、会话管理、鉴权和加密等服务。

GGSN 是 WCDMA 核心网 PS 域的功能节点，通过 Gn/Gp 接口连接 SCGSN，以及通过 Gi 接口与外部数据网络相连。其主要功能在于提供 UE 接入外部分组网络的关口，以及实现与外部 IP 分组网络的接口服务。

UTRAN、CN 与用户设备一起构成了整个 UMTS 系统，其系统结构如图 4-5 所示。

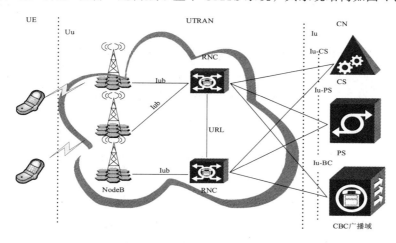

图 4-5　UMTS 系统结构

UE 包括移动设备（Mobile Equipment，ME）和用户业务识别模块（User Service Identification Module，USIM）。其中，ME 用于应用和服务，而 USIM 则用于确认用户身份。UE 通过 Uu 接口与网络设备进行数据交流，提供语音通信、数据传输等服务。UMTS 系统结构的各部分功能介绍如下：

UTRAN 是陆地无线接入网，包括 NodeB 和 RNC。NodeB 作为 WCDMA 基站，处理物理层协议、扩频、调制等任务。RNC 负责连接控制、资源管理、切换等任务，并维护 CN 设备与其他网络的连接。不同版本的 CN 设备功能不同：R99 版本分为电路域和分组域，R4 版本只有 MSC Server 和 MGW 实体，而 R5 版本在 R4 基础上增加了 IP 多媒体域[10]。

UMTS 系统网络的各个接口使得网络上不同设备间可以进行信息传输及处理，并且具有开放性。UMTS 系统网络的接口类型如下：

（1）Cu 接口符合智能卡的标准格式，用于连接 USIM 智能卡和终端设备。

（2）Uu 接口是 WCDMA 网络中连接 UE 与固定网络的必要接口。其开放性保证了不同制造商的 UE 可以在其他制造商设计的 RAN 中实现互操作性。

（3）Iub 接口为连接 NodeB 和 RNC 的标准接口，其开放性确保不同的 NodeB 和 RNC 间相互通信。

（4）Iur 接口连接 RNC，开放该接口可实现不同的 RNC 间软切换。

（5）Iu 接口为连接 RAN 和 CN 的标准接口，其开放性允许运营商使用来自不同制造商的 RAN 和 CN 设备构建网络。

4.2.3　WCDMA 信道结构

WCDMA 系统的业务信道分为逻辑信道、传输信道和物理信道 3 种，承载不同用户业务。逻辑信道直接传送用户业务，分为控制信道和业务信道两类。传输信道是层间接口，并向 MAC 层提供服务，根据使用范围可划分为专用信道和公共信道两类。各种信息在无线接口上传输时，由特定载波频率、扩频码、载波相对相位和相对时间构成的信道称为特定的物理信道[11]。

1．逻辑信道

WCDMA 遵循 ITUM.1035 建议来定义逻辑信道，其包括公共控制信道和专用信道两类。

2．物理信道

物理信道的具体分类如图 4-6 所示。一般的物理信道由超帧、帧和时隙三层结构组成。每个超帧持续时间为 720 ms，包含 72 个 10 ms 长的帧，相当于 38 400 个码片。每帧由 15 个时隙组成，每个时隙长度为 2 560 个码片。比特数取决于信息传输速率。物理信道分为上行和下行两种。

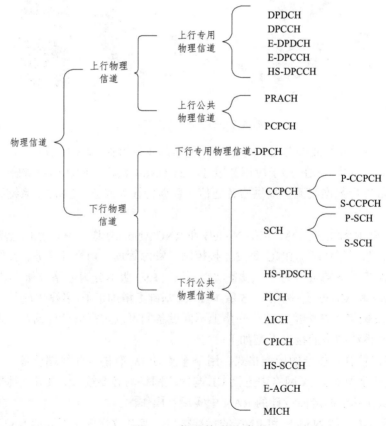

图 4-6　物理信道分类

1）上行物理信道

（1）上行专用物理信道。

上行链路中的用户数据通过 DPDCH 进行传输，而控制信息则通过 DPCCH 传输。每个无线帧内，DPDCH 和 DPCCH 都使用 I/Q 码分多路技术进行传输。图 4-7 显示了上行 DPDCH/DPCCH 的帧结构，其中 10 ms 的帧被分成 15 个时隙，每个时隙的长度为 2 560 个码片，对应一个功率控制周期。

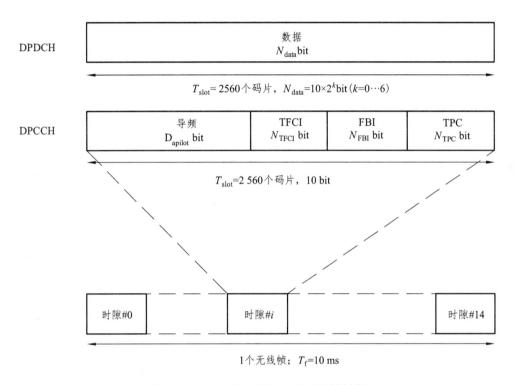

图 4-7　上行 DPDCH/DPCCH 的帧结构

图 4-8 展示了 HS-DPCCH 帧结构，由反馈信令组成，包括混合 ARQ 确认信号（HARQ-ACK）和信道质量指示信号（Channel Quality Indicato，CQI）。每个子帧持续 2 ms，分为 3 个时隙，总共有 2 560 个码片。

（2）上行公共物理信道。

物理随机接入信道（Physical Random Access Channel，PRACH）用于在移动设备发起呼叫时发送接入请求信息。基于时隙 A 的传输可以从一帧中的任何一个时隙开始。

随机接入发送格式如图 4-9 所示。它发送格式由前置序列和消息部分组成，前置序列长度为 4 096 个码片，而消息部分长度为 10 ms 或 20 ms。前置部分由 256 次重复的 16 码长特征序列组成，总长度为 4 096 个码片，占用 2 个物理时隙。消息部分的结构与上行专用物理信道相同，但扩频比只有 256、128、64 和 32 几种形式，每个时隙内传输 10 bit 至 80 bit 不等，占用 15 或 30 个时隙。控制部分的扩频比与专用信道相同，但导频仅为 8 bit[12]。

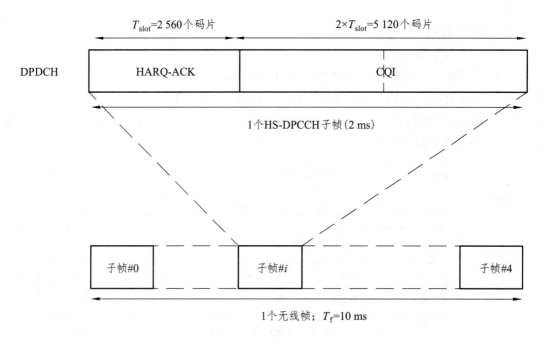

图 4-8　上行 HS-DPCCH 的帧结构

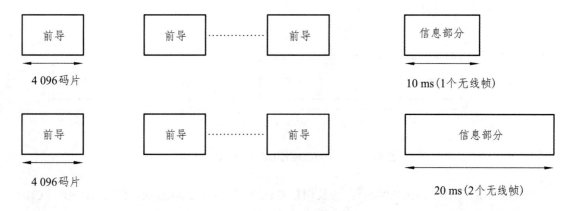

图 4-9　随机接入的发送格式

2）下行物理信道

（1）DPCH。下行 DPCH 由传输数据部分的 DPDCH 和传输控制信息的 DPCCH 组成，以时分复用的方式发送。下行链路 DPCH 的帧结构如图 4-10 所示，每个时隙的总比特数由扩频因子 $512/2^k$ 决定，k 取 $0 \sim 7$。

（2）公共物理信道（Common Physical Channel，CCPCH）是一种用于传输数据的下行物理信道，主要携带 BCH。其固定频率为 SF=256。与下行 DPCH 不同，主 CCPCH 没有 TPC 命令、TFCI 和导频比特。在每个时隙的前 256 个码片不发送 CCPCH 信息，可以携带 18 bit 的数据。同时，在这段时间内发送主 SCH 和辅 SCH。

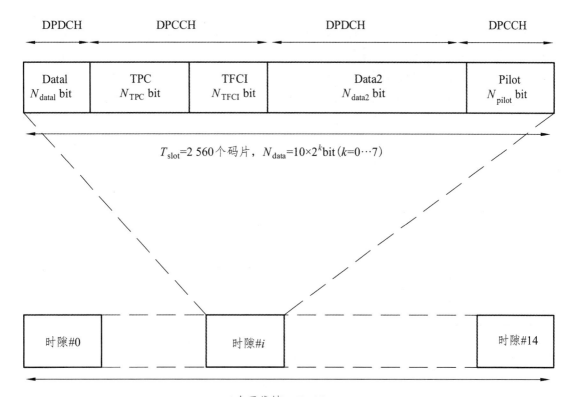

图 4-10　下行 DPCH 的帧结构

（3）同步信道（SCH）主要用于小区搜索。它由两个子信道组成，即主 SCH 和辅 SCH。同步信道的帧结构如图 4-11 所示。

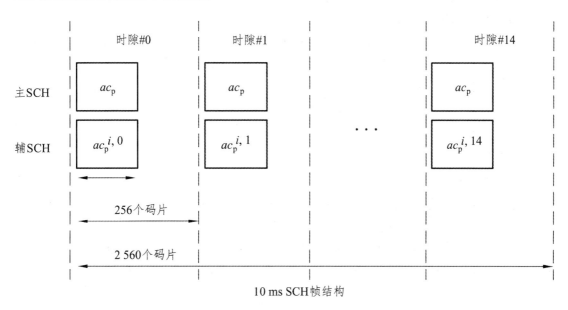

图 4-11　同步信道 SCH 的帧结构

（4）高速物理下行共享信道（High Speed Physical Downlink Shared Channel，HS-PDSCH）用于传送由用户共享的 DSCH。该信道采用固定的信道编码，并且通过码分多路技术实现。此外，可还支持扩频因子为 16 的高速数据多码道传输。

（5）寻呼指示信道（Paging Indicating Channel，PICH）是一种固定速率的物理信道，其扩频因子为 256，被用来传送寻呼指示，并且总是与 SCCPCH 通道联系在一起。根据图 4-12 所示的帧结构，一个 PICH 帧时长为 10 ms，由 300 个 bit 组成。其中，288 个 bit 被用来传送寻呼指示，而余下的 12 个 bit 则没有使用。

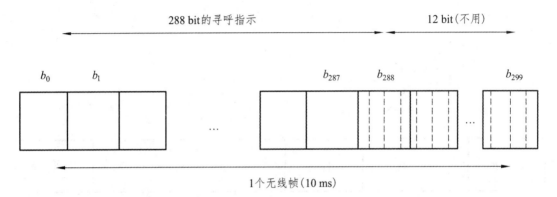

图 4-12　PICH 的帧结构

（6）捕获指示信道（Acquisition Indication Channel，AICH）是一种用于传递捕获指示信号的信道，它的帧长为 20 ms，由 15 个接入时隙组成。每个接入时隙包括两个部分：捕获指示 AI 部分和空闲部分。其中，捕获指示 AI 部分长度为 20 个符号（5 120 chip）。

（7）公共下行导频信道（Common Pilot Channel，CPICH）传输速率固定为 30 kb/s，SF 值为 256。该信道携带 20 bit 的预知导频序列。

（8）高速共享控制信道（High Speed Shared Control Channel，HS-SCCH）传输速率为 60 kb/s，使用的扩频因子为 128，专门用于传输与 HS-DSCH 相关的下行信令。

（9）增强完全授权信道（E-DCH Absolute Grant Channel，E-AGCH）传输速率为 30 kb/s，使用的扩频因子为 256，专门用于传输上行链路 E-DCH 完全授权信息。

（10）MBMS 指示信道（MBMS Indication Channel，MICH）的扩频因子为 256，专门用于传输 MBMS 指示信息。

3. 传输信道

传输信道可以根据传输数据的特性或传输方式分为专用传输信道和公共传输信道。图 4-13 展示了 WCDMA 中定义的不同传输信道分类情况。

虽然某些传输信道可以由相同的物理信道承载，但不同的传输信道必须映射到不同的物理信道上。图 4-14 总结了不同传输信道与其对应的物理信道之间的映射关系。

专用传输信道
DCH，专用信道
E-DCH，增强型专用信道
公共传输信道
BCH，广播信道
EACH，前向接入信道
PCH，寻呼信道
RACH，随机接入信道
CPCH，公共分组信道
HS-DSCH，高速下行共享信道

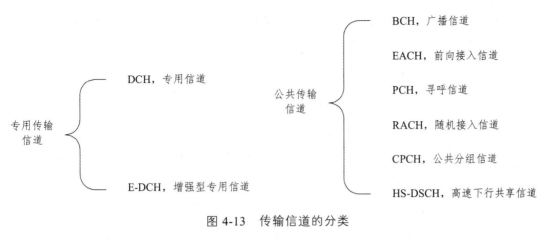

图 4-13　传输信道的分类

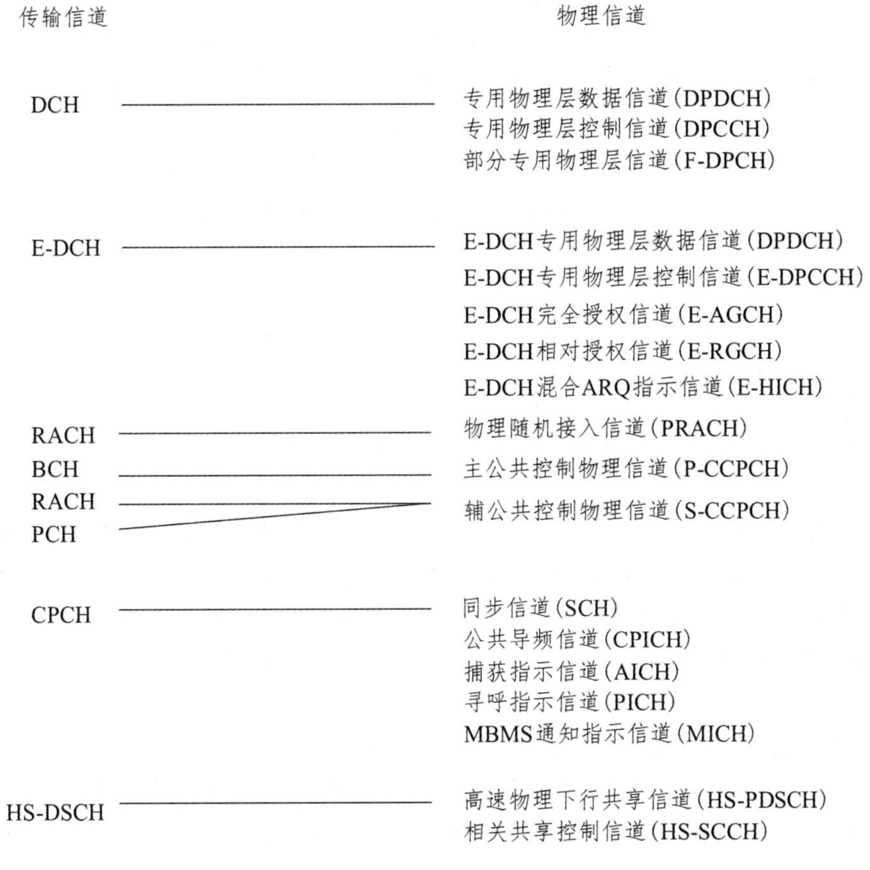

传输信道
物理信道
DCH
专用物理层数据信道(DPDCH)
专用物理层控制信道(DPCCH)
部分专用物理层信道(F-DPCH)
E-DCH
E-DCH专用物理层数据信道(DPDCH)
E-DCH专用物理层控制信道(E-DPCCH)
E-DCH完全授权信道(E-AGCH)
E-DCH相对授权信道(E-RGCH)
E-DCH混合ARQ指示信道(E-HICH)
RACH
物理随机接入信道(PRACH)
BCH
主公共控制物理信道(P-CCPCH)
RACH
PCH
辅公共控制物理信道(S-CCPCH)
CPCH
同步信道(SCH)
公共导频信道(CPICH)
捕获指示信道(AICH)
寻呼指示信道(PICH)
MBMS通知指示信道(MICH)
HS-DSCH
高速物理下行共享信道(HS-PDSCH)
相关共享控制信道(HS-SCCH)

图 4-14　传输信道到物理信道的映射

4.2.4　WCDMA 关键技术

1. 功率控制

在 WCDMA 系统中，功率控制是非常关键的技术。为提高用户服务质量，需增加某些用户的发射功率。但由于 CDMA 系统自干扰性，功率调整会增加宽带噪声，并影响其他用户的接收质量。因此，WCDMA 采用开环和闭环功率控制两种技术方法。闭环功率控制则通过快速内环和慢速外环的功率控制协作实现，以提高系统的准确度和整体性能。

1）开环功率控制

开环功率控制和闭环功率控制都是用于调节通信系统中的发射功率，分为上下行两种方式。

上行开环功率控制是不需要接收方对接收情况进行反馈，而是发射端自行判断发射功率。下行开环功率控制则是网络侧根据 MS 对下行信号接收功率的测量报告，估算下行信道的传播衰减，设置相应的下行信道发射功率[7]。与开环功率控制相比，闭环功率控制具有更高的精确性，因为这样可以基于接收方的反馈来动态调整发射功率，以达到更好的通信质量。

2）闭环功率控制

（1）内环功率控制。

上行内环功率控制的目标是精确地控制 MS 的发射功率。基站根据接收到的各 MS 的 SIR，将其与目标 SIR 值进行比较，生成功率控制比特。如果接收到的 SIR 高于目标 SIR，MS 将被提示降低发射功率；如果接收到的 SIR 低于目标 SIR，MS 将被提示提高发射功率。该循环的周期为每秒 1 500 次，因而称之为快速内环功率控制[7]。

下行内环功率控制由移动台执行，将接收到的 SIR 值与目标 SIR 值相比较，并根据比较结果生成功率控制比特。基站则根据比特来调整下行信道的发射功率。

（2）外环功率控制。

外环功率控制根据传输信道质量值与业务目标质量值的比较来调整内环功率控制所需的 SIR 目标值。外环功率控制分为上行和下行，与内环功率控制配合进行。

2. 切换技术

切换的定义为当移动台在原来的服务小区停止服务，即将进入另外一个服务的小区时，原基站与移动台之间的连接被新基站与移动台之间的连接所取代。在 WCDMA 系统中，切换包括软切换、更软切换以及硬切换[10]。其中，软切换是指移动设备同时与 2 个基站建立连接，且数据传输由原有基站逐渐转移到新的基站上，直到完全完成传输后再释放原有基站的连接；更软切换则是在软切换的基础上增加了额外的干扰抑制功能，以提高切换过程中的通信质量；而硬切换则是在新旧基站之间进行直接切换，需要重新建立连接，并且会对通信产生一定的中断。

切换过程一般分为测量控制、测量报告、切换判决、切换执行和新的测量控制五 5 个阶段。首先，网络会向移动设备发送测量控制信息，要求其进行参数测量。移动设备在完成测量后会向网络发送测量报告信息。接着，网络会根据收到的测量报告来做出切换判断。最后，在切换执行阶段，将根据信令执行相应的操作。

4.3　CDMA2000 移动通信系统

4.3.1　CDMA2000 概述

作为第三代移动通信技术的一个主要代表，CDMA2000 是在 Wideband CDMAOne 的基础上演进而来，并将其作为核心技术。CDMA2000 是由美国向 ITU 提出的第三代移动通信空口标准建议，同时也是 IS-95 标准向第三代移动通信系统演进的技术体制方案，并被广泛应用于北美、南美和亚太等地区。因此 CDMA2000 兼容原有的 TIA/EIA-95-B 标准，并可共享或重叠 IS-95B 系统的频段，使 CDMA2000 系统可在 IS-95B 系统的基础上平稳地过渡和发展，使得已有的基础设施仍能投入使用，大大降低了经济成本。同时，CDMA2000 的发展考虑到了从 Wideband CDMAOne 系统运行中获得的广泛经验以及下一代无线数据系统的要求，也能有效地支持已有的 IS-634A 标准。其核心网以 ANSI-41 核心网为基础，通过网络扩展方式，可以在基于 GSM-MAP 的核心网上运行。

CDMA2000 采用子多载波 CDMA 多址方式，拓展了语音、分组数据等业务，并且可实现 QoS 协商。在一个特定的频段内，CDMA2000 可以使用不同的带宽进行部署，1.25 MHz 的全双工带宽被称为 1X，1.25 MHz 的配置与 TIA/EIA-95 的直接序列、直接射频带宽相似并兼容。CDMA2000 包括 1X 和 3X 两部分，也可扩展到 6X、9X 和 12X。对于射频带宽为 NX1.25 MHz 的 CDMA2000 系统，可采用多个载波来覆盖整个频带，图 4-15 给出了 $N=3$ 时，3 个载波在频段上的占用情况。作为一种宽带 CDMA 技术，CDMA2000 在室内数据速率可达到 2 Mb/s 甚至还能更高，而在步行环境中 CDMA2000 的传输速率为 384 kb/s，在车载环境下为 144 kb/s。CDMA2000 标准 ISO2000 支持一个载波，于 1999 年 6 月被通过[13]。

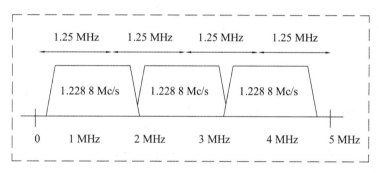

图 4-15　多载波与直扩方式举例（N=3）

CDMA2000 采用 800 次/s 或 50 次/s 的开环、闭环和外环功率控制。同时，为了提高系统的性能，CDMA2000 还可采用辅助导频、正交分集和多载波分集等技术。

CDMA2000 的技术特点主要有以下几点：

（1）电路域继承 2G 的 IS-95 CDMA 网络，引入以 WIN 为基本架构的业务平台。

（2）在分组域中采用基于 Mobile IP 技术的分组网络。

（3）无线接入网以异步传输模式（Asynchronous Transfer Mode，ATM）交换机为平台，提供丰富的适配层接口。

（4）CDMA2000 兼容 IS-95 的空口采用：信号带宽 $N \times 1.25\text{MHz}$（$N = 1,3,6,9,12$）。

4.3.2　CDMA2000 网络结构

CDMA2000 1X 网络主要有 BTS、BSC 和 PCF、PDSN 等节点，构成基于 ANSI-41 核心网的系统，结构如图 4-16 所示。

BSS 由一个集中的 BSC 以及多个 BTS 组成。这些 BTS 受到 BSS 的控制并执行相应功能，如无线信号的传输和接收、语音数据与信令在 BS 和 MS 之间的可靠地传输、空中信道的分配管理、呼叫控制、移动性管理和功率控制等。

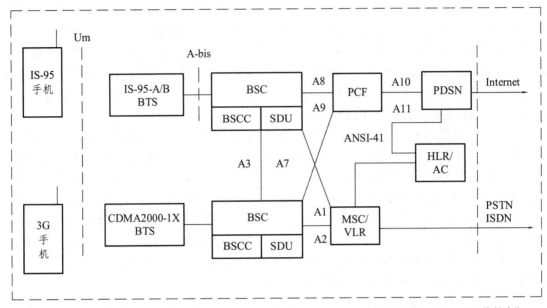

BTS—基站收发信机；BSC—基站控制器；SDU—业务数据单元；BSCC—基站控制器连接；PCF—分组控制功能；
PDSN—分组数据服务器；MSC/VLR—移动交换中心访问寄存器。

图 4-16　CDMA2000 1X 系统结构

BTS 通过在小区内建立无线覆盖区，以解决 MS 的通信需求，MS 可以是 IS-95 或 CDMA2000 1X 制式手机；BTS 和 BSC 之间通过 A-bis 接口连接；MSC 与 BSC 之间的信令通过 A1 接口传输；MSB 与 BSC 之间的话音信息通过 A2 接口传输；BSC 与业务数据单元（Service Data Unit，SDU）之间的用户话务（包括语音和数据）和信令通过 A3 接口传输；A7 接口用于传输 BSC 之间的信令，支持 BSC 之间的软切换。

由图 4-16 可见，与 IS-95 相比，PCF 和 PDSN 是核心网中的两个新增模块，通过 A10、A11 接口实现互联，支持分组数据业务传输，同时 A10、A11 接口支持移动 IP 协议。BS 与 PCF 之间的用户业务和信令通过 A8 和 A9 接口传输。新增节点 PCF 是用于无线子系统和 PDSN 分组控制单元之间消息的转发。PDSN 节点为 CDMA2000 1X 接入 Internet 的接口模块。与 IS-95 相似，MSC/VLR 也是网络架构的核心部分，支持语音和增强的电路交换型数据业务。此外，MSC/VLR 与 HLR/AC 之间的接口基于 ANSI-41 协议。这些关键组件共同协作，让 CDMA2000 网络能够实现高效稳定地运行，满足用户对于通信质量和网络性能的要求。

4.3.3　CDMA2000 关键技术

CDMA 2000 系统的关键技术主要包括功率控制、软切换和 RAKE 接收机等。下面将分别介绍各项关键技术在 CDMA 2000 系统中的应用情况。

1. 功率控制[13]

1）功率控制的目的

如果小区中的所有用户的发射功率相同，则到达 BS 的信号随着 MS 与 BS 的距离缩短而增强，即靠近 BS 的 MS 到达 BS 的信号强，远离 BS 的 MS 到达 BS 的信号弱，使得强信号掩盖弱信号，这会导致移动通信中的"远近效应"问题，如图 4-17 所示。

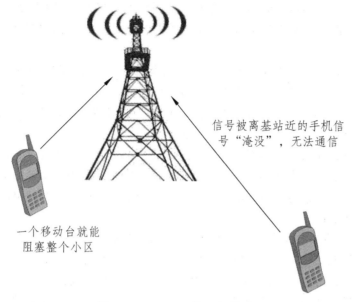

信号被离基站近的手机信号"淹没"，无法通信

一个移动台就能阻塞整个小区

图 4-17　CDMA 的远近效应

在 CDMA 系统中，由于所有用户共享相同的频率，使得"远近效应"更加严重，从而导致整个系统的容量和性能降低。为了解决该问题，CDMA 采用功率控制技术限制每个用户的发射功率，并根据通信距离调整发射机功率，以确保每个用户能够获得适当的信号强度，而不会影响其他用户。通过前向和反向功率控制，CDMA 提高了系统的容量和性能，并延长了移动终端的电池寿命，使得 CDMA 在实际应用中更加可靠和高效。

功率控制的原则如下：

（1）首先要保证当信号经过复杂多变的无线空间传输后到达对方接收机时，能够顺利地被接收端正确解码和处理。

（2）在遵循上一条原则前提下，尽可能降低 BS 和 MS 的发射功率，以减少用户之间的相互干扰，从而优化整个无线网络的性能。

（3）注意距离 BS 较近的 MS 应该比距离较远或处于衰落区域的 MS 具有更小的发射功率。

2）前向功率控制

为了保证 CDMA 系统中不同信道的正常运行，并使 MS 在不同传播环境下都能够接收到足够的信号功率，BS 需要对前向信道功率进行分配。这些信道包括前向导频信道、同步信道、寻呼信道和各种业务信道。BS 通过动态调整每个信道的功率，以适应不同的传播环境和业务需求，实现对前向业务信道的合理功率分配，以确保通信质量，并尽可能地减少对相邻基站或扇区产生的干扰。换句话说，前向信道的发射功率应该尽可能得小，同时满足移动设备解调所需的最小 SNR。通过前向功率控制技术，CDMA 系统可以动态地调整前向信道的功率，以优化无线网络的性能和容量。该技术可以提高通信质量，同时减少相邻基站或扇区之间的干扰，从而提高系统的整体效率。

为了控制 BS 的前向功率调整，MS 需要通过功率测量报告消息上报当前信道的质量状况，包括上报周期内的坏帧数和总帧数。根据这些数据，基站可以计算出当前的误帧率（Frame Error Rate，FER），并与目标 FER 进行比较。基站利用 FER 的信息来调整前向功率控制，以优化无线网络的性能。通过不断地测量信道的质量情况，移动终端可以实时地向基站反馈当前的通信状态，帮助基站调整前向功率，从而减少误码率，提高通信质量[14]。

3）前向快速功率控制

为了提高 CDMA 系统的容量和性能，需要对前向链路进行合理的功率控制。通过调整前向链路的发射功率，可以减少信号干扰和其他无线电频段的干扰，从而优化整个无线网络的性能。在 CDMA 系统应用中，系统容量不仅仅取决于反向容量，而且往往受前向链路容量的限制，因此需要更高的前向链路功率控制标准与要求。

通过合理地调整前向链路功率，不仅可以维持基站与位于小区边缘的移动设备之间的通信，还可以最大限度地减少前向链路的发射功率，从而降低对相邻小区的干扰，并提高前向链路的相对容量。每个信道所分配的功率可以在保证通信质量的同时，也能够减少对周围环境产生的无线电波干扰。

CDMA 系统中的前向快速功率控制分为外环功率控制和闭环功率控制两种机制。在启用外环功率控制的情况下，这两种机制将共同作用，以实现快速响应的功率控制。尽管前向快速功率控制是由 BS 发起，但 MS 能够检测到前向链路的信号质量，并计算出功率控制比特和外环参数，从而确保在不同传播环境下的稳定通信。最终，通过反向导频信道上的功率控制子信道，MS 将计算结果上传给基站，实现对前向链路功率的精准控制。这种方法可以有效地降低干扰和提高通信吞吐量，使 CDMA 系统更加可靠和灵活。其原理如图 4-18 所示。

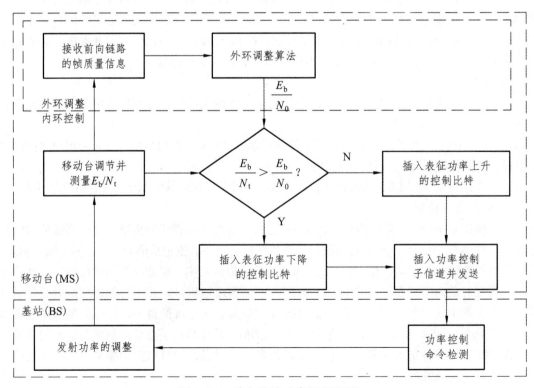

图 4-18　前向快速功率控制原理

4）反向功率控制

在 CDMA 系统的反向链路中，功率控制也发挥着重要的作用。通过调整用户发射机功率，CDMA 系统可以确保所有用户信号到达基站接收机时具有相同的功率水平。然而，在实际系统中，由于 MS 的移动性，每个用户信号的传播环境会随时变化，导致信号到达 BS 所经历的路径、信号强度、时延和相位等参数不断波动，接收信号的功率也会围绕期望值上下波动。因此，为了保证通信质量和稳定性，CDMA 系统需要采取合适的功率控制策略，以减少干扰并优化系统吞吐量。反向功率控制包括开环、闭环和外环三种控制方式，在实际系统中共同发挥作用，以实现精确的功率控制。首先，通过开环功率控制对 MS 的发射功率进行估计。接着，采用闭环功率控制和外环功率控制对开环估计进行进一步修正，从而达到精确控制功率的目的。精确的反向功率控制可有效减少因功率控制不当导致的干扰和能量浪费等问题。

2. 软切换

1）软切换概念

软切换是一种独特的移动通信技术，可以在用户使用电话或数据传输时实现无缝转接，而不会造成服务中断。与传统的硬切换方式相比，软切换能够更加平滑地进行过渡，从而减少通信中断的概率。在软切换过程中，MS 会同时连接新 BS 和原有 BS。通过逐渐减小原有 BS 的信号强度并提高新 BS 之间的信号强度，在规定的时间内完成从原有 BS 到新 BS 的平滑过渡。值得注意的是，软切换只能在相同频率的 CDMA 信道之间进行切换。此外，软切换还可以利用两个 BS 覆盖范围交界处的多路径传播信号来提高通信质量和稳定性，并减少信道干扰。进一步提高网络性能和服务质量[15]。

软切换有：

（1）同一 BTS 内，同一载频不同扇区之间的切换，也就是通常说的更软切换。

（2）同一 BSC 内，同一载频不同 BTS 之间的切换。

（3）同一 MSC 内，同一载频不同 BSC 之间的切换。

在 FDMA 和 TDMA 系统中，通常使用硬切换技术。在进行硬切换时，由于原 BS 和新 BS 的载波频率不同，MS 必须先断开与原 BS 的连接，然后再与新 BS 建立连接。这种切换方式可能导致通信中断，并且当切换区域较窄时，会出现"乒乓效应"，即新旧 BS 之间频繁切换，影响业务信道传输。相比之下，在 CDMA 系统中引入了软切换技术，具有以下优点：

（1）软切换技术可以在 MS 与新 BS 建立连接之前，保持其与原 BS 的连接，从而降低了系统的阻塞率。避免了通信中断，提高了网络连接的可靠性和连续性。

（2）软切换过程中，MS 和 BS 均采用分集接收的技术，抵抗信号衰落，而不需要增加 MS 的发射功率；同时，在宏分集接收方面，只要参与软切换的 BS 中有一个能正确接收 MS 的信号，就可以实现正常通信。通过反向功率控制，MS 的发射功率可以降至最低，减少了对其他用户的干扰，进一步提高了系统的反向容量。

（3）进入软切换区域的 MS 即使不能立即获得与新 BS 通信的链路，也可以进入切换等待队列，从而减少了系统的阻塞率。

软切换示意图如图 4-19 所示。

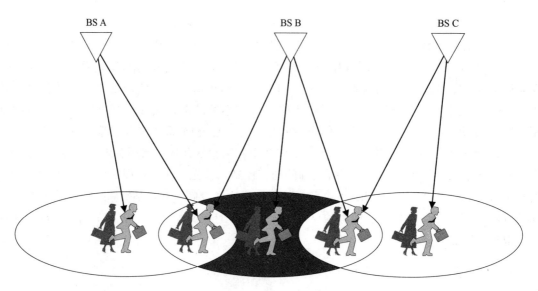

图 4-19　软切换示意图

图 4-19 中共有 3 个基站，分别负责 1 个小区。用户从 A 基站移动至 B 基站，经过两小区重叠区域时发生软切换。在与 B 基站建立连接之前，A 基站不断开与用户之间的连接，降低用户通信中断概率。

用户从 A 基站移至 C 基站时，共经过 3 个小区。移动至两小区重叠区域时，在与新基站建立连接之前，用户不断开与原基站之间的连接。

更软切换是指在同一基站不同扇区之间发生的移动用户切换。当用户从基站的一个扇区移动至另一个扇区时，会与同一小区的多个扇区产生建立相同频率连接的情况，如图 4-20 所示。在基站侧，来自不同扇区天线的接收信号相当于基站的不同多径分量，RAKE 接收机可以有效地合并来自不同扇区天线的信号，并将其送至 BSC。

更软切换由 BSC 完成，将来自不同基站的所有信号发送给选择器，由选择器选择最佳的一路信号进行话音编解码。减少移动用户在小区边缘处的信号衰减和干扰，提高通信质量和网络性能。同时，还能够实现无感知的快速切换，保证通话的连续性和稳定性，提升用户体验。与硬切换相比，更软切换具有更短的切换时间和更低的切换失效率，能够减少对网络资源的占用，提高系统的吞吐量和容量。

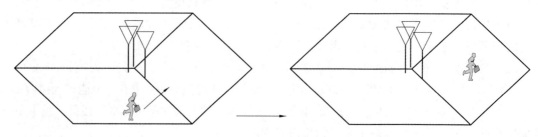

图 4-20　更软切换示意图

2）软切换的导频集

在 CDMA 系统中，导频信号是一种至关重要的组成部分，用于实现 MS 和 BS 之间的同步和信道质量测量。导频信号通过特定频率的信道（即导频信道）由 BS 连续发射。在 MS 刚开机时，会搜索导频信道上的导频信号来探测可用的 CDMA 信道。涉及检测导频信号的存在、确定其强度以及测量其质量，以确定与 BS 通信的最佳信道，通常称为导频信号搜索和强度测量。除了帮助同步和信道质量测量外，导频信号还在切换过程中发挥着至关重要的作用。当 MS 从一个 BS 的范围内移动到另一个 BS 的范围时，就需要进行切换操作。MS 必须在不中断传输和接收数据的情况下继续工作。导频信号通过使 MS 能够检测新 BS 中最强的导频信号并进行必要的调整。有效地利用导频信号对于确保 CDMA 系统内的可靠通信、高效使用网络资源以及实现无缝的切换操作非常关键。相对于 MS 来说，所有不同偏置的导频信号被分类为如下集合：

有效导频信号集：与 MS 的前向业务信道有关的所有导频信号。

候选导频信号集：是指信号强度足够强以成功解调，但未被包含在有效导频信号集中的导频信号集。候选导频信息集的添加可以进一步提高系统的性能和可靠性。

相邻导频信号集：目前由于强度低而未被纳入有效导频信号集或候选的导频信号集，但将来可能会被加入到这些信号集。虽然相邻导频集的信号强度较弱，但仍可以提供有关信道条件的有用信息，比如信道衰落和多径效应等。因此，在实际应用中，如果相邻导频集的信号强度突然增强，将成为一个很好的备选导频信号集。在这种情况下，可以将这些导频信号加入到有效导频信号集或候选导频信息集中，以进一步提高系统的性能和可靠性。

剩余导频信号集：包括所有可能出现在当前 CDMA 载波频率上的导频信号，但不包括在邻近导频信号集、候选导频信号集或有效导频信号集中。这些导频信号可能由于其强度较弱或对估计信道条件缺乏作用而被从考虑中删除。

3）搜索过程

在移动通信系统中，寻找导频信号对于建立和维持可靠的无线连接至关重要。导频信号使接收器能够估计信道条件，纠正失真和均衡传输。为了优化搜索过程，对各种导频信号集采用了不同的搜索策略。有效导频信号集和候选导频信号集的搜索频率最高，因为提供了最准确和最新的信道条件信息。其次是相邻导频信号集，因为其可能具有与有效导频信号集和候选导频信息集类似的信道特性。通过搜索相邻导频信号集，接收器可以快速调整其参数并保持稳定的连接。剩余导频信号集在最后进行搜索。然而，即使是剩余导频信号集也要定期搜索，以确保接收器没有错过任何重要信号。值得注意的是，搜索过程不是一次性的操作。而是一个连续和循环的过程，每秒钟重复多次，以确保接收器保持可靠和高质量的连接。

手机搜索能力有限，搜索窗尺寸越大，导频信号中的导频信号数量越多，遍历导频信号集中的导频信号数越多，遍历导频信号集中所有导频信号的时间越长。

3. RAKE 接收机[16]

RAKE 接收机是扩频通信系统中使用的专用接收器，依靠空间分集技术来应对多径传播带来的挑战。如图 4-21 所示，来自发射器的信号被沿途的各种障碍物（如建筑物和山丘）反射和折射，导致其形成多个路径或波束，在不同的时间以不同的功率水平到达接收器。为了从这些信号中检索出原始数据，RAKE 接收机使用了一种复杂的处理技术，涉及三个主要模块：搜索器、解调器和合并器搜索器需要对接收到的扩频信号进行处理，以得到每个路径的时间延迟、幅度和相位等信息。这些信息可以帮助后续的解调器更好地还原原始信号。解调器是 RAKE 接收机的核心部件，负责将经过搜索器处理后的多个信号路径进行解扩和解调。解调器模块负责对接收的信号进行解扩和解调，解调器的数量决定了解调的路径数量。通常，一个 RAKE 接收机采用四个解调器，而一个 MS 由三个解调器组成。解调器的数量决定了 RAKE 接收机所能解调的路径数，因此在实际应用中需要根据信道情况进行合理配置。最后，合并器将多个解调器输出的信号进行合并处理，以得到更加可靠的数据传输。常用的合并算法有选择式相加、等增益合并和最大比率合并等，各自具有不同的优缺点，在实际应用中需要根据信道情况进行合理选择。合并后的信号输出到译码单元进行信道译码。搜索器、解调器和合并器协同工作，能够有效地抵御多径效应对信号传输带来的影响，从而实现更加可靠的数据传输。

RAKE 接收机的效率和可靠性使其成为需要高传输率和低错误率的应用的理想选择。然而，RAKE 接收机需要复杂的算法和硬件设计，并需要与其他模块一起工作以实现完整的系统功能。例如，在现代无线通信系统中，RAKE 接收机通常结合 Turbo 码和 LDPC 码等高级编码方案，以实现更好的性能。

除了在无线通信中的应用外，RAKE 接收机还在其他领域找到了应用，如雷达系统，可以用来减轻杂波和干扰的影响。随着 5G、物联网和先进传感器网络的出现，RAKE 接收机有望继续在新的无线通信技术的发展中发挥关键作用。

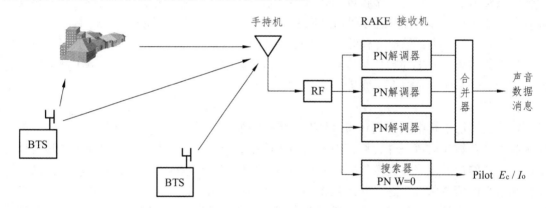

图 4-21　RAKE 接收机原理示意图

4.4　TD-SCDMA 移动通信系统

4.4.1　TD-SCDMA 概述

时分同步码分多址技术（Time Division-Synchronous Code Division Multiple Access，TD-SCDMA）作为第三代移动通信标准之一，是我国提出的一种时分双工码分多址（Time Division Duplex-Code Division Multiples Access，TDD-CDMA）标准，其具备 TDD-CDMA 的一切特征，能够满足 3G 系统的要求，室内和室外环境下均可提供语音、传真及各种数据业务[17][18]。

TD-SCDMA 接入方案是直接序列扩频码分多址（Direct Sequence-Code Division Multiple Access，DS-CDMA），扩频带宽为 1.6 MHz。与其他制式相比，TD-SCDMA 采用不需配对频带的时分双工（Time Division Duplex，TDD）工作模式，从而避免了频谱资源的浪费和配对频带的复杂性。除了采用 DS-CDMA 外，还具有 TDMA 的特点，因此经常将 TD-SCDMA 的接入模式表示为 TDMA/CDMA。

4.4.2 TD-SCDMA 发展历程

TD-SCDMA 3G 标准是中国电信科学技术研究院在国家信息产业部的支持下，经过多年的研究而提出的一项无线通信系统标准。该标准具有一定特色，能够支持高速数据传输并且有效地利用可用频谱资源，因此非常适合移动宽带互联网接入、多媒体消息和视频通话等应用。该标准于 1998 年提交到 ITU 和相关国际标准组织，历经多年，完成专家评估、ITU 认可发布、与 3GPP 体系融合以及新技术特性引入等一系列的国际标准化工作。最终，TD-SCDMA 标准成为全球首个由中国提出、基于本国知识产权并被广泛接受和认可的无线通信国际标准，是我国通信史上的重要里程碑，也展示了中国电信行业在全球范围内的技术实力和创新能力。

1998 年，电信科学技术研究团队在原邮电部科技司的直接领导支持下，基于 SCDMA 技术提出了一项适用于 IMT-2000 标准的 TD-SCDMA 建议草案。该草案于同年 6 月 30 日被提交到 ITU，成为 IMT-2000 的 15 个候选方案之一。TD-SCDMA 是一种基于时分双工和同步码分多址的无线通信标准。该标准草案包括智能天线、同步码分多址、接力切换和时分双工等技术。ITU 对各评估组的评估结果进行综合后，正式将 TD-SCDMA 纳为 CDMA TDD 的标准方案之一。这一决定奠定了 TD-SCDMA 作为中国首个自主知识产权的 3G 标准的地位。

1999 年 5 月，中国代表的区域性标准化组织加入了 3GPP 无线通信标准组织。随后，经过 4 个月的充分准备，与 3GPP 项目协调组和技术规范组展开了大量协调工作后。最终，在同年 9 月，向 3GPP 提议将 TD-SCDMA 纳入 3GPP 标准规范的工作内容。这项提案得到了 3GPP TSGRAN（无线接入网）全会的认可，并于同年 12 月在法国尼斯的 3GPP 会议上正式确定将 TD-SCDMA 纳入 Release 2000 的工作计划中。TD-SCDMA 被简称为低码片速率（Low Code Rate，LCR）TDD 方案。经过一年多的时间和数十次工作组会议以及几百篇提交稿的讨论，TD-SCDMA 标准逐渐被完善并最终得到了国际社会的广泛认可。2001 年 3 月，在棕榈泉举行的 RAN 全会上，包含 TD-SCDMA 标准在内的 3GPP R4 版本规范正式发布，表明 TD-SCDMA 已成为真正的国际标准，并在形式和实质上得到了运营商和设备制造商的认可和接受。TD-SCDMA 的国际标准化是中国在无线通信领域取得的一项重大成就。通过国际标准化，TD-SCDMA 技术得以广泛应用于全球范围内，为推动我国的移动通信产业发展起到了重要的促进作用。

在 3GPP 体系框架下，TD-SCDMA 和 WCDMA 经过融合和完善后，由于双工方式不同，TD-SCDMA 的技术特点和优势主要体现在其物理层。与 WCDMA 相比，TD-SCDMA 在物理层技术方面具有显著的差异。然而，在核心网方面，两者采用了完全相同的标准规范，并实现了相同的 Iu 接口，以保证无缝漫游、切换、业务支持的一致性以及服务质量（Quality of Service，QoS）等方面的需求得到满足。在空口高层协议栈上，TD-SCDMA 和 WCDMA 也完全相同。确保了 TD-SCDMA 和 WCDMA 在后续的标准技术发展中保持相当的一致性。值得注意的是，TD-SCDMA 的物理层技术最重要的特点是分时分频复用，使得多个用户能够同时使用同一频段进行通信，从而大大提高了频谱效率。此外，TD-SCDMA 还采用了一些独特的技术手段，如自适应功率控制、接收端干扰抑制等，进一步提高了系统的性能和容量。

4.4.3　TD-SCDMA 网络结构

UMTS 可以提供高速数据传输、高质量语音通话和多媒体服务等功能。由核心网、UTRAN 和 UE 三部分组成。UMTS 系统是由 GSM 系统的核心网演化而来，因此具有类似于 GSM 系统的结构。在 UMTS 系统中，核心网通过 A 接口与 GSM 系统的 BSC 相连，同时通过 Iu 接口与 UTRAN 的无线网络控制器（Radio Network Controller，RNC）建立连接。其被分为 Iu-CS、Iu-PS 和 Iu-BC 三个部分，分别用于连接电路交换域、分组交换域和广播控制域，使得 UMTS 系统中不同的网络域可以实现协同工作，并支持多种不同的业务需求。同时，其在整个系统中扮演着不同的角色和功能，共同构建了 UMTS 系统完整的架构。

UTRAN 是由多个无线网络子系统（Radio Network Subsystem，RNS）组成，子系统通过 Iu 接口与核心网连接，如图 4-22 所示。每个 RNS 由一个 RNC 和一个或多个 Node B 组成。RNS 之间通过 Iub 接口进行连接，以实现数据传输和通信功能。在 UTRAN 内部，多个 RNC 通过 Iur 接口相互通信，可以是物理直接连接或依靠通过任何适合传输网络的虚拟连接来实现，从而提高网络的流量处理能力和资源利用率。在 UE 和 UTRAN 的每个连接中，其中一个 RNS 充当服务 RNS，负责管理一组小区的资源。如果需要，一个或多个漂移 RNS 可通过提供无线资源来支持服务 SRNS。分布式的架构不仅提高了网络的可靠性和容错能力，还支持网络的可扩展性。因为可以随时添加更多的 RNC 来增加网络的容量，而且当一个 RNC 出现故障时，其他 RNC 可以接管它的任务，保证网络的稳定运行。

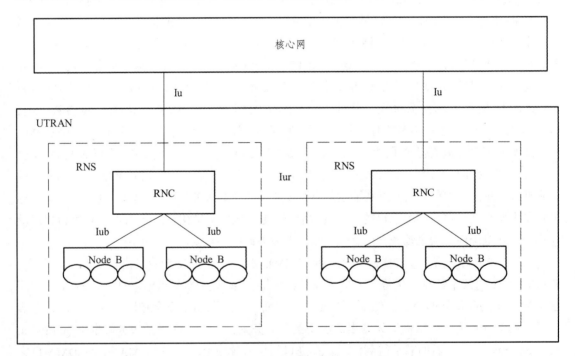

图 4-22　UTRAN 结构图

TD-SCDMA 直到 R4 版本才被纳入 3GPP，当时 TDD 包括了 3.84 Mc/s 和 1.28 Mc/s 两个选择，后者是 TD-SCDMA，因此将其接入 R4 核心网。R4 提供了比 R99 更强大的功能，例如安全、定位等方面的考虑。在 R4 架构下，MSC 被分离为 MSC 服务器（MSC-Server）和电路域-媒体网关（CS-MGW）。标准的兼容性保证了 1.28 Mc/s TDD 能够提供 R99 中所需要的所有功能[19]。基于 R4 核心网的 TD-SCDMA 网络结构及接口，具有更加高效的数据传输和更加完善的安全保障，可以满足用户对于通信质量和服务可靠性的更高要求，如图 4-23 所示。

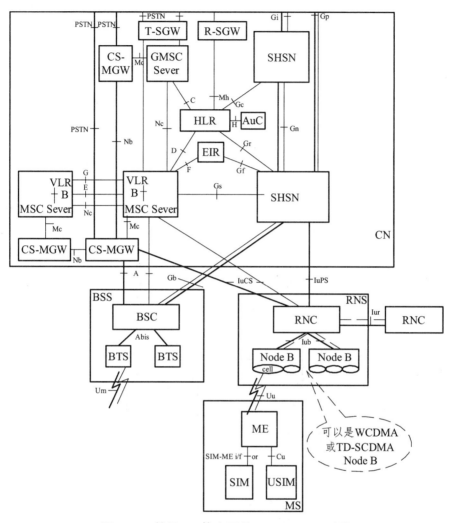

图 4-23　基于 R4 核心网的 TD-SCDMA 系统

　　TD-SCDMA 技术与 WCDMA 技术在上层核心网及业务等方面保持了一致性使得 TD-SCDMA 系统能够与其他移动通信系统保持相当的兼容性，并具有更广泛的应用场景。除了在 UTRAN 接入网方面与 WCDMA 存在不同之外，TD-SCDMA 系统通过 A 接口与 GSM 系统的 BSC 相连，并通过 Iu 接口与 UTRAN 的 RNC 相连。同时，TD-SCDMA 还采用了与 WCDMA 相同的标准规范和接口设计，实现了无缝漫游、切换、业务支持的一致性以及服务质量等方面的一致性。值得一提的是，基于 R99 核心网的 TD-SCDMA 网络结构及接口采用了与 WCDMA 相同的标准规范，保证了与现有移动通信系统的兼容性。不仅可以实现对现有 GSM/EDGE 系统的无缝升级，还能够使得 TD-SCDMA 系统适应未来的标准技术发展趋势。例如，TD-SCDMA 能够与 LTE、5G 等新型移动通信技术进行互联互通，从而实现更广泛的应用场景和更高的通信质量。TD-SCDMA 技术与 WCDMA 技术在上层核心网及业务等方面保持了一致性，使得 TD-SCDMA 系统具有更高的兼容性和可扩展性，能够适应未来标准技术发展的趋势。TD-SCDM 具有更广泛的发展前景和应用场景，可以为用户提供更加便捷、高效的通信服务。

4.4.4　TD-SCDMA 关键技术

1. 时分双工技术

时分双工是一种通信系统的双工方式，广泛应用于移动通信系统中，主要用于将上行和下行链路进行分离。在 TDD 模式的移动通信系统中，通过在同一信道的不同时隙接收和传输数据，并使用相同的频率来实现上行和下行信道的互惠性，这给 TDD 模式的移动通信系统带来许多优势：

（1）有利于频谱的有效利用。由于 TDD 不需要使用成对的频率，使得未成对的频段得到充分的利用，并简化了频段的分配，从而为移动通信系统的频谱管理带来很多便利。同时，还支持异构业务以及适应多样化的用户需求，为移动通信系统的发展提供更多可能性。

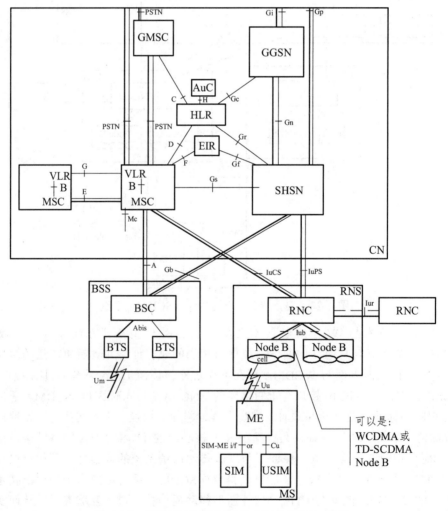

图 4-24　基于 R99 核心网的 TD-SCDMA 系统

（2）更适用于不对称业务。在 TDD DS-CDMA 系统中，前向和反向信道工作于同一频段，通过时分复用传输信息。与 FDD DS-CDMA 系统不同的是，TDD 系统不需要保护频段来消除干扰。TDD 系统非常适合进行上、下行数据传输的非对称性业务，因为可以根据不同的需求选择对称或非对称的转换点位置。对称业务传输可以采用转换点位置对称的方案，而在进行非对称业务传输时，则需要在非对称的转换点范围内进行选择，这由对称业务和非对称业务对信道带宽分配的不同需求所决定。高度的灵活性和可调节性使得 TDD DS-CDMA 系统能够更好地适应不同业务需求，并提高了系统的运行效率和网络容量。

（3）上、下行链路中具有对称信道特性。TDD 系统具有上下行链路在同一频率上工作的对称特性，因此更容易采用智能天线等新技术来提高其性能并降低成本，使得信号传输更加顺畅，为引入新的技术提供了便利条件。因此，TDD 系统在智能天线等新技术的应用方面具备较强的优势和潜力。此外，在 TDD 系统中，上、下行信道的对称信号传播特性也可以在上行功率控制中被充分利用。同时，由于 TDD 帧长通常比信道相干的时间更短，因此 TDD 发射机可以根据接收到的信号快速识别多径信道的快衰落，使得 TDD 系统具有更好的适应性和可调节性，从而可以提供更好的通信质量和服务性能，为移动通信系统的发展带来了更多的可能性。

（4）设备成本低。TDD 系统中由于上、下行链路是对称的，因此可以将接收机部分大大简化。另外，如果基站采用前置 RAKE 技术，则可以极大地降低 TDD 终端的复杂度。相比FDD 系统，TDD 系统不需要高收/发隔离要求，因此可以使用单片 IC 来实现 RF 收发机，从而使设备成本比 FDD 方式降低 20% ~ 30%。使得 TDD 系统在实际应用中更加具有竞争力，并为其广泛的应用提供了更多可能性。同时，这也反映了 TDD 系统的设计理念和技术路径，即通过对称信道传输的方式来充分利用频谱资源并降低系统成本。

2. 智能天线技术

智能天线起源于自适应天线阵列（Adaptive Antenna Array，AAA），最初被广泛应用于雷达、声呐等军事通信领域。主要功能是实现空间滤波和定位，通过多个同极化、低增益的天线按照一定规律排列和激励，利用波的干涉原理生成强方向性的方向图，形成了所谓的天线阵列。在移动通信环境中，由于阵列天线具备比单一天线更优越的效果和更灵活的应用，因此被称为智能天线。阵列天线的排列方式通常有直线、圆周和平面，其中直线排列方式最为常见。在阵列中，每个天线元件之间的距离必须小于接收波长的 1/2，否则会导致波束宽度的增加，从而影响天线阵列的方向性。此外，阵列天线的方向图可以是固定、准动态或者自适应的，全部天线协同工作相当于单一的天线。固定方向图指的是天线阵列在特定角度范围内具有不变的方向性；准动态方向图是指天线阵列的方向性会随着天线的移动而改变，这种方向图适用于移动终端；自适应方向图则是指通过信号处理技术来调整天线阵列的激励系数，以适应不同的通信环境。随着无线通信技术的不断发展和智能天线技术的不断创新，智能天线将会在未来的移动通信领域发挥越来越重要的作用。。

TD-SCDMA 系统采用的智能天线技术是一项革命性的进步，其将传统通信系统中的单一天线转变为一个由多个天线组成的同心阵列，由一个直径为 25 cm 的同心阵列组成，共有 8个天线单元。通过利用不同天线间的相位、振幅差异来调整天线组合方式，智能天线可实现方向性较强的波束形成，有效消除多径效应和干扰信号。相对于传统通信系统，采用智能天线技术的通信系统具有更高的系统容量、更低的误码率以及更好的通信质量。智能天线技术还可适应不同的通信环境，如城市或山区等地形复杂地带，提高了通信的可靠性和鲁棒性。通过该技术，智能天线可将同一频段内的各用户信号进行空间隔离，使得其在相邻时间片、相同频率信道下互不干扰，从而大幅提高通信系统的频谱利用效率。

无线通信系统的设计是为了满足位于一个小区内不同位置的用户的不同需求。这就需要天线具有多方向性，并能在每个独立方向上跟踪特定的用户。数字信号处理被用来控制用户方向的测量，其中 AoA 估计是一项突出的技术。在 TD-SCDMA 系统中，无线子帧持续时间为 5 ms，允许每秒至少进行 200 次测量。这种高时间分辨率使用户的精确跟踪成为可能，即使是在动态场景下，如涉及高流动性的场景，智能天线的定向和跟踪性能也可以通过动态调整波束成形权重来优化。这有利于将能量集中到所需的用户，同时抑制来自其他方向的干扰，从而提高信噪比并增加网络容量

智能天线技术在无线通信中发挥着重要作用，包含多波束智能天线和自适应智能天线。多波束智能天线使用准动态预多波束切换，用多个固定指向的波束覆盖整个用户区，增强接收信号的强度，提高传输质量。当用户在小区内移动时，基站会选择最合适的波束进行切换，以确保变化的条件下传输的稳定性和连续性。相比之下，自适应智能天线采用全自适应阵列自动跟踪，可以更好地满足多用户、高速率、高质量的无线通信需求。通过不断调整每个天线单元的加权值，形成多个自适应波束并且自动跟踪多个用户，实现了空间上的多用户信号分离，从而最大限度地提高信号质量并减少干扰。此外，这种方法还可以根据当前的传输环境和需求，动态地调整自适应波束，以实现最佳的通信效果，并优化网络性能。总的来说，智能天线技术是提高无线通信系统性能的一个关键因素[20]。

3. 联合检测技术[21]

同信道干扰是 CDMA 系统中的主要干扰形式，包括小区内部干扰和小区间干扰两个部分。小区内部干扰是指其他用户信号对同一小区内用户造成的干扰，也称为多址干扰（Multiple Access Interference，MAI）。而小区间干扰则是指其他小区同频信号对当前小区造成的干扰，通过合理配置小区可以减小这种干扰。

传统的 CDMA 系统是一种基于码分多址技术的无线通信系统，多个用户可以共享同一频带并同时进行通信。然而，在多用户环境下，由于多径效应 MAI 等因素的影响，单个用户的信号很难被准确地接收和解调，从而导致信噪比恶化，降低系统容量。为了解决该问题，传统的 CDMA 系统采用了单用户检测方法将单个用户的信号与其他用户的干扰分离开来。具体而言，把 MAI 看作热噪声一样的干扰，当用户数量上升时，其他用户的干扰也会随着加重，导致检测到的信号大于 MAI，使信噪比恶化，系统容量也随之下降。单用户检测技术通过将各个用户的码分别相乘并求和，然后再除以接收到的总功率得到该用户的解调数据。这种方法只考虑了单个用户的信息，没有考虑其他用户的信号干扰，因此称为单用户检测技术。然而，随着移动通信技术的快速发展，现代无线通信系统需要支持更多的用户和更高的数据传输速率。在这种情况下，单用户检测技术已经无法满足系统对容量和性能的要求。

为了进一步提高 CDMA 系统的容量，人们开始探索将其他用户的信息联合加以应用，也就是多用户检测（Multi-User Detection，MUD）技术。与传统的单用户检测技术不同，MUD

技术可以利用大量先验信息，如已知的用户信道码、各用户的信道估计等，从而更好地处理 MAI，将所有用户信号进行统一分离。可以更有效地减少 MAI 对系统的影响，在保证正确分离每个用户之间的信号的前提下，提高整个系统的频谱效率和容量。MUD 技术主要包括两种方法：线性和非线性。其中，线性 MUD 技术是基于多维向量空间投影和最小二乘法（LS）的数学模型实现的；而非线性 MUD 技术则是基于神经网络、遗传算法等人工智能技术实现的。

联合检测（Joint Detection，JD）是一种基于 MUD 技术的方法，可以有效地减少或消除多址干扰、多径干扰和远近效应，不仅可以简化功率控制，降低功率控制精度，还可以弥补正交扩频码不良相关性对系统性能和容量的负面影响。采用联合检测技术可以进一步提高系统的性能和容量，并增大小区覆盖范围。通过联合检测，接收器可以在同时处理多个用户的信号的情况下，实现更加准确的信号检测和解调，从而提高通信质量和可靠性。此外，联合检测还可以支持不同传输方案的组合，包括多天线技术、多用户检测、多数据流传输。可以为系统提供更高的吞吐量和更快的数据传输速度，从而满足不断增长的通信需求。

4. 同步 CDMA 技术[22]

同步 CDMA 是一种基于正交扩频码的多址通信技术，通过解决码道非正交干扰问题和提高系统容量、抗干扰性能等方面的优化，被广泛应用于移动通信、卫星通信、宽带无线接入等领域。物理层和软件设计的同步 CDMA，确保了上行链路中所有终端信号与基站解调器完全同步。实现了每个码道在解扩时的完全正交，避免了异步 CDMA 所存在的问题，也就是发射码道信号到达基站时间不同而导致的码道非正交干扰。同时，同步 CDMA 技术提高了系统抗干扰性能，从而提高 CDMA 系统的容量、简化硬件，并降低成本。

TD-SCDMA 系统采用了一种高精度的上行同步方式，即通过向移动终端发送同步偏移（Synchronization Shift，SS）命令来实现 1/8 chip 级别的精度。精确的同步方式带来了多种优势。首先，精确的上行同步可以保持移动终端与基站之间的数据同步，进而作为联合信道冲击响应的基础，有效地定位信道冲击响应，提高了系统的可靠性和性能。其次，在 TD-SCDMA 系统中，上行链路和下行链路都采用正交码扩频技术，只有在精确的上行同步条件下，接收到的扩频码才能保持正交，从而减少干扰并提高系统容量。此外，精确的上行同步还能降低基站接收机的复杂度，实现更有效的波束赋形和切换决策，从而进一步提升系统的性能表现。

同步 CDMA 技术是一种强大而高效的通信技术，与其他技术相比具有许多优点。尽管如此，仍然存在一些重要的缺陷需要考虑。同步 CDMA 技术的一个主要挑战是同步精度的严格要求。由于移动终端在服务区域内和不同服务区之间不断移动，因此实现准确同步是一项具有挑战性的任务。在上行通信中，系统要求 1/8 芯片宽度的同步精度，而在网络同步方面，需要达到 5 μs 的要求。同时，多径传播也进一步增加了同步任务的难度。多径传播会导致信号失真、衰减和干扰，从而可能导致功率损失、时间延迟和符号间干扰。这些影响会导致显著的同步误差，并影响通信质量。同步被破坏会导致严重的干扰和通信阻塞，从而显著影响通信质量。为了保持准确同步，基站必须配备 GPS 接收机或公共分布式时钟，这将增加系统成本。解决这些挑战对于提高同步 CDMA 技术的效率和效果，并使其成为未来通信系统更为可行的选择至关重要。采用自适应滤波、先进的调制方案和误差校正编码等策略可以帮助减轻多径传播的影响并提高同步精度。此外，Kalman 滤波和最大似然估计等技术也可用于增强同步性能。

5. 软件无线电技术

软件无线电技术是一种新兴技术，其将计算机技术、超大规模集成电路以及数字信号处理技术应用于无线电通信系统中。相较于传统的硬件方式，软件无线电技术可提供更高的灵活性和可维护性。这是因为可以在同一硬件平台上通过加载不同的软件来实现不同的业务功能。在数字信号处理方面，软件无线电技术采用多种先进的处理算法（如 FFT、FIR 滤波器等），从而能够更加精确和高效地处理信号。同时，现代编程语言和编译器也可以应用于软件无线电技术中，以提高处理速度和减少代码量，显著降低了系统复杂度。TD-SCDMA 系统采用 TDD 传输方式和低码片速率的特点，使得数字信号处理量大大降低，同时也为软件无线电技术的应用提供了便利条件。通过采用软件无线电技术，可以在同一硬件平台上实现处理基带信号和不同业务，从而提高整个系统的性能和经济效益。软件无线电技术的优点：

（1）通过软件方式，灵活完成硬件功能。

（2）具有良好的灵活性及可编程性。

（3）可取代昂贵的硬件电路，实现复杂的功能。

（4）对环境的适应性好，不会老化。

（5）易于系统升级，降低用户设备成本。对 TD-SCDMA 系统，可以用软件无线电实现智能天线、同步检测和载波恢复等。

在 TD-SCDMA 蜂窝移动通信系统中，BS 和移动终端采用软件无线电结构，好处在于硬件简单，具有更高的灵活性和可编程性，因此在适应不同的环境和需求方面具有优势。在软件无线电中，射频频段、多址模式以及信道调制等功能都可以通过编程实现，这使得系统具备了极高的适应性和灵活性。在发射方式方面，软件无线电会先划分可用的传输信道，然后根据当前信道状态进行相应的调制和发送。在接收信号方面，软件无线电可以对输入信号进行自适应的消除干扰、识别模式、估计所需信号多径的动态特征、进行相干合并和自适应均衡等处理，从而提高系统的信号接收质量和抗干扰能力。软件无线电还可以帮助用户更好地分析无线环境和定义需要添加的模块，缩短增值业务开发周期。在无线环境下，测试由软件开发增值业务的样板。这些样板可以帮助开发人员更快地实现增值业务的开发，缩短开发周期。通过软件和硬件的协同开发，该增值业务将被成功地推向市场，为用户提供更多的服务。软件无线电还可以提高系统的可靠性和安全性。例如，在需要频繁更改频段时，传统的硬件无线电系统需要更换硬件，而软件无线电系统只需要进行简单的配置即可完成。软件无线电还可以通过加密算法来保护通信内容，防止信息泄露和黑客攻击等安全问题。

软件无线电技术在促进 TD-SCDMA 异构网络方面发挥了关键作用，有助于实现 TD-SCDMA 多频段/多模式可编程手机的设计，可以在各种网络上无缝运行，包括 GSM、DCS800、WCDMA 和其他一些现有移动通信技术。软件无线电技术使智能手机能够自动检测和接收信号，接入不同的网络，并满足不同的连接时间要求。利用不同软件的能力使 SDR 能够实现众多无线电设备的不同功能，同时通过重塑多种接入模式或调制方法确保最大的灵活性。这种功能反过来又使软件无线电技术能够适应不同的标准，并以非凡的敏捷性构成多模式电话和多功能基站。

6. 动态检测技术

1）动态信道分配方法

在无线通信中，频谱资源是有限的。为了更好地利用可用的频谱资源，需要将频谱分割成多个彼此独立、互不干扰的无线信道。为了实现这一目标，人们发明了多种信道分配技术，其中最常见的包括频分、时分、码分和空分等。频率分割技术是将可用频带划分为多个较窄的子带，每个子带可以作为一个独立的无线信道来使用。时间分割技术则是将时间分成多个时隙，并将每个时隙分配给不同的用户使用，从而实现多路复用。码分技术通过对数据流进行编解码使得同时使用同一频率的用户之间不会相互干扰。而空分技术则是通过使用多个天线以及信号处理算法，将空间划分为若干个方向，从而实现在同一频率上不同方向上的用户之间的隔离。无论采用何种信道分配技术，都需要将无线信道标识出来，以便于用户之间进行选择和使用。频率、时隙和码道的组合可以唯一地标识一个物理信道，而这些信道资源非常珍贵且数量有限。为了提高无线通信系统的容量，必须采用合理的信道分配技术，以更有效地利用有限的信道资源，并为尽可能多的用户提供满意的服务。

TD-SCDMA 系统中动态信道分配（Dynamic Channel Assignment，DCA）的方法有如下几种：

（1）时域 DCA。TD-SCDMA 系统采用 TDMA 技术，在每个载频上，使用 7 个常规时隙来减少同时活跃的用户数量。在信道资源分配中，可以动态地将干扰最小的时隙分配给处于激活状态的用户。

（2）频域 DCA。在频域 DCA 中，每个小区使用多个无线信道。由于 TD-SCDMA 的 1.6 MHz 带宽比 5 MHz 更窄，因此在给定的频谱范围内，TD-SCDMA 具有 3 倍以上的无线信道数。这意味着 TD-SCDMA 可以将大量活跃用户分配到不同的载波上，从而在小区内降低用户之间的干扰水平。

（3）空域 DCA。TD-SCDMA 系统采用智能天线技术，通过用户定位和波束赋形来降低小区内用户之间的干扰，从而提高系统容量。在 TD-SCDMA 中，空域分离技术被称为多输入多输出技术（Multiple-Input Multiple-Output，MIMO），利用多个天线同时发送和接收信号，从而提高了信号传输的质量和速度。

（4）码域 DCA。在同一个时隙内，可以改变分配的码道，以避免偶然出现的码道质量恶化。

2）动态信道分配分类

（1）慢速 DCA。慢速 DCA 主要解决两个问题：第一个问题是不同小区对上行和下行资源不同的流量需求。由于业务量的不同，一些小区可能比其他小区需要更多的带宽。慢速 DCA 有助于根据业务量来分配和调整这些资源，确保每个小区都能得到适合其需求的带宽。第二个问题与蜂窝网络提供的不对称数据服务有关。不同的小区有不同的上行和下行时隙划分，当相邻小区的时隙划分不一致时，就会造成跨时隙干扰。慢速 DCA 通过测量网络和用户两端的干扰来解决这个问题，从而确定特定时隙中最适合的通信方向。根据当地的干扰情况，分配信道优先级以最小化跨时隙干扰并优化资源利用。为了实现其目标，慢速 DCA 采用了几种技术，如功率控制、速率适应和交接管理。功率控制调整移动设备的传输功率以降低干扰水平，而速率适应则根据可用带宽优化传输速率。交接管理确保用户在小区之间无缝转移而不失去连接。慢速 DCA 在优化资源分配、降低干扰水平和提高整体网络性能方面发挥着关键作用。慢速 DCA 对无线电频谱的有效利用使蜂窝网络能够处理日益增长的流量，满足现代无线通信的需求。

（2）快速 DCA。快速 DCA 为不同类型的业务分配最佳时隙和编码信道，主要目标为是确保传输质量和上行/下行链路资源满足每个业务的具体要求，同时满足整个系统的性能目标。快速 DCA 包括两个主要过程：信道分配和信道调整。在信道分配过程中，物理信道根据其所需的单位资源数量被动态地分配给业务。这种分配是根据当前的业务需求和系统状态进行优化的。信道调整包括 RNC 监测系统状态、小区负荷、终端移动性和信道质量。基于这些监测结果，RNC 可以动态地调整资源单元，如时隙和编码信道，以确保业务获得最佳性能，同时有效地利用系统资源。快速 DCA 的重要性在于能够有效地分配系统资源以满足每个服务的需求，同时最大限度地提高系统容量和减少干扰。服务可以实现更高的数据速率，减少延迟，以及更可靠的连接。快速 DCA 还能有效利用系统资源，从而提高网络性能，增加容量，降低运营成本。总之，快速 DCA 对于确保无线通信系统的最佳资源分配至关重要。通过持续监测和动态调整资源的使用，快速 DCA 能够实现高质量的通信，同时使系统性能和效率最大化。

7. 接力切换技术

接力切换是 TD-SCDMA 移动通信系统中的关键技术之一。这项创新技术源自田径接力比赛，利用先进的智能天线和同步 CDMA 技术，精确确定 UE 的位置，包括距离和方向。通过利用这些信息，接力切换系统可以确定 UE 是否进入了相邻基站的临近区域，从而进行切换。一旦检测到此类情况，RNC 会即时发送通知给相关的基站，准备进行切换，从而达到高效、可靠和快速的切换。接力切换最显著的优势之一在于其独特的能力，将软切换的高成功率与硬切换的高信道利用率相结合。

为了实现 TD-SCDMA 系统中的接力切换，关键在于需要获取移动用户的位置信息，包括信号到达方向（Direction of Arrival, DoA）和用户与基站之间的距离。如果网络无法获得这些信息，那么接力切换就无法进行。因此，准确获取用户位置信息是实现接力切换的必要条件。TD-SCDMA 系统采用了智能天线和上行同步技术，使得获取用户位置信息变得更加容易。通过智能天线技术，可以轻松识别不同方向和距离的用户信号，并将其合并为单一信号再进行处理。而上行同步技术则可以提供时钟同步信息，进一步优化信号处理，有助于提高系统性能和精度。具体过程为：

（1）利用智能天线技术和基带数字信号处理技术。TD-SCDMA 系统中的 BS 可以根据智能天线计算结果获得 UE 的 DoA，从而确定 UE 的方向信息。天线阵列可以根据每个 UE 的 DoA 自适应地进行波束赋形，使得每个 UE 都好像总有一个高增益的天线在自动地指向它。这种方法通过智能天线技术和数字信号处理技术，实现了对 UE 位置信息的准确获取，为接力切换提供了必要条件。

（2）TD-SCDMA 无线通信系统中，为了实现上行同步，采用了一个专门的时隙——上行导频时隙（Uplink Pilot Time Slot, UpPTS），其能够帮助系统准确获得 UE 信号传输的时间偏移，从而计算出 UE 与 BS 之间的距离。除了可以用于定位服务，上行同步技术还可以提高系统容量和覆盖范围。这在 TD-SCDMA 系统的接力切换过程中发挥着重要作用。当用户终端从一个 BS 向另一个 BS 切换时，实现无缝衔接，确保两个 BS 之间的时间同步。通过利用上行导频时隙，在用户终端进行切换时，新 BS 可以准确地测量用户信号的时间偏移，并根据这些数据来调整自己的时序参考，以实现无缝切换。

接力切换是一种新型的切换技术，其目的是在硬切换和软切换之间提供一种有效的权衡。确保了高的切换成功率、低的呼叫中断率和最小的上行链路干扰，接力切换与软切换十分相似。然而，与软切换不同的是，接力奇幻不需要多个 BS 同时为同一个 MS 服务，克服了软切换需要更多信道资源使用以及信令复杂性导致更重的系统负荷和更高的下行链路干扰的缺点。与硬切换相比，软切换与接力切换都能以相对简单的算法和较轻的系统信令负荷实现高资源利用率。但是，接力切换几乎在断开原基站链路的同时和与目标基站建立链路，克服了硬切换掉话率高、切换成功率低的缺点，达到了更好的切换效果。接力切换可以采用不同的策略，如 MS 发起的、BS 发起的或混合的方法来实现。这些策略有不同的要求，会影响切换过程的性能。例如，与其他方法相比，MS 发起的方法需要更多的信令资源，并具有更大的延迟。

传统的软切换和硬切换是在不知道 UE 确切位置的情况下进行的，依靠测量所有相邻小区并根据预先确定的算法和标准选择目标小区。相比之下，接力切换是在准确知道 UE 的位置时进行的，只需要测量 UE 移动方向上以及靠近 UE 的几个小区。与传统方法相比，接力切换有几个好处。首先，其通过要求更少的测量来减少交接测量时间和工作量。其次，被监测小区数量的减少，减少了 UE、Node B 和 RNC 之间的信令交互，从而缩短了延迟，降低了交接失败率。此外，这种方法可以优化系统性能，减少网络负荷，最终提高整体用户服务质量。总之，接力切换提供了一种更高效的小区间交接方法，使其成为现代无线网络的首选。通过最小化网络资源消耗和提高用户服务质量，接力切换能使移动设备的连接更加顺畅、不间断，从而提高整个用户体验。

本章小结

第三代移动通信系统的到来标志着移动通信的发展正在经历第三个阶段，第三代移动通信系统是一种能提供高质量、高速率的多媒体业务，并与其他通信系统、固定网系统等相兼容，能实现人与人无时无刻地进行多种方式的通信。

WCDMA 标准主要由欧洲 ETSI 提出，系统的核心网基于 GSM-MAP，同时通过网络扩展方式提供在基于 ANSI-41 的核心网上运行的能力。WCDMA 系统的无线接口中，功率控制技术主要分为开环和闭环两种。闭环功率控制采用内环功率控制和外环功率控制相结合的方式，以实现快速而准确的功率控制。在 WCDMA 系统的无线接口中，承载各种用户业务的信道被分为三类，即逻辑信道、传输信道和物理信道。

CDMA2000 的核心网是基于 ANSI-41 的，采用多载波方式，可将频谱拓展至 1×、3×、6×、9× 和 12×。其中 CDMA2000 1× 网络主要由 BTS、BSC 设备和 PCF、PDSN 等节点组成。功率控制、软切换和 RAKE 接收机等关键技术对 CDMA 2000 系统提供了有力支持。

TD-SCDMA 标准是第一个由我国提出的、以我国知识产权为主的无线通信国际标准，采用智能天线、联合检测、同步 CDMA、软件无线电和动态信道分配多种先进技术。

习　题

一、填空题

1. 3G 的三大主流标准分别是_____、_____和_____。

2. LTE 技术标准是在 3GPP 组织发布的_____版本中提出的。

3. 国内三大运营商使用的 3G 网络制式分别是：中国移动：_____、中国联通：_____、中国电信：_____。

4. UMTS 网络是采用_____接入技术，同时提供语音、数据以及多媒体通信业务的移动通信网。

5. UMTS 的英文全称为_____，中文全称为_____；WCDMA 的英文全称为_____，中文全称为_____。

6. 通常把 UMTS 系统也称为_____，其系统带宽是_____MHz，码片速率为_____；调制方式，上行为_____，下行为_____。

7. WCDMA 的基站同步方式，可以是_____或_____；多址接入方式为_____，解调方式为_____。

8. WCDMA 的发射分集技术有_____、_____和_____。

9. WCDMA 中，UE 的工作模式有_____和_____模式。

10. CDMA2000 的三种功率控制方式为_____、_____和_____。

11. CDMA 系统的前向信道有_____，反向信道有_____。

12. 反向功控的作用对象是_____，前向功控的作用对象是_____。

13. CDMA 系统中的导频集有 4 种，分别是_____。

14. UMTS 接入网的地面接口有_____、_____、_____。

15. TD-SCDMA 的信道分配方案可以分为三种：_____、_____、_____。

16. TD 系统特有的切换方式为_____。

二、选择题

1. 下列关于软切换错误的是（　　　）。
   A. 空闲切换是软切换　　　　B. 相对于其他切换类型来说，软切换多占用了资源
   C. 软切换必定是同频切换　　D. 软切换降低了系统的掉话率

2. CDMA 系统中手机最多同时保持与（　　　）个基站通信。
   A. 6　　　　　B. 3　　　　　C. 5　　　　　D. 20

3. TD-SCDMA 系统扫频接收机（　　　）在 TD-SCDMA 无线网络优化中主要作用是（　　　）。
   A. 网络覆盖分析　B. 邻区丢失分析　C. 信令分析　　　D. 导频污染分析

4. TD-SCDMA 系统的多址方式有（　　　）。
   A. FDMA　　　　B. TDMA　　　　C. CDMA　　　　D. SDMA

5. 智能天线下行增益称为（　　　）。
   A. 分集增益　　　B. 赋性增益　　　C. 合并增益　　　D. 阵列增益

6. TD-SCDMA 的码片速率为（　　　）。
   A. 1.28 Mc/s　　B. 1.6 Mc/s　　C. 3.4 Mc/s　　D. 4 Mc/s

三、简答题

1. 第三代移动通信系统的典型特征有哪些？

2. 3G 系统的定义是什么？

3. 3G 系统与 2G 系统的主要区别有哪些？

4. 在不同环境下，3G 对数据传输速率有什么样的要求？

5. 3G 系统有哪几种主流技术？分别采用什么技术类型？

6. 3G 系统中有哪些覆盖增强技术？

7. 简述什么是频谱效率？

8. 什么是 Iu 接口协议？它的体系结构如何划分？

9. 简述什么方法可用来实现智能天线和同步检测技术？

10. CDMA2000 1×系统由哪几部分组成？

11. 如何达到 CDMA2000 中功率控制的目的。

12. 如何降低切换过程中通信中断的概率。

13. 请简述 RAKE 接收机的原理。

四、计算题

WCMDA HSDPA 通过采用不同的编码速率和调制方式，能够灵活改变峰值数据传输速率，最大理论峰值数据传输速率近似为 R99 的 5 倍。如果采用 1/4 编码速率 QPSK 调制时，其峰值数据传输速率为 1.8 Mb/s，试计算：

1. 当采用 3/4 编码速率 QPSK 调制时，峰值传输速率能达到多少？

2. 当采用 3/4 编码速率 16QAM 调制时，峰值传输速率能达到多少？

3. CDMA2000 的带宽大小有集中可能的值，分别是什么？

本章参考文献

[1] 啜刚. 移动通信原理与系统[M]. 北京: 北京邮电大学出版社, 2009.

[2] 陈威兵. 移动通信原理[M]. 北京: 清华大学出版社, 2016.

[3] 王友村. 现代通信原理[M]. 成都: 电子科技大学出版社, 2013.

[4] 唐朝京. 现代通信原理[M]. 北京: 电子工业出版社, 2010.

[5] HOLMA H, TOSKALA A. WCDMA for UMTS: radio access for third generation mobile communications[M]. John Wiley & Sons, Inc, 2001.

[6] 李同坡. WCDMA 系统中下行链路的信道分配算法分析[D]. 北京: 北京邮电大学, 2005.

[7] 张平. WCDMA 移动通信系统 [M]. 2 版北京：人民邮电出版社，2004.

[8] 梁萍. 3G WCDMA 网络无线资源管理中功率控制的研究[D]. 北京: 北京邮电大学, 2006.

[9] HOLMA H, TOSKALA A, BOOKSX I. WDCDMA for UMTS – radio access for third generation mobile communications[J]. High-Speed Downlink Packet Access, 2000:347-410.

[10] HOLMA H, TOSKALA A. WCDMA for UMTS: HSPA evolution and LTE[M]. Wiley Publishing, 2010.

[11] 李方村, 傅晓松. 第三代移动通信技术[J]. 通信技术, 2002(04): 42-45.

[12] DAHLMAN E, PARKVALL S, SKLD J, et al. 3G evolution: HSPA and LTE for mobile broadband[M]. Elsevier Academic Press, 2007.

[13] GASS J H, et al. Spectral efficiency of a power-controlled CDMA mobile personal communication system[J]. IEEE Journal on Selected Areas in Communications, 1996, 14(3): 559-569.

[14] 孙家雄. CDMA 无线网络优化技术及其应用研究[D]. 南京: 南京邮电大学, 2014.

[15] 马耘. 武汉 CDMA2000 无线网络优化研究[D]. 南京: 南京邮电大学, 2013.

[16] TIEDEMANN E G, et al. The evolution of IS-95 to a third generation system and the IMT-2000 era[C]. Proc. of ACTS Summit 1997, Denmark, Oct: 924-929.

[17] 王玉. TD-SCDMA—— 中国的 IMT-2000RTT 方案[J]. 电信快报, 1999(01): 8-13.

[18] 尤肖虎. 中国第三代移动通信研制开发进展[J]. 中国无线电, 2001, 000(010): 17-22.

[19] 张林. 自适应多速率语音编码在 TD-SCDMA 系统中应用的研究[D]. 北京: 北京邮电大学, 2008.

[20] 高明. 江西省 TD-SCDMA 网络规划设计的研究[D]. 北京: 北京邮电大学, 2012.

[21] A. Duel-Hallen, J. Holtzman and Z. Zvonar. Multiuser detection for CDMA systems[J]. IEEE Personal Communications. 1995, 2(2): 46-58.

[22] Tero Ojanpera, Ramjee Prasad. 宽带 CDMA: 第三代移动通信技术[M]. 朱旭红, 等译. 北京:人民邮电出版社 ,2000.

第 5 章　第四代移动通信系统

第四代移动通信系统相比于第三代移动通信系统，拥有更快的数据传输速度、更好的通信质量，而且兼容性也更平滑。3G 与 4G 之间存在一大过渡技术，即 LTE 技术，通过改进并增强 3G 的空中接入技术，在其基础上提高了覆盖范围，同时也降低了系统延迟，并且在 3G 技术向 B3G 和 4G 的过渡进程中发挥了举足轻重的作用。本章将从 4G 的基本概念、发展背景、特点、关键技术、LTE 的组网架构、关键技术及 LTE-Advance 系统的增强技术等方面对 4G 系统和 LTE 系统进行详细介绍。

5.1　4G 系统概述

5.1.1　4G 概念及背景

由于网络和通信方式的快速发展和转变，用户的需求也逐日提升。一方面，用户不再满足于单一的通信方式，仅使用语音进行沟通已不能满足用户需求，而希望能够使用图像、视频进行沟通；另一方面，用户要求沟通对象更加多元化，除了日常人和人之间的单一通信，用户也希望能够实现与机器之间的智能沟通或者是实现多种机器之间的通信。总而言之，人们的通信需求的增长，使得通信系统需要提供越来越多的业务种类，包括但不限于图像发送、视频高速传送或者实时观看高清视频等。

第一代移动通信系统主要是模拟通信,业务仅限于语音业务[1],业务量小且频谱复用率低；第二代移动通信系统是数字通信，GSM 和 CDMA 技术的 IS-95 为 2G 系统的典型代表，其后又演化出被称为 2.5G 时代的 GPRS 和 CDMA2000 1X，主要实现语音业务和低速的数据业务；第三代移动通信系统最初采用了 WCDMA、TD-SCDMA 和 CDMA2000 标准，后来加入了 WiMAX。这些标准的主要目的是支持中高速数据业务传输。其中，CDMA 技术被视为 3G 系统的核心技术，因为它是一种受限制的干扰系统，每个用户都会对其他用户造成干扰。此外，CDMA 在技术上有以下缺点：上述提到由于 CDMA 存在自干扰问题，因此多用户之间的干扰使得 3G 系统很难实现理想的通信速率；由于核心网受到了空口标准的限制，从而使得服务速率只能在限定的较小范围内，因此影响了业务类型的多元化；分配给 3G 的频率资源已经趋于饱和；数据传输速率较低等。4G 的研究起步早在 3G 还未在全球全面展开的时候就已开展开来。

4G 是对 3G 技术的改良和升级，使得无线通信的通信速率更快、频带更宽、兼容性更强以及信号更加稳定等。其优越性表现在以下三个方面：首先，4G 能够实现原图、原视频高清传输，并且其传输质量非常高；其次，4G 能够满足用户对于传输速率的要求，4G 通信技术在文件、图片以及音视频下载方面的速率非常快，可以达到每秒数十兆字节的最高下载速率。相比之下，3G 通信技术远远不及，这种快速便捷的下载可以极大地提高用户体验；最后，4G 通信技术的出现减少了软硬件发生冲突的可能性，使得软件和硬件之间的配合更加协调，同时也大大降低了故障率。

5.1.2 4G 发展历史

20 世纪 90 年代末，全球已开始对 4G 进行研究，早在 2000 年刚刚确定 3G 国际标准后，ITU 就已经开始着手 4G 相关工作。2001 年正式进入研发阶段，2013 年正式投入使用，以下对于 4G 的研发和运行进行详细介绍。

1. 研发阶段

2001 年，3G 技术走向成熟和定型阶段，我国开始研究更新一代的移动通信技术，4G 正式进入初步研究阶段，科技部批准启动了面向 4G 的 B3G 移动计划。

2002 年，正式启动国家 863 重大项目，对 4G 技术进行研究开发。

2004 年 1 月～2005 年 12 月，我国建成具有 Beyond 3G/4G 技术特征的演示系统，向 ITU 提交初步的新一代无线通信体制标准。

2006 年 1 月～2010 年 12 月，我国设立重大项目，以完成通用无线环境的体制标准和系统实用化研究，并展开了大量实验。

2. 运行阶段

海外主流的运营商于 2010 年大力推行 4G 建设，许多家机构都表示此类投资将会持续 3 年左右的时间。

2012 年，国家工业和信息化部发出声明，表明 4G 的建设正稳步向前，并表示 4G 牌照在一年左右时间内进行下发。

2013 年，"谷歌光纤"概念首次亮相，并在美国成功推广。随后，该技术也逐渐在非洲、东南亚等地区推广，这一概念再次推动了全球 4G 网络建设。

2013 年 8 月，国务院总理李克强要求继续推进 3G 网络的发展，并在年底前发放 4G 牌照。

2013 年 12 月，工信部正式向三大运营商发布 TD-LTE 牌照。

2014 年 1 月，我国实现了国内第一条 4G 网络全覆盖的铁路，此条铁路可以在时速为 300 km/h 的列车运行场景下，实现数据业务的高速下载。此种情况下，下载一部 2 GB 的视频内容仅需几分钟时间。此外，原来的 3G 信号也增强了。

2014 年 1 月，中国联通将研发的 3G 网络的技术升级版本—— 42M 在珠江三角洲等十余个城市和地区进行应用，升级后的 3G 网络均可以达到 42M 标准。

2014 年 7 月，中国移动提出 6 项服务承诺来提升服务质量，同时 4G 资费门槛也在不断降低。

2015 年 2 月，中国移动宣布其 4G 用户数量已经超过 1 亿人。同时，工信部正式向联通和电信发放 FDD-LTE 牌照。

2015 年 9 月，我国的 4G 网络下载速度达到 13 Mb/s，在全球排名第 38 位[2]。

5.1.3　4G 标准化

为使不同设备、不同厂商之间能够互相通信，需要制定统一的通信标准，并以影响力大的标准为主，形成了行业主流标准。

4G 国际标准的制定工作共耗费三年时间。2009 年初始，ITU 在全世界范围内征集高级国际移动通信（International Mobile Telecommunications-Advanced，IMT-Advanced）候选技术。在这次征集中，北美标准化组织 IEEE、欧洲标准化组织 3GPP、韩国和日本的 3GPP 组织以及我国分别提出了 802.16 m 标准、FDD-LTE-Advance0 标准、基于 802.16 m 的标准、FDD-LTE-Advance 标准和 TD-LTE-Advanced 标准。

此后，ITU 组织世界各国和国际组织对这些候选技术进行评估。2010 年 10 月，在中国重庆，WP5D 工作组最终确定了 LTE-Advanced 和 802.16m 两大标准作为此次征集的最终选取对象。其中，我国提交的 TD-LTE-Advanced 标准也是其中的一部分。

ITU 在 2012 年的无线电通信全会全体会议上批准了 LTE Advanced 和 WirelessMAN Advanced 技术规范作为 IMT-Advanced 国际标准，并将我国主导制定的 TD-LTE-Advanced 和 FDD-LTE-Advanced 同时列为 4G 国际标准。

表 5-1 所示给出了 1G～4G 对应的典型频段、传输速率、技术标准等，并对这几种移动通信技术进行了比较。

表 5-1　1G～4G 通信技术的对比

通信技术	典型频段	传输速率	关键技术	技术标准	提供服务
1G	800/900 MHz	约 2.4 kb/s	FDMA、模拟语音调制	NMT、AMPS 等	模拟语音业务
2G	900 MHz 与 1 800 MHz GSM900：890～900 MHz	约 64 kb/s GSM900 上行/下行速率：2.7/9.6 kb/s	CDMA、TDMA	GSM、CDMA	数字语音传输
3G	WCDMA 上行/下行频段：1 940～1 955 MHz/2 130～2 145 MHz	一般在几百千比特每秒以上，125 kb/s～2 Mb/s	多址技术、Rake 接收技术、Turbo 编码等	CDMA、TD-CDMA、WCDMA	同时传送声音及数据信息
4G	TD-LTE 上行/下行频段：1 940～1 955 MHz/2 130～2 145 MHz	2 Mb/s～1 Gb/s	OFDM、MIMO 等	LTE、LTE-Advanced、WiMax	快速传输数据、音频、视频、图像

4G 中涉及的通信技术标准有 LTE、LTE-Advanced、WiMax 和 WirelessMAN-Advanced，下面对这几种技术的发展和特性进行介绍。

1. LTE 技术

LTE 技术可以看作是从 3G 向 4G 演进过程中的主流技术，也称"准 4G"技术，其核心是 OFDM 技术和 MIMO 技术，改进并增强了 3G 的空中接入技术，提高了用户数据传输速率等。

在 20 MHz 频谱带宽的情况下，LTE 能给用户提供 100 Mb/s 和 50 Mb/s 的上下行峰值速率，在 3G 的基础上大大提升了传输速率。同时 LTE 内部单向传输时延低于 5 ms，控制平面从睡眠状态到激活状态过渡时间小于 50 ms，从驻留状态到激活状态的过渡时间小于 100 ms，网络时延大大降低。此外，LTE 不仅支持 20 MHz 的大带宽，还支持 15 MHz 等，甚至 1.4 MHz 的小带宽。可以同时支持 TDD 和 FDD 的移动通信技术，可以支持两者的混合组网，非常灵活。

LTE 主要有 TDD 和 FDD 两种主流模式，其差别是 TDD 采用时间分割双工，而 FDD 采用不对称频率进行双工。应用 TDD 式的 LTE 称为 TDD-LTE，其能够在有限的频谱带宽资源上具备更强大的业务提供能力，具有丰富的移动业务；应用 FDD 式的 LTE 称为 FDD-LTE，采用包交换等技术，实现高速数据业务，提高频谱效率。

2. LTE-Advanced 技术

LTE-Advanced 是 LTE 的升级版，它满足了 ITU-R 对 IMT-Advanced 技术的需求，并作为 3GPP 欧洲 IMT-Advanced 技术提案的重要来源之一。LTE-Advanced 与 LTE 完全兼容，并且是一种向后兼容的技术，是在 LTE 基础上的演进而不是完全的创新，相当于 HSPA 和 WCDMA 两者之间的关系。

LTE-Advance 系统相比 LTE 系统而言，峰值速率、频带使用率以及小区边缘用户覆盖等方面有很大的改善[3]。LTE-Advanced 和 LTE 一样也分为 TDD 和 FDD 两种模式，其中 TD-SCDMA 可以演化到 TDD 制式，而 WCDMA 能够演化到 FDD 制式。但与 LTE 对比，LTE-Advanced 能在 100 MHz 频谱带宽下提供 500 Mb/s 和 1 Gb/s 的上下行峰值速率，同时实现下行 30 b/s/Hz 与上行 15 b/s/Hz 的频谱效率，这将大幅提高峰值速率并且对频谱效率进行有效的改进。该技术不仅优化了室内环境，还可以支持新的频段和高带宽应用。

3. WiMAX 技术

IEEE802.16 工作组一直在为无线城域网（Wireless Metropolitan Area Network，WMAN）开发一系列标准。WiMAX 系统是由行业主导组织的 WiMAX 论坛认证的，经过认证的系统应符合 802.16 标准的指定部分，并通过特定的性能测试。也就是说，IEEE 802.16 和 WiMAX 这两个术语通常可以互换使用[4]。

802.16 采用无须授权的频段工作，频率范围是 2 GHz 至 66 GHz，其中 802.16a 宽带无线接入的频段范围则是 2 GHz 至 11 GHz，其频道带宽范围为 1.5 MHz 至 20 MHz。因此，802.16 可以利用更广泛的频谱资源，其具有以下优点：

（1）节省频谱资源。面对已知干扰，对比宽带，窄带更易避开干扰。

（2）带宽可灵活进行调整。这点有利于运营商根据用户需求对频谱资源灵活地进行调整，协调好各方需求。

（3）提升网络覆盖面积。802.16 可以实现长达 50 km 的传输距离，这种传输距离是一般无线局域网无法达到的。其网络覆盖面积相比于 3G 增加了 9 倍，使得其只需要少量的基站就可以实现全城范围内的全面覆盖。

WiMAX 是一种技术起点较高的通信标准，它能够支持最高达 70 Mb/s 的接入速度，这个速度比 3G 所能提供的宽带速度高出 30 倍。WiMAX 还可以逐步实现宽带业务的移动化，而 3G 则会将移动业务进行宽带化。因此，在 WiMAX 和 3G 进行融合时，可以发挥非常高的效益，从而满足不同用户需求，但是由于后期网络设施跟不上，芯片供应跟不上，产业链发展严重不足以及 LTE 的推广等问题，WiMAX 最终没有成为 4G 的标准技术。

4. WirelessMAN-Advanced 技术

WirelessMAN-Advanced 是 WiMAX 的最新升级版，该标准能够提供高达 1 Gb/s 的上下行无线传输速率。此外，该标准还支持"高移动"模式，使得用户可以在高速移动时仍然享受到 1 Gb/s 的网络连接速度。值得一提的是，802.16m 与未来的 4G 无线网络兼容，这将为用户带来更加便捷和高效的网络使用体验，其优势如下：

（1）提高网络覆盖。

（2）提高频谱效率。

（3）提高数据和 VOIP 容量。

（4）降低时延。

（5）增强 QoS。

（6）节省功耗。

目前的 WirelessMAN-Advanced 有 5 种网络速率规格，包括极低速率、低速率数据和低速多媒体、中速多媒体、高速多媒体以及超高速多媒体。

5.1.4　4G 特点

4G 的优势主要体现在以下几点：

1. 信号强

4G 技术克服了 3G 技术信号强度低的问题，不仅可以提供语音服务，还可以提供数据、图像等信息服务。

2. 兼容性良好

4G 移动通信系统提供了一个全球统一的通信技术标准，允许所有移动通信用户使用 4G 通用服务，从而能够在世界任何地方与移动电话进行真正的通信。

3. 传输速度快

传输速度是 4G 技术最显著的特点，4G 移动通信网络宽度达到 2 ~ 8 GHz，是目前 3G 网络总频率的 20 倍。3G 通常以 2 Mb/s 的速度加载，4G 以 100 Mb/s 的速度加载。因此，4G 技术的高可用性和高传输速度可以有效地避免传统通信技术的缺陷，这在速度上是绝对优势，为用户提供了更快、更高质量的服务。

4. 智能化程度高

4G 技术的高智能化主要体现应用功能方面。基于 4G 技术的手机可以根据用户的要求提供个人服务。例如，用户在手机上根据地理位置预先设置相应的提醒，当发现用户到达地理位置时，手机将会发送提醒通知。类似的基于地理定位的警报服务已经存在于 3G 技术中，在 4G 技术的支持下，提供更快的传输和更好的传输质量，这类服务将更加精确。

5. 通信方式灵活

4G 移动通信方式的集成使得它更加灵活，不再局限于传统的语音、视频等通信渠道。通过使终端设备能够随时随地接入网络，在通信环境中使用，突破了地域和时间限制，共享了网络信息，完善了终端服务。在 4G 移动通信环境下，人们可以通过互联网进行随时随地的通信，并享受到诸如双向网络信息传输、图像交互、互动游戏等多种服务。这些服务为用户提供了更加灵活和方便的通信方式，带来高效和丰富的使用体验[5]。

5.2　4G 关键技术

5.2.1　以 IP 为基础的核心网

通信网络一般由接入网、承载网和核心网三大部分构成。

这三大部分主要完成对数据的接收、传输和管理。接入网分别负责接收数据以及对数据进行传输；承载网将数据由接入网发送到核心网；核心网作为通信网的最顶层，负责对数据进行管理，将数据传输到相应基站，完成数据路由和交换，最终实现手机用户与互联网的连接，建立好通道后，手机用户就可以访问运营商的服务器。差异化、多样化的服务的实现核心也是依托核心网的演化。如图 5-1 所示，接入网、承载网、核心网与城域网、省网、骨干网是以不同标准对网络整体的划分方式。

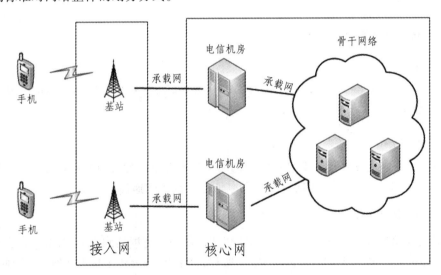

图 5-1　以 IP 为基础的核心网

移动 IP 技术是全国个人通信实现业务通信"随时、随地、与任何人"的关键基础技术。然而 3G 系统不是基于 IP 的，例如，3G 常用的 CDMA 是基于美国国家标准协会（American National Standard Institute，ANSI）的 ANSI-41 标准，而 WCDMA 基于 GSM-MAP。目前的 4G 移动通信系统中，其核心网络采用全 IP 网络架构，这种设计方案不仅能够更好地实现各个端点间的 IP 业务传输，而且还可以与现有的 PSTN 和核心网共存，并具有良好的兼容性。图 5-2 所示可表示 3G 核心网到 4G 核心网的演进过程。

其中，RNC 是关键的网元之一，负责处理移动性、呼叫、链路和移交等任务。SGSN 和 GGSN 协同工作实现了 PS 功能。移动性管理实体（Mobility Management Entity，MME）作为信令实体，主要职责包括移动性管理、承载管理、用户身份验证授权以及选择服务网关（Serving GateWay，SGW）和分组数据网络网关（Packet Data Network Gateway，PGW）等任务。

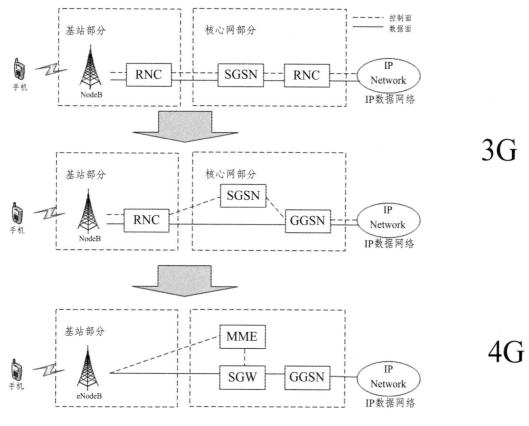

图 5-2　核心网的演进过程

SGW 的作用为保证用户在不同接入技术之间移动时的数据交换，负责数据包的路由和转发，支持 3GPP 中不同接入技术之间的切换，同时作为 3GPP 内用户连接不同接入网络的锚点。每个与演进分组系统相关的 UE 都有一个 SGW 为其提供服务，SGW 和 PGW 可以在单个或多个物理节点上实现。PGW 作为 EPS 的锚点，终止与外部数据网络（如互联网、IMS 等）的连接，并负责管理 3GPP 和 non-3GPP 之间的数据路由和移动控制，还能执行动态主机配置协议、策略执行和计费功能。如果 UE 访问多个分组数据网络，则对应一个或多个 PGW。

基于 IP 的核心网络具有开放式结构，允许各种空口访问核心网络。同时，核心网络可以分离服务、控制和传输。通过采用 IP 技术，无线接入方式和协议与核心网络协议和连接层得以分离。此外，由于 IP 与多种无线接入协议相兼容，设计核心网络时不需要考虑无线接入方式和协议的限制，从而具有更大的灵活性。该网络具备集成化和低成本等优点，可以实现不同网络间的无缝连接。

5.2.2　OFDM 技术

OFDM 技术是多载波调制（Multi-Carrier Modulation，MCM）的一种，其多载波之间相互正交，可以高效地利用频谱资源。3G 和 4G 蜂窝网络均为宽带通信系统。很明显，宽带通信系统需要克服"信号带宽大于信道带宽"的情况。CDMA 和 OFDM 均可以克服以上现象，但因 CDMA 技术当年由高通独立研发，其拥有不少于 75% 的 CDMA 核心专利，继续在 4G 系统中使用 3G 系统中的 CDMA 技术将使无线运营向高通支付高额专利费。而 OFDM 于 1966 年被 Bell 实验室设计，其专利保护早已过期，因而得到无线设备制造和运营商的大力支持。最终在 4G 网络标准化过程中，3GPP 主导的以 OFDM 为核心的 LTE 战胜当年由 3GPP2（高通）主导的以 CDMA 为核心的超宽带技术（Ultra Wide Band，UWB）成为 4G 宽带通信接入网的核心技术。下面对 OFDM 的原理及优势进行介绍。

1. 原理

无线信号发送端和接收端之间的信道通常由多条路径组成，假设传播的路径只有两条，且这两条路径的衰减相同，而时延不同。当发端发射信号为 $f(t)$ ，收端收到的信号为 $r(t) = Af(t-\tau_0) + Af(t-\tau_0-\tau)$ ，其中，A 为信号传播衰减，τ_0 为第一条路径的时延，τ 为两条路径的时延差。对接收到的信号 $r(t)$ 进行傅里叶变换得到

$$R(\omega) = AF(\omega)e^{-j\omega\tau_0} + AF(\omega)e^{-j\omega(\tau_0+\tau)} = AF(\omega)e^{-j\omega\tau_0}(1+e^{-j\omega\tau}) \tag{5-1}$$

式（5-1）中，$F(\omega)$ 为信号 $f(t)$ 的傅里叶变换。因此，信道的频谱函数为

$$H(\omega) = \frac{R(\omega)}{F(\omega)} = Ae^{-j\omega\tau_0}(1+e^{-j\omega\tau}) \tag{5-2}$$

从式（5-2）可知，$|H(\omega)|$ 随 ω 的变化而变化，即无线信道具有频率选择性衰落。定义信道的第一个波瓣为信道带宽，则其带宽为 $B = \frac{\omega}{2\pi} = \frac{\pi/\tau}{2\pi} = \frac{1}{2\tau}$。即信道的带宽与两条路径的相对时延有关，该相对时延被称作为多径的时延扩展。将以上模型扩展到收发端之间有多条路径的场景，对应的信道带宽可大概表示为

$$B = \frac{1}{2(\text{最大路径时延} - \text{最小路径时延})} \tag{5-3}$$

OFDM 技术的核心思想是将信道划分成多个互相正交的子信道，在这些子信道上并行传输低速数据，采用相关技术解调和分离子信道的信号，减少子信道间干扰。每个子信道的窄带信号可以避免符号间干扰，提高信号可靠性。OFDM 可以通过信道均衡以应对非线性失真等问题。OFDM 系统框架如图 5-3 所示。

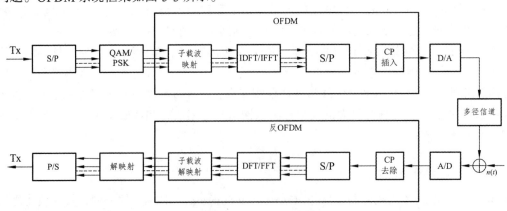

图 5-3　OFDM 系统框架

2. 优势

（1）OFDM 系统可以最大限度地利用频谱资源，通过正交的子载波可以使频谱相互重叠。

当子载波的数量较大时，系统频谱效率将趋于 2 Baud/Hz，OFDM 系统的这一优势主要体现在频谱能力有限的无线环境中[6]。

（2）抗多径干扰能力强，频率选择性衰落能力强。OFDM 系统将数据分散到多个子载波，降低了子载波的符号速率，因此更容易穿过多径信道而不受严重衰减，并且可以充分利用可用频带，并减少邻频干扰的影响。

（3）在 OFDM 系统中，可以使用自适应调制和编码技术来根据每个子载波的信道条件和误码率要求来选择最佳的调制方式和编码方式。同时，还可以使用功率控制技术来调整每个子载波的发射功率，以确保每个子载波的传输质量达到最优。

（4）使用 OFDM 技术时，对每个子载波进行联合编码可以增强抗衰减能力。由于 OFDM 技术本身利用信道的频率分集，因此在衰减不严重的情况下，通常不需要加入时域均衡器。但是，通过联合编码每个信道，可以进一步提高系统性能。

（5）OFDM 采用逆快速傅里叶变换（Inverse Fast Fourier Transform，IFFT）和快速傅里叶变换（Fast Fourier Transform，FFT）来实现调制和解调，易于用数字信号处理器（Digital Signal Processor，DSP）实现。具体来说，OFDM 系统首先将要传输的数据分成多个并行的流，然后每个流通过独立的调制器进行正交频分复用。接下来，使用 IFFT 将所有子载波的符号调制到时域上，合并成一个时域序列。最后，时域序列通过 D/A 转换器转化为模拟信号，发送至接收端。在接收端，接收到的信号首先经过 A/D 转换器转换为数字信号，并进行 FFT 变换，从而将时域信号转换为频域信号。然后，可以根据不同子载波的频域信息来解调出原始数据，并将其合并成一个数据流。

5.2.3　MIMO 技术

多输入多输出技术（Multiple-Input Multiple-Output，MIMO），即在基站端和移动台同时放置多个天线，使得基站和移动台这两者之间能够形成 MIMO 的通信链路[8]。下面对 MIMO 技术的模型、应用模式和优势进行介绍。

1. 模型

由图 5-4 可以看出，信道容量和天线数量有着线性增长关系。MIMO 系统通过在发送和接收端增加多个天线，可以将独立的数据流并行地传输到每个离散的天线，在空间上形成多个独立的信道。因此在实际应用中，使用 MIMO 技术可以在不增加带宽和发送功率的情况下，将无线信道容量和频谱效率成倍地提高。这种技术已经被广泛应用于 4G LTE 和 5G 移动通信系统中，是提高通信质量和效率的重要手段之一。

2. 应用模式

1）空间分集

空时编码利用多个空间信道独立传输信息，包括两种，即空时分组码（Space-Time Block Code，STBC）和空时格码（Space Time Trellis Code，STTC）。虽然不能直接提高数据速率，但可实现分集效应，增强系统的抗干扰和抗衰落性能，并有助于实现高阶调制，提高数据传输可靠性。但通过利用多个并行的空间信道独立且不相关地传输信息，可以实现分集效应，提高系统的抗干扰和抗衰落性能，并为高阶调制创造条件，从而提高数据传输的可靠性。

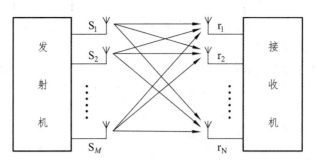

图 5-4　MIMO 系统框图

2）空间复用

空间复用指 MIMO 系统将数据被分配到不同的子载波上，并通过独立的调制器进行正交频分复用。然后，使用多个发射天线将不同用户的数据并行地发送至接收端。在接收端，使用多个接收天线接收所有的信号，并使用信道估计算法将不同用户的数据进行分离。最终，每个用户都能够通过接收天线接收到数据，并进行解码。

3）波束成型技术

波束成型技术是指 MIMO 系统利用多个天线阵列的技术，以控制电磁波的传输方向和幅度来实现更可靠的无线通信。其基本思想是，在发送端将不同发射天线上的信号进行合理的加权叠加，使得目标信号在某个特定的方向上能够获得最大化的接收功率，从而提高系统的抗干扰和抗噪声性能。

3. 优势

1）提高信道的容量

MIMO 技术可以同时传输和接收多个空间流，随着天线数量的增加，信道容量也会相应地增大。

2）提高信道的可靠性

MIMO 系统中的空间复用和空间分集技术可以有效抑制信道衰落。通过利用多天线系统，可以同时传输并行数据流，从而显著降低误码率，克服信道衰落的影响。

5.2.4　软件无线电技术

软件无线电利用软件定义无线电技术实现通信，采用开放性、可扩展、结构简化的硬件平台，并通过可重构、可升级的软件构建尽可能多的无线电功能[7]。

图 5-5 所示是软件无线电技术结构框架模型。理想中的结构由天线部分，射频前端模块部分，A/D-D/A 的宽带和窄带转换器部分，标准及专用数字信号处理器部分，各种调制、解调软件等组成。软件无线电技术中的天线部分覆盖的频段范围比较大，主要为范围内的每个频带特性需要均匀，这样才能满足用户的各种服务需求。模拟信号处理任务完全由数字化 DSP 软件承担。射频（Radio Frequency，RF）前端主要工作就是完成波段转换、过滤无关波段、放大功率等任务，从而可以实现验收、放大、变频、滤波等功能。为了减少处理压力，一般使用 DSP，通常是数字信号的 A/D 转换器通过专用的数字信号处理装置处理完成，减少数据流量，之后将信号变为基带，然后数据被发送到 DSP 进行处理。

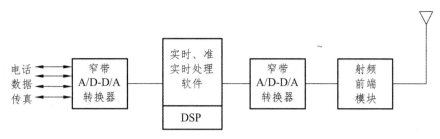

图 5-5　软件无线电技术结构框架模型

在现代智能通信系统中，4G 中的软件无线电技术可以更为充分地利用频谱资源的最大容量，满足用户对无线通信系统的要求，相信随着软件无线电技术的不断发展，其在 4G 的作用将日益突出，更能提升用户的需求，进而促进 4G 系统的改进。

5.2.5　调制与编码技术

为了提高频谱效利用率和延长用户终端电池寿命，4G 移动通信系统采用了新的调制技术，并应用了 Turbo 码、级联码、LDPC 码等更高级的信道编码方案，以及 ARQ 和分集接收等先进技术。这些技术的应用使得在低 E_b/N_0 条件下也能获得出色的系统性能。

5.2.6　智能天线技术

在 4G 通信中，实现系统传输的单独优化是至关重要的。只有提升系统通信优化的处理能力，才能有效地提高技术应用的效率和手段[9]。智能天线也称为自适应天线阵列，可以形成特定的天线波束，实现定向发送和接收。与传统的分集技术不同，智能天线它利用各单元天线之间的位置和信号相位关系，从而克服多址干扰和多径干扰，完成空间滤波和定位。

智能天线技术是一种有效集成时分复用和波分复用的技术。在 4G 通信技术中，智能天线每个天线的覆盖角为 120°，发射基站配备至少 3 根天线来实现全覆盖。此外，智能天线还可以调整发射信号，增加原始基座上的传输功率来获得增益效应。

5.2.7　多用户检测技术

在宽带 CDMA 通信系统中，多址干扰是一个普遍存在的问题，传统的检测技术往往难以有效解决。多用户检测技术则能够综合利用所有引起多址干扰的用户信号信息，实现单个用户信号的准确检测，并具有出色的抗干扰性能。这种技术不仅可以应对远近效应问题，还可以在降低功率控制精度方面发挥重要作用，从而提高系统容量和频谱资源的利用效率。随着多用户检测算法的不断推陈出新，越来越多高性能且简单易行的算法被提出，因此在实际的 4G 系统中采用多用户检测技术已成为可能。

5.3　LTE 系统

LTE 是由 3GPP 主导制定的一种无线通信技术，其关注的核心问题是无线接口和无线组网架构的技术演进。虽然 LTE 与 4G 息息相关，但实际上 LTE 应该被称为"准 4G"，因为 LTE 是从 3G 向 4G 过渡时期所开发出来的一种技术。相较于以往无线制式，LTE 在接口技术和组网架构方面发生了革命性的变化。具体有关 LTE 的演进历史可以参考图 5-6。

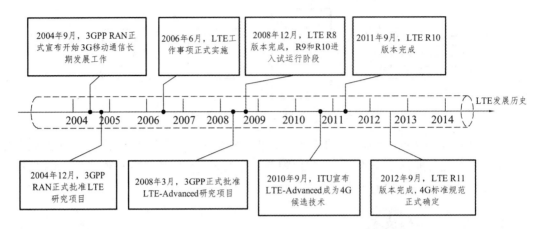

图 5-6　LTE 的演进历史

具体来说，LTE 的革命性突破主要有：

（1）更灵活的带宽配置：支持 1.4 MHz、3 MHz、5 MHz、10 MHz、15 MHz、20 MHz 的带宽。

（2）更高的峰值速率：上行速率可达到 50 Mb/s，下行速率可达到 100 Mb/s。

（3）更低的时延：核心网控制面时延小于 100 ms，用户面时延小于 5 ms。

（4）更高的业务接入速度：传输速率 350 km/h 的用户支持最少 100 kb/s 的业务接入。

（5）更简化的结构：取消电路域以及无线网络控制节点。

5.3.1　LTE 组网架构

从物理层的网络架构来看，LTE 主要由以下 4 个通信模块构成：用户设备（UE）、无线接入网（Evolved UMTS Terrestrial Radio Access Network，E-UTRAN）、核心网（EPC）、演进型无线基站（Evolved Node B，eNB）[11]。LTE 的网络架构图如图 5-7 所示。

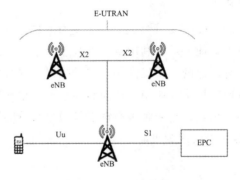

图 5-7　LTE 网络架构

1. 用户设备

LTE 的用户设备是指搭载 LTE 重要功能的用户终端，包括手机和各种多媒体设备等。在 UE 内部包括以下两个重要部分：

（1）移动终端（Mobile Terminal，MT）：在数据流的终点处理所有的通信功能。

（2）通用集成电路卡（Universal Integrated Circuit Card，UICC）：主要作用是在 MT 与网络通信的过程中，提供身份信息的识别、数据存储以及用户识别模块的其他应用程序。

2. 无线接入网

E-UTRAN 是处理移动和演进分组的核心，由多个 eNB 组成，负责空口相关的所有功能：

（1）无线资源管理，包括无线承载控制、接纳控制、连接移动性管理、无线链路的建立和释放、上/下行动态资源分配/调度等。

（2）IP 头压缩与用户数据流加密。

（3）UE 附着时的 MME 选择。

（4）提供到 S-GW 的用户面数据的路由。

（5）各类请求和呼叫消息的调度与传输。

（6）系统广播信息的调度与传输。

（7）测量与测量报告的配置。

（8）无线链路维护，保持与终端间的无线链路，同时负责无线链路数据和 IP 数据之间的协议转换。

（9）部分移动性管理功能，包括配置终端进行测量、评估终端无线链路质量、决策终端在小区间的切换等。

3. 演进型无线基站

eNB 之间通过 X2 接口彼此互联，每个 eNB 包含多个移动控制台，与 EPC 之间通过 S1 接口连接，而 eNB 与 UE 通过 LTE-Uu 互联，主要用于在越区切换过程中的信令和数据包转发。根据双工方式的不同 eNB 可以分为 TDD 基站和 FDD 基站。

在 LTE 的移动通信中，eNB 主要支持的功能包括以下两个方面：

（1）eNB 可以发送或将接收的无线电转发到所有移动台，使用 LTE 空口的模拟和数字信号处理功能。

（2）控制低层次的操作，例如给所有的手机发送信令消息，如切换命令、重传命令等。

4. 核心网

核心网主要包含三个网元：移动管理实体（Mobility Management Entity，MME）、服务网关（Serving Gateway，S-GW）、公共数据网网关（Public Data Network Gateway，P-GW），结构如图 5-8 所示。

1）移动管理实体

MME 是 LTE 接入网络中移动管理的实体模块，主要用作移动性的管理，是负责会话相关的控制处理的关键网关，其功能包括：

（1）网络附属存储（Network Attached Storage，NAS）信令处理并对 NAS 信令的安全提供可靠的支持。

（2）3GPP 协议内不同 eNB 之间的移动性管理。

（3）空闲 ME 的跟踪和管理。

（4）P-GW 和 S-GW 选择。

（5）合法监听。

（6）漫游控制。

（7）安全认证。

（8）承载管理。

2）服务网关

S-GW 是 LTE 接入网络的服务网关，是数据层的网元。数据层可以理解为数据传输的处理通道，负责本地网络用户数据处理，其功能包括：

（1）处理 eNodeB 之间切换的本地数据连接点。

（2）在 E-UTRAN 空闲模式下的数据缓存，触发网络层的服务请求流程。

（3）对 3GPP 中的数据包提供路由和转发。

（4）对上下行传输数据进行标记。

3）公共数据网网关

P-GW 是公共数据网对外部数据连接的边界，是 EPC 后端的网络门户，其功能包括：

（1）用户包过滤。

（2）IP 地址分配。

（3）上下行传输层数据包标记。

（4）基于最大聚合比特率的下行速率控制。

（5）基于多频段指示的下行速率控制。

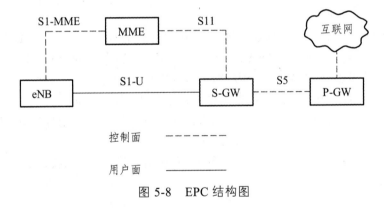

图 5-8　EPC 结构图

核心网的网络架构可以用"三层两面"来概括。

"三层"指的是：

（1）网络层：负责地址寻址、路由选择、连接建立和控制以及资源配置策略等。

（2）数据链路层：主要用于信道的复用和解复用、数据格式的封装、数据包的调度以及将特定业务数据转换成通用数据帧。

（3）物理层：提供两个物理实体之间的比特流传输，适配不同的传输媒介，如无线信道、网线和光纤等。

"两面"指的是：

（1）用户面：主要功能是数据的传送和处理。

（2）控制面：主要功能是协调和控制信令的传送和处理。

需要注意的是，通信协议中的不同层次在处理用户面和控制面方面有所区别。具体来说，在物理层上，不区分用户面和控制面；在数据链路层上开始区分用户面和控制面；在网络层上，由不同的功能实体来完成用户面和控制面的处理任务。

5.3.2　LTE 关键技术

1. 链路自适应技术

在通信系统中，系统若能根据当前所得的信道系统来对其传输等参数进行动态调整，并以此来克服由于干扰噪声等对信道造成的影响，该项技术称为链路自适应技术。链路自适应技术的基本流程如图 5-9 所示，主要分为两个过程：第一个过程是获取当前信道的信息，包括准确有效地获取当前信道环境参数以及在系统内部使用哪些参数来反映当前信道状况；第二个过程是检测到当前信道发生变化时，根据需求动态调整传输参数，这些参数包括调制方式、编码方式、冗余信息、发射功率和时频资源等。

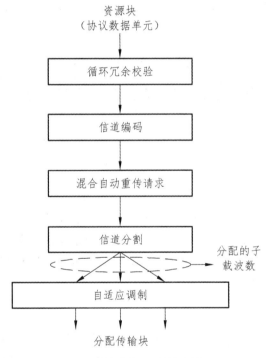

图 5-9　链路自适应技术流程

2. 混合自动重传请求技术

HARQ 是一种将 FEC 和 ARQ 相结合而形成的技术。HARQ 的关键是存储、请求重传、合并解调。接收方在收到数据后先进行数据保存，若对数据解码失败，则向发送端请求重新传输该组数据。当待重传数据在接收端成功接收时，接收端会将先前接收到的数据与重传的数据进行合并后再进行解码。HARQ 技术的基本步骤可以概括如下：（1）在接收端收到数据后，尝试使用 FEC 技术进行纠错，但此时 FEC 技术只能纠正一部分错误数据；（2）通过错误检测判断出接收的数据中心不能纠正错误的数据；（3）将不能纠正错误的数据丢弃，向发送端请求数据重传并替代原始数据中不能被纠错的数据。

LTE 中的 HARQ 可分为同步 HARQ 与异步 HARQ 两种：

1）同步 HARQ

同步 HARQ 是指从时间的角度看，重传与新传发生的时间间隔存在着确定的对应关系，即无论是 UE 还是 eNB，都可以通过子帧号来推断当前的 HARQ 进程。

2）异步 HARQ

异步 HARQ 是指从时间角度来看，重传和新传的发生时间间隔并不固定，而由发送端收到反馈的时间来决定，接收端只有在没有收到数据的时候才通知发送端。对于 UE 来说，无法提前预知重传发生于具体哪一个子帧，只能通过检测下行链路控制信息来判断。

同步 HARQ 与异步 HARQ 的编码过程如图 5-10 所示。

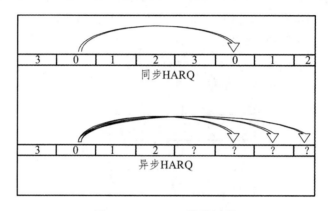

图 5-10　HARQ 编码过程

3. 软合并

传统的 HARQ 机制在接收到错误数据包时通常会直接丢弃这些数据包，而这些被丢弃的数据包中仍含有一定的有效信息，因此直接丢弃会造成信息的浪费。为了提高信息的利用率和传输速率，可以采用软合并（Chase Combine，CC）策略，即将接收到的错误数据包暂存在存储器中，与重传数据进行合并后再进行译码处理。

4. 增量冗余

增量冗余（Incremental Redundancy，IR）技术是在传统 HARQ 过程中增加了冗余比特信息进行传输。若接收端要求重传数据时，通过重传发送额外的冗余比特进行纠错。在 IR 传输中，如果接收端在第一次接收数据后未能成功解码，则可以通过要求发送端重传冗余比特降低信道编码率的方式来提高解码成功率。如果在发送端进行了冗余比特的重传后，接收端仍无法正常解码，那么就需要多次迭代进行重传比特的发送。随着重传次数的增加，冗余比特不断积累，信道编码率不断降低，就可以获得更好的解码效果。

5. 小区间干扰消除

在 LTE 系统中，小区间干扰消除的本质是要对小区中的干扰信号进行解码或解调处理，利用无线接收机的处理增益来消除干扰信号分量。为了实现这一目标，LTE 系统采用了多种干扰消除方式，其中最常见的有以下两种：

1）基于多天线接收终端的空间干扰压制技术

干扰抑制合并（Interference Rejection Combining，IRC）技术是一种基于多天线接收终端的空间干扰压制技术。该技术可以通过对比两个相邻小区到接收端的空间信道差异，从而分辨出信号是来自服务小区还是干扰小区，而不需要依赖发送端的任何指令。在实验场景中，IRC技术无须对发送端进行其他标准化处理，也不需要借助频分、码分等额外的信号区分手段，配置双接收天线的 IRC 技术可以精确地分辨出两个空间信道。然而，在现实场景下，IRC 技术的缺陷在于其是一种仅限于接收机层面的技术，并且在抗干扰过程中仅使用了空分（Space Division，SD）手段，因此其干扰消除效果仍有待提高。

2）基于干扰重构的干扰消除技术

干扰重构技术是一种有效的干扰消除技术，其主要原理是在对干扰信号解调和解码后，通过对接收信号进行重构来滤除干扰信号。实验结果表明，应用干扰重构技术，可以准确地从接收信号中消除干扰，保留有价值的目标信号，因此这种技术在干扰消除领域具有很高的效率和可靠性。而在现实场景下，由于需要完全解调和解码干扰信号，干扰消除技术对通信系统整体设计，如资源分配、信道属性、信令同步等都有着极高的要求。因此，基于干扰重构的干扰消除技术在实际的 LTE 应用中仍存在着许多限制。

5.4　LTE-Advanced 系统的增强技术

LTE-Advanced（LTE-A）是 LTE 的演进版本，旨在满足未来几年或十几年内无线通信领域对更高需求和更多通信市场应用的要求，并保持对 LTE 较好的后向兼容性[12]。为了实现这一目标，LTE-A 采用了多种关键技术，包括载波聚合（Carrier Aggregation，CA）、全维多天线（Full Dimension MIMO，FD-MIMO）、许可辅助接入（Licensed Assisted Access，LAA）、增强型载波聚合（Enhanced Carrier Aggregation，eCA）、增强型多媒体广播和多播服务（Enhanced Multimedia Broadcast and Multicast Service，eMBMS）。这些技术的采用可以大大提高无线通信系统的峰值数据速率、峰值谱效率、小区平均谱效率以及小区边界用户性能。本节将对 LTE-A 系统中的这些关键技术进行详细介绍[13]。

5.4.1　载波聚合

移动通信领域的需求日益增加，用户对于更高质量的数据服务提出了要求，如超高清视频、云游戏等。因此，LTE-A 需要满足更高的数据传输速率和更大的带宽需求。在这种情况下，载波聚合技术应运而生。载波聚合是 LTE-A 的一项核心技术，可以将多个兼容于 LTE 的载波进行聚合，从而实现更大的带宽和更高的速率。与传统的单载波技术相比，载波聚合技术拥有更高的频谱效率和网络容量，能够支持更多用户同时连接网络，并且可以提供更快的数据下载和上传速度。此外，通过动态分配不同载波之间的流量，载波聚合还可以提升网络的负载均衡能力，进一步提高网络的性能和稳定性。当前，LTE 最大支持的带宽为 20 MHz，而 LTE-A 通过载波聚合技术可以最大支持 100 MHz 带宽，并且可以同时接收多个成员载波[14]。为了保持对 LTE 向后兼容性，LTE-A 采用了灵活的载波聚合方案，可以根据实际需求动态调整聚合载波的数量和带宽。因此，载波聚合技术是实现 LTE-A 更大带宽需求和后向兼容性的重要手段，对于提高移动通信网络的性能和用户体验具有极为重要的作用[14]。

频谱聚合的场景可以分为 3 种：带内连续载波聚合、带内非连续载波聚合和带外非连续载波聚合，分别如图 5-11（a）、图 5-11（b）和图 5-11（c）所示。

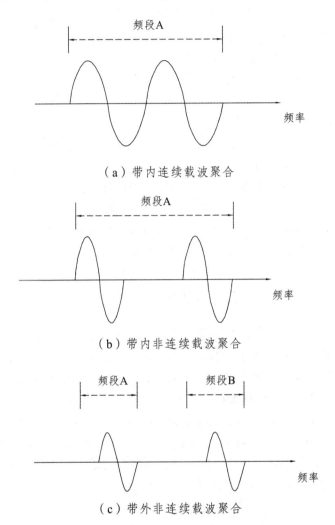

（a）带内连续载波聚合

（b）带内非连续载波聚合

（c）带外非连续载波聚合

图 5-11　载波聚合的三种场景

LTE-A 是一种广泛应用的无线通信技术，在带外非连续载波聚合的场景下，共站同功率的两个成员载波的覆盖半径可能存在差异。为了更好地利用频谱资源和提高网络容量，LTE-A 允许多个载波进行聚合，从而达到更快的数据传输速度和更佳的用户体验。在 LTE-A 中，每个成员载波都可以保证对 LTE Rel.8 后向兼容。这意味着即使在使用多个载波进行聚合时，LTE-A 系统也能够与之前版本的设备兼容，并保持良好的通信效果。为了满足不同应用场景下的通信需求，LTE-A 还提供了不同的载波聚合组合方式。例如，在下行链路中，可以同时使用不同频段的 FDD 和 TDD 载波进行聚合，从而提高网络的吞吐量和覆盖范围。为了考虑频谱效率、系统简单性、终端/eNodeB 复杂度以及测试复杂度等因素，LTE-A Rel.10 决定所有的 CA 成员载波都必须保持后向兼容。这意味着在使用多个载波进行聚合时，LTE-A 系统需要确保与之前版本的设备兼容，并维护系统的稳定性和性能[14]。

在 TDD 系统中，通常情况下同一终端聚合的上下行成员载波数目相同。这是因为在 TDD 系统中，上行和下行使用同一个频段，并且其时间分配方式是对称的。因此，可以通过在相同的时隙中传输上行和下行数据来实现载波聚合。相比之下，在 FDD 系统中，同一个终端聚合的上下行成员载波数目可以不同。这是因为在 FDD 系统中，上行和下行使用不同的频段，并且时间分配方式也是不同的。因此，可以自由地组合上下行载波，以满足特定的需求。尤其在 LTE-A 系统中，不同终端聚合的载波数目可以不同。这种设计方案可以更大程度地复用 Rel.8 的功能，并保证了较好的 HARQ 性能。值得注意的是，无论是上行还是下行，每个成员载波都有独立的 HARQ 实体。这样可以避免上下行之间的干扰，并提高系统的整体性能。

5.4.2　多天线增强

FD-MIMO 技术是多天线增强技术的代表，同时也被称作 LTE-A 的核心技术。其原因在于，FD-MIMO 是提升 LTE-A 峰值谱效率和平均谱效率的关键，能够实现多用户复用。

如图 5-12 所示为搭载 FD-MIMO 的 eNB 实现多用户复用示意图，其中 FD-MIMO 阵列天线与基带之间通过通用公共无线接口（Common Public Radio Interface，CPRI）连接。FD-MIMO 能够实现高阶多用户复用的关键原因是其通过放置在二维天线阵列面板中的大量微天线，从而在水平和垂直方向上形成窄波束，使得 eNB 能够真正实现同时向多个 UE 传输。与 LTE 中的 MIMO 技术相比，FD-MIMO 有两个重要的改进点：第一，天线端口的数量由 LTE MIMO 的最大 4 个增长到了最大 8 个，从而显著提高了波束成形和空间用户复用的能力；第二，FD-MIMO 通过使用二维平面阵列天线的布局结构，可以大幅减少实际应用中的天线外形尺寸。

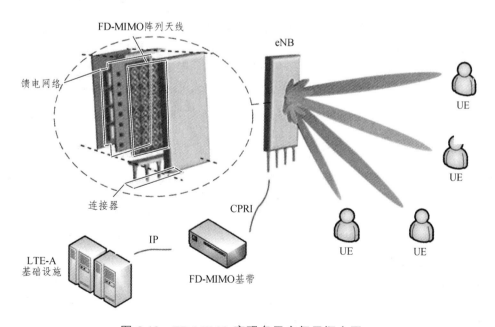

图 5-12　FD-MIMO 实现多用户复用概念图

在 LTE-A Rel.13 中规定了 FD-MIMO 具有如下增强功能：

（1）增强下行链路参考信号（Reference Signal，RS），以便对二维阵列面板上的大量天线进行测量。

（2）增强信道状态信息（Channel State Information，CSI），例如用于水平和垂直空间的波束成形的 CSI 报告机制和码本。

（3）增强解调参考信号（Demodulation Reference Signal，DMRS）以实现高阶多用户复用。

FD-MIMO 具有很强的适应性，可用于室外宏小区、室内、微蜂窝小区和微微蜂窝小区。另外，由于其天线间距与载波频率成反比，因此可以在 5G 高频段中使用。这使得 FD-MIMO 成为未来几代蜂窝网络中的核心技术之一。

除了 FD-MIMO 之外，LTE-A 引入了多项技术来提高网络性能和覆盖范围。其中最为关键的就是多天线数配置下的上下行天线增强技术，它可以有效扩大发射/接收支持的最大天线个数，提升峰值谱效率和平均谱效率，从而提高信号传输的效率。通过在上下行都扩充发射/接收支持的最大天线个数，LTE-A 允许上行最多 4 天线 4 层发送，下行最多 8 天线 8 层发送。这种技术优化了天线系统设计，并实现了更高的频带利用率和更好的系统容量。上下行天线增强技术还可以有效地减少网络中的干扰和提高数据吞吐量，从而改善用户体验。

对于 LTE-A 系统而言，上行多天线增强是一项非常重要的技术，需要综合考虑多种因素。其中，除了更多天线数配置之外，还需要考虑上行峰均比的要求和每个成员载波上的单载波传输需求。对上行控制信道而言，提升信道容量并不是提升通信能力的最主要手段。相比于信道容量，更重要的性能指标是覆盖能力。LTE-A 多天线技术主要以发射分集方式来优化覆盖能力。LTE-A 采用码分的上行物理控制信道（Physical Uplink Control Channel，PUCCH）以及空间正交资源发射分集（Spatial Orthogonal Resource Transmit Diversity，SORTD）的发射分集方式，即在天线阵列上采用互相正交的码序列对信号进行调制传输，以确保在天线阵列上互相正交的码序列对信号进行调制传输。

与 LTE 一样，LTE-A 的上行 RS 也包括用于信道测量的信道探测参考信号（Sounding Reference Signal，SRS）和用于信号检测的 DMRS。由于上行空间的复用以及多载波的使用，上行信道的频谱效率较低，需要更广泛的频谱资源才能保证单用户的 DMRS。为了解决该问题，必须扩大单一用户的 DMRS 的频率资源。上行 RS 最常用的方法是使用恒包络零自相关（Const Amplitude Zero Auto-Corelation，CAZAC）码循环移位进行传播。这使信号能够占据更宽的频率范围，提供更好的信道估计。LTE-A 在此基础上通过对 DMRS 使用不同的循环移位方法进一步优化了上行 RS 的性能。此外，正交码（Orthogonal Cover Code，OCC）被用来在时域中传播多个 RS 符号，增加码复用空间。为了传输上行 SRS，LTE-A 引入了由 eNB 触发的非周期性 SRS 传输模式，支持多天线信道测量和多载波测量，同时扩大频率资源。

在下行多天线增强方面，LTE-A 需要使用更大尺寸的码本来支持多传输层。LTE-A 下行业务信道的传输采用专用参考信号（Dedicated Reference Signal，DRS），主要功能是在波束赋形的过程中完成 UE 信号解调。其中，下行信号的发送过程主要采用双预编码矩阵码本结构。双预编码矩阵码本由两个码本的乘积构成，一个是基码本，另一个是基码本上修正的修正码本。LTE-A 还可以根据信道的空间相关性变化快慢进行长周期反馈和根据信道的快衰因素变化快慢进行短周期反馈，以上两种反馈方式可有效降低信道开销。

为了传输用户业务信道，LTE-A 使用了用户 DRS 的方式，并且同一用户业务信道的不同层使用的 RS 采用码分复用(Code Division Multiplexing，CDM)和频分复用(Frequency Division Multiplexing，FDM) 结合的正交方式。为了保证测量精度，LTE-A 引入了信道状态指示参考信号（ Channel State Indication-RS，CSI-RS)，其主要优势在于可以在时频域设置得比较稀疏，并且各天线端口的 CSI-RS 以 CDM+FDM 的方式相互正交。

LTE-A 中的多用户多输入多输出（ Multi-User Multiple-Input Multiple-Output，MU-MIMO ）技术经历了进一步的改进，从而提高了信道增益。这项技术可以充分实现多用户分集和联合信号处理的优势，同时最大限度地减少多用户流之间的干扰。这在性能和复杂性之间创造了一个良好的平衡。

3GPP 标准规定，MU-MIMO 调度对用户来说应该是透明的，最多支持 4 个用户复用。每个用户限于 2 层，所有用户之间总共有 8 层传输。为了增加调度的灵活性，用户可以在 SU-MIMO 和 MU-MIMO 状态之间动态切换。

5.4.3　协作多点传输

在 LTE-A 中，为了提升小区边界容量和小区平均吞吐量，常采用协作多点传输（ Coordinated Multiple Points，CoMP)。当用户位于小区边界时，往往会遭受到邻近小区信号干扰的影响，限制了其通信质量和数据传输速率。CoMP 通过协调多个 BS 之间的资源分配和信号传输，可以降低邻区干扰，提高小区边缘用户的接收信号信噪比，从而提高通信系统性能。CoMP 技术主要应用于下行传输和上行传输两个方面。在下行传输中，来自多个 BS 的发射信号需要进行协调抑制，以降低干扰，这也是 CoMP 技术最大的难点所在。为此，CoMP 引入了联合处理（ Joint Processing，JP)技术。JP 是指用户由 eNB 下协作的多个无线网络接入点（ Access Point，AP ）共同服务，不同 BS 间共享数据进行编码和解码，在协作的 AP 端，多用户之间干扰可以通过联合资源分配来消除，进而将干扰信号进行合理利用，从而提高小区边缘用户的服务质量、吞吐量和系统的频谱效率。在 JP 过程中，不同 BS 之间需要进行频率和相位校准，保证数据在各个基站处得到正确处理。其架构模型如图 5-13 所示。

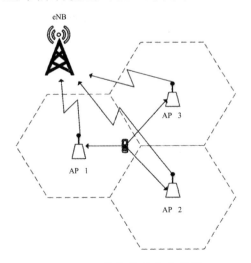

图 5-13　联合处理多点传输

与下行传输不同，上行传输的干扰主要来自于小区间频率和功率资源的冲突。为了解决该问题，CoMP 采用了协作调度（Coordinated Scheduling，CS）技术，以优化调度算法来降低干扰并提高系统容量。CS 是一种资源分配技术，通过有效地分配系统资源，减少相邻小区边缘区域使用资源时的冲突，从而避免小区间干扰，并提高信号的接收信噪比。其核心思想是让 UE 只由单个 AP 提供服务，在尽可能保持高频谱效率的基础上实现系统资源的最优化分配。其架构模型如图 5-14 所示。

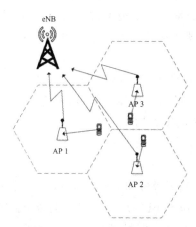

图 5-14　协作调度多点传输

5.4.4　异构网干扰协调增强

异构网干扰协调增强技术是提高系统吞吐量和网络效率的重要手段。异构网是指在宏基站覆盖区域内部署低功率节点，形成不同类型节点的同覆盖异构系统。该技术旨在协调不同节点之间的干扰，以实现网络整体性能的显著提升。异构网干扰场景如图 5-15 所示。

在异构网络中，宏基站的发射功率通常比 LPN 要高得多。这会导致宏基站对 LPN 边界下行接收产生干扰，并且大功率终端也容易对附近的 LPN 节点造成干扰。因此，减少各节点之间的干扰问题是异构网络中必须解决的重要技术难题。而且一些特殊场景如闭合用户组（Closed Subscriber Group，CSG），CSG 的信号发射也会对附近的宏基站 UE 造成影响，因此控制信道之间的干扰是异构网技术中一个重要的难点。为了解决该问题，目前采用的方法主要有基于载波聚合（CA-based）和基于非载波聚合（non-CA-based）的异频切换技术。

为了消除干扰，异构网中采用了异频切换技术。通过此技术，宏基站和覆盖内的 LPN 可以在完全异频的情况下进行通信，从而最大程度地减轻干扰问题。在使用载波聚合技术的通信场景中，控制信道和业务信道可以分别位于两个不同相位的载波上进行传输，而业务信道可以共道传输。这种方式可以大大提高通信的带宽和可靠性。在非载波聚合场景下，控制信道和业务信道就需要共享同一个载波进行传输，这可能会给网络带来一些干扰和瓶颈。因此，在非载波聚合场景下，需要更加谨慎地设计信道资源的分配和调度策略，以保证网络的稳定性和可靠性。通过频分/时分等方法对控制信道进行正交化处理，或者通过其他手段实现部分正交化。值得注意的是，通过正交化处理可以在保证数据传输质量的同时，也能够有效地减少信号干扰，提高信道利用率和系统容量。因此，在设计和优化移动通信系统时，需要充分考虑正交化技术的应用，以提高系统的性能和可靠性。

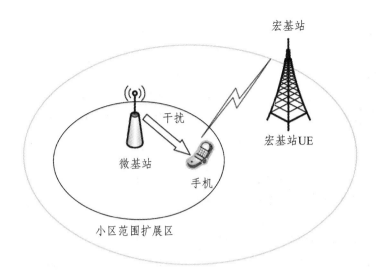

图 5-15　异构网络干扰场景

　　LTE-A 中的抗干扰技术也在 5G 发展过程中有着重要应用。5G 网络的发展趋势是采用能够支持全频段接入的高低频无线协作组网技术，这种技术可以构建异构多层次的网络结构，并且在负载平衡和干扰管理方面发挥关键作用。异构网干扰协调增强能够满足 5G 网络更高数据流量、更快用户体验速率和海量终端连接的需求，最终实现"信息随心至，万物触手及"的愿景[15]。

本章小结

　　4G 是由 LTE、LTE-A 标准不断演进而形成的第四代通信技术，移动和覆盖要求与 LTE R8 版本标准一致，峰值速率可达 100 Mb/s，具有频谱灵活、成本低廉的特点。本章主要介绍了 4G 的系统概述及其关键技术，以及 LTE 系统和 LTE-Advanced 系统的增强技术。

　　首先，本章介绍了 4G 的概念及其发展历史，并详细地对 4G 的标准化中涉及的 LTE 技术、LTE-Advanced 技术、WiMAX 技术及 WirelessMAN-Advanced 技术进行了详细的介绍。

　　其次，对 4G 中的关键技术如 OFDM 技术、MIMO 技术、软件无线电技术、调制与编码技术、智能天线技术等进行了介绍，分析了这些关键技术的特点，并对这些技术的优势与不足进行了阐述。

　　接着，介绍了 LTE 的理论、特性及相关技术。LTE 核心是无线接口和无线组网架构的技术演进问题，其网络架构主要由用户设备、无线接入网、核心网构成，其中核心网内部由网络层、数据链路层、物理层组成，关键技术有链路自适应、混合自动重传请求、小区间干扰消除等。

　　最后，介绍了 LTE-A 的理论、特性及相关技术。LTE-A 是 LTE 的演进版本，不仅保持了对 LTE 较好的后向兼容性，也能够满足未来十几年内无线通信领域的更高需求。LTE-A 的关键技术有载波聚合、多天线增强、协作多点传输、异构网干扰协调增强等。

习 题

一、选择题

1. 当 OFDM 子载波的带宽<信道"相干带宽"时，可以认为该信道是（　　　）。

    A. 平坦衰落　　　　　　　　　　　　B. 频率选择性衰落

    C. 瑞利衰落　　　　　　　　　　　　D. 快衰落

2. 下列哪个网元属于 E-UTRAN？（　　　　）

    A. S-GW　　　　　　B. E-NodeB　　　　　C. MME　　　　　D. EPC

3. LTE 支持灵活的系统带宽配置，以下哪种带宽是 LTE 协议不支持的？（　　　）

    A. 5M　　　　　　B. 10M　　　　　　C. 20M　　　　　D. 40M

4. 为了解决深度覆盖的问题，以下哪项措施是不可取的？（　　　）

    A. 增加 LTE 系统带宽　　　　　　　　B. 降低 LTE 工作频点

    C. 采用分层组网　　　　　　　　　　D. 采用家庭基站等新型设备

5. 相对于 3G，LTE 取消了哪个网元？（　　　）

    A. NodeB　　　　　　B. RNC　　　　　　C. HSS　　　　　D. DRA

二、填空题

1. OFDM 系统中，符号间无保护间隔时，多径会造成 _____ 和 _____。

2. MIMO 技术能在不增加带宽的情况下成倍地提高 _____ 和 _____，是新一代移动通信系统必须采用的关键技术。

3. LTE 无线资源管理的种类包括 _____、_____、_____ 和 _____ 等种类。

4. EPC 核心网主要包含 _____、_____、_____ 和 PCRF 等网元。

5. LTE-A 要求的最小下行速率为 _____，最小上行速率为 _____。

三、简答题

1. 什么是 4G 移动通信系统？其具有哪些特点？

2. 移动通信系统发展到目前经历了几个阶段？4G 最明显的优势体现在哪里？

3. 试述 4G 移动通信的发展趋势和方向。

4. 说明 MIMO 技术和智能天线技术之间的区别和联系。

5. 2G、3G 和 4G 中分别使用了什么多址技术？其特点和优势是什么？

6. 请解释为什么 LTE/EPC 核心网络没有针对电路域核心网络节点的演进？

7. 在开环空分复用和闭环空分复用这两种传输模式下，UE 上报信息的区别是什么？

8. 列举 LTE 小区下行三种 UE 资源分配优先调度技术的优缺点？

9. 进行簇优化时，如何利用扫频仪的测试结果对区域的覆盖/干扰情况做总体判断？

10. 可能导致 LTE 无法切换或切换失败的原因有哪些？

四、计算题

1. ENodeB 根据 UE 上报的信令计算出 TA，只有在需要调整 TA 时下指令给 UE 调整。已知需要调整的时间粒度为 $16T_s$，计算这个时间对应的空间距离变化是多少？

2. TDLT E 的 PRACH 采用格式 0，循环周期为 10 ms，请计算子帧配比为配置 1 的基站的 3 扇区的 Prach、Configuration、Index 分别为多少？

3. 假设一个覆盖半径为 30 km 的小区，请配置 PrachCS，并计算一个根序列能产生多少个 Preamble？共需要多少个根序列？

4. 假设 TD-LTE 的信道带宽为 20 MHz，调制格式为 64QAM，常规 CP 计算，控制符号为 2 个，下行子帧配置 1，特殊子帧配置 7，采用 MIMODL2*2，求 TD-LTE 的下行最高传输速率为多少？

5. 假设在 LTE 系统中有 24 路最高频率为 4 kHz 的信道，若抽样后量化级数 N=128，每帧增加 1 bit 作为同步信号，试求码元时间 T_s 传输带宽。

五、设计题

假设在 LTE 系统中，下行二进制代码为 11010000001001000001，请确定相应的传号差分码和 HDB_3 码，并分别画出波形图。

本章参考文献

[1] 中国商业数据网. 2019-2025 年中国 4G 市场发展现状及战略咨询报告(目录)[EB/OL]. 2019[2021-1019].https://wenku.baidu.com/view/4e4132449fc3d5bbfd0a79563c1ec5da50 e2d696.html.

[2] 沈俊涛. 4G 移动通信技术发展概述[J]. 无线互联科技, 2017(11): 11-13.

[3] 叶鹏飞. LTE 进一步演进关键技术的研究[D]. 南京: 南京邮电大学, 2016.

[4] PAPAPANAGIOTOU T D, LEE J, DEVETSIKIOTIS M. A survey on next generation mobile WiMAX networks: objectives, features and technical challenges[J]. IEEE Communications Surveys & Tutorials, 2009, 11(4): 3-18.

[5] 姚志刚. 4G 移动通信关键技术的应用及发展前景[J]. 中国新通信, 2015, 17(08): 75-76.

[6] 刘巧平, 董军堂. OFDM 技术在 4G 移动通信系统中的应用[J]. 电子测试, 2014(05): 102- 104.

[7] 桑亚楼, 韩志勇. 软件无线电技术在 5G 移动通信系统中的应用[J]. 广东通信技术, 2018, 38(05): 25-27.

[8] 金锦江, 郑茜茜. 4G 移动通信中的 MIMO 技术[J]. 大众科技, 2011(05): 50-51.

[9] 施亚齐. 智能天线技术在 4G 通信中的应用研究[J]. 中国新通信, 2017, 19(23): 37.

[10] YI S J, CHUN S D, LEE Y D, PARK S J, JUNG S H. Radio protocols for LTE and LTE-advanced[M]. Wiley, 2013.

[11] DAS S K. Mobile terminal receiver design: LTE and LTE-advanced[M]. Wiley, 2017.

[12] CAO J, MA M, LI H, ZHANG Y, LUO Z. A survey on security aspects for LTE and LTE-A networks[J]. IEEE Communications Surveys & Tutorials, 2014, 16(1): 283-302.

[13] COX C. An introduction to LTE: LTE, LTE-advanced, SAE, VoLTE and 4G mobile communications[M]. Wiley, 2014.

[14] Penttinen J T J. The LTE-advanced deployment handbook: The planning guidelines for the fourth generation networks[M]. Wiley, 2014.

[15] 赵军辉, 杨丽华, 张子扬. 5G 高低频无线协作组网及关键技术[J]. 中兴通讯技术, 2018, 24(03): 2-9.

第6章 第五代移动通信系统

5G 是第五代移动通信技术的简称，是最新一代的移动通信技术。相比前几代移动通信技术，5G 的传输速度更快、网络延迟更低、连接设备数量更多。这使得 5G 技术可以更好地支持诸如物联网、虚拟现实、增强现实等新兴技术的发展，进一步推动数字化、智能化、信息化的进程。5G 也被认为是未来数字经济、智慧城市、智能交通等领域的关键基础设施。本章将从 5G 的基本概念、网络架构、关键技术、面临的挑战和未来的发展趋势等方面对 5G 进行详细介绍。

6.1 5G 系统概述

5G 不仅可以给人们带来良好的移动互联网的新体验，而且还是智能制造、智能医疗、物联网和车联网等产业的重要技术支撑。我国高度重视 5G 战略的部署，国家也不断地加大推进 5G 技术、标准和相关的产业发展。2019 年 10 月 31 日，我国三大运营商中国移动、中国电信以及中国联通公布 5G 商用套餐，并宣布 11 月 1 日正式上线 5G 商用套餐，这标志着我国正式开启 5G 网络商用，跨入 5G 时代。

根据 ITU 的愿景，定义了关于 5G 三大应用场景：eMBB、mMTC 及 uRLLC，如表 6-1 与图 6-1 所示。eMBB 的核心内容就是在现有的移动宽带业务场景的基础上，进一步全面提升用户的数据体验速度。eMBB 主要针对人与人、人与媒体的通信，适用于高速率、大带宽的移动宽带业务。5G 标准要求单个 5G 基站至少能够支持 20 Gb/s 的下行速率以及 10 Gb/s 的上行速率，比 LTE-A 的 1 Gb/s 的下行速率和 500 Mb/s 上行速率提高了 20 倍，因此将适用于 4K/8K 分辨率的超高清视频、VR/AR 等大流量应用，进而极大提升了用户的速度体验。

表 6-1 5G 国际电信联盟关键性能指标值

分类	指标	国际电信联盟 5G 需求	国际电信联盟 5G
	针对 eMBB 场景		
下行	峰值传输速率/（Gb/s）	20	考虑采用高频段技术
	用户体验速率/（Mb/s）	100	仅针对密集城区场景提出
	峰值频谱效率/（b/s·Hz^{-1}）	30	假设下行采用八流，64QAM（正交振幅调制）
上行	峰值传输速率/（Gb/s）	10	考虑采用高频段技术
	用户体验速率/（Mb/s）	50	
	峰值频谱效率/（b/s·Hz^{-1}）	15	假设下行采用四流，64QAM（正交振幅调制）

分类	指标	国际电信联盟 5G 需求	国际电信联盟 5G
	针对 eMBB 场景		
系统	用户面时延/ms	4	
	控制面时延/ms	10	
	流量密度/（Mb/s·m^{-2}）	10	仅针对室内热点场景提出
	移动性/（km/h）	500	最高支持 500
	小区切断中断时间/ms	0	
	能源效率/倍	100	相对于 IMT-Advanced 的提升倍速
	系统带宽/Mhz	≥100	对于 6 GHz 以上高频段，支持最大 400 MHz 带宽
	针对 uRLLC 场景		
系统	用户面时延/ms	1	
	控制面时延/ms	10	
	可靠性	$1-10^{-5}$	仅针对密集城区场景提出
	移动中断时/ms	0	
	针对 mMTC 场景		
系统	连接数密度/（万个/km^2）	100	

mMTC 场景主要针对人与物、物与物的大规模通信，该场景强调大规模的设备连接能力、处理能力以及低功耗能力，主要满足海量物联网连接的通信需求，面向以传感和数据采集为目标的应用场景。比如，在连接能力上能够达到连接数 100 000 个/扇区，在供电上要求至少 5 年的电池持续能力，符合"海量设备、绿色耗能"的特性。

uRLLC 是一种面向垂直行业的特殊应用需求的 5G 技术，其主要关注较低的延时和较高的可靠性两个方面。在工业生产和控制等场景中，时延和可靠性是非常重要的因素，因为这些场景需要快速响应和高度可靠的通信。与 4G 网络相比，uRLLC 的时延要求更加苛刻，要求 5G 的端到端时延必须低于 1 ms，以应对无人驾驶、智能生产等低时延应用。除此之外，uRLLC 还需要具备超高可靠性，因为低时延应用对差错的容忍度非常小，需要通信网络全天候服务，几乎无中断服务可能。

5G 的关键性能指标包括用户体验速率、连接数密度、端到端的时延、峰值速率以及移动性等。但是与之前仅仅强调峰值速率的情况不同，现在业界普遍认为 5G 最重要的性能指标是用户的体验速率，这不仅是用户真正可获得的真实数据速率，而且是与用户感受最密切的性能指标。基于 5G 主要场景的技术需求，5G 用户体验速率应达到 Gb/s 量级。而对于物联网和垂直行业应用场景，前几代通信系统都没有能够很好应对底层技术的能力，也就谈不上海量连接和超低的端到端时延，但是 5G 却能从根本上解决这些问题，因此海量连接能力和超高可靠超低时延特性成为 5G 的关键指标。

图 6-1　5G 三大应用场景

6.2　5G 网络架构

6.2.1　5G 核心网

　　5G 核心网的架构相对以往 3G/4G 的核心网进行了彻底的变革，5G 核心网将互联网技术的服务化架构（Service-based Architecture，SBA）引入核心网的设计[1]。在 SBA 架构中，各 NF 之间的通信不再是传统通信的处理机制，即同一设备与其他不同设备间采用不同的接口，服务化架构消除了同一设备与不同设备之间接口的差异，对所有设备提供统一的服务接口。此外，各种服务采用服务注册、发现机制，取消了传统设备间的耦合，简化了不同网元间的复杂联系，进而缩短了业务流程。更重要的是，与 3G/4G 需要使用核心网厂商的专有硬件相比，服务化架构的 5G 核心网可以部署在基于通用服务器的云资源池上。

　　SBA 充分地展现出了网络架构的开放性，因为各个 NF 之间松耦合，可以根据具体情况修改而不会影响到其他的 NF。SBA 架构由中国移动牵头联合其他 14 家运营商以及华为等 12 家网络设备商联合提出，使得 5G 网络走向云化设计（Cloud Native，CN），这种架构具有多种优点，比如使网络速度有较大提升，提高网络资源的利用率，以及能在授权的情况下开放给第三方等。

　　5G 仍然属于蜂窝移动通信技术，为了便于传统通信工程师的理解，3GPP 标准组织提供了传统的参考点架构，即类似以往 2G/3G/4G 采用的具体网元之间逻辑关系的架构，实际组网仍以服务化架构去部署。

6.2.2　5G NSA 组网架构

　　3GPP 有两种 5G 网络模式，即非独立组网（Non-Standalone，NSA）与独立组网（Standalone，SA）。3GPP 的 R15 在不同时间发布了两个版本。其中，2017 年 12 月发布的第一个版本是非独立组网，2018 年 6 月发布的第二个版本是独立组网，NSA 和 SA 在网络组织和部署等方面差异非常大。

　　NSA 是指使用现有的 4G 基础设施（主要是无线网及核心网）进行 5G 网络的部署。运营商可根据业务需求确定 4G 升级基站和区域。基于 NSA 架构（主要是 Option3 系列）的 5G 基站载波仅承载用户数据，其控制信令仍通过 4G 网络传输，系统级的业务控制仍然由 4G 网络负责。这种方式相当于是在现有的 4G 网络上增加新型载波来进行容量扩容。由此可知，NSA 是把 5G 无线技术依附于 4G 网络来开展业务的，5G 应用场景依然是目前 4G 的移动互联网场景。

NSA 组网需要用到双连接（Dual-Connectivity，DC）技术。DC 技术是指在同一个核心网的两个无线基站共同覆盖区内，终端同时接入这两个无线基站，并将其中的一个基站作为主基站（Master Node，MN），将另一个基站作为辅基站（Secondary Node，SN）。MN 是用户终端接入网络的锚点（即接入的统一入口），提供用户终端接入网络的信令控制（例如，移动性管理、位置信息上报等），并负责用户面数据的转发；SN 在 MN 的控制下仅为用户终端提供额外的用户面数据转发资源。

为方便不同的运营商的建网选择，3GPP 对 NSA 组网提出了多种可选的模式，比较典型的有选项 3（Option3）、选项 4（Option4）和选项 7（Option7）三种模式。

1. Option3

采用 Option3 模式的 5G NSA 的核心网为 4G 的演进分组核心网（Evolved Packet Core Network，EPC），无线网由 4G 基站和 5G 基站组成。在某个 4G/5G 基站共同覆盖的区域，用户双连接到 4G 和 5G 基站，其中，MN 为 4G 基站，SN 为 5G 基站，控制面仍然锚定在 4G 基站。5G NSA 终端先接入 4G 基站，与统一的核心网 EPC 通信完成鉴权后，再通过双连接技术添加 5G 基站，从而将终端接入 5G 基站。

Option3 系列又可细分为 Option3、Option3a 和 Option3x3 种具体选项的实现。

1）Option3

用户有"EPC—4G 基站—5G 基站—用户"和"EPC—4G 基站—用户"两个承载通道，由于 5G 空口的带宽较大，可优先选择"EPC—4G 基站—5G 基站—用户"通道转发用户面数据。

2）Option3a

4G 基站建立"EPC—4G 基站—用户"的承载通道，5G 基站建立"EPC—5G 基站—用户"承载通道。

3）Option3x

5G 基站建立"EPC—5G 基站—用户"承载通道和可选的"EPC—5G 基站—4G 基站—用户"承载通道，一般优先选择"EPC—5G 基站—用户"承载通道转发用户面数据。

传统 4G 基站的处理能力相对有限，例如，由于带宽处理能力、信令处理能力无法承载 5G 基站的新"业务量"，所以 4G 基站需要升级改造为增强型 4G 基站。另外，MN 和 SN 还涉及基站间的兼容性，为了弱化因兼容性产生的问题，一般采用与 4G 基站同厂商的 5G 基站。

对于 Option3，5G 基站需要额外支持 S1-U 的 4G 用户面接口与 4G LTE 基站之间的 X2 接口，所以在 5G 开展初期，当 SA 尚不成熟时，Option3 是实现 5G 快速部署的一种较好的选择。

2. Option4

Option4 是运营商先部署 5G 核心网（5G Core Network，5GC），无线接入由 4G 基站和 5G 基站组成。与 Option7 不同的是，Option4 的 MN 为 5G 基站，SN 为 4G 基站。Option4 因为新部署 5G 基站，可以要求 5G 基站向下兼容，所以 4G 基站可以暂时不用升级。

Option4 可能应用的一个场景是新进入的运营商直接部署 5G 网络，但初期 5G 网络覆盖有限，需要借助其他运营商的 4G 来提升覆盖面，类似 4G 无线与其他运营商的共享。另外一个可能的应用场景是，运营商的 4G 核心网退网，4G 基站统一接入 5G 核心网，但这与 SA 的 Option5 比较类似。

3. Option7

Option7 相对于 Option3，运营商先部署 5G 核心网，统一的核心网为 5GC，无线网仍然由 4G 基站和 5G 基站组成。与 Option3 一样，Option7 的 MN 为 4G 基站，SN 为 5G 基站。

传统的 4G 基站仍需要升级改造为增强型 4G 基站，5G 基站与 4G 基站一般是统一厂商的设备。

Option7 虽然是 3GPP 提出的一种 NSA 组网架构，但目前已经建设的网络中很少采用这种选项组网。

4. NSA 对 EPC 的要求

在 NSA 组网架构下，现有的 4G EPC 需要进行简单的功能升级，以便支持 5G NSA。下面以 Option3a 为例，具体介绍 EPC 核心网的升级需求。

4G 核心网中的用户最大比特率（Maximum Bit Rate，MBR）最大限制为 4 Gb/s，而 5G 基站的目标是 10 Gb/s，为避免核心网成为用户业务速率的瓶颈，需要将 MBR 扩展到最大 4 Gb/s。用户限制速率的升级涉及归属签约用户服务器（Home Subscriber Server，HSS）、策略及计费规则功能（Policy and Charging Rules Function，PCRF）、用户属性存储（Subscription Profile Repository，SPR）、移动性管理实体（Mobility Management Entity，MME）、SAEGW（SAEGW 为 PGW 和服务网关 SGW 的合称），系统架构演进（System Architecture Evolution，SAE）和 CG。另外，用户限制速率还需要支持 QoS 的处理。

1）HSS

HSS 需要支持新增 NR 扩展签约信息，对应的参数为 Extended-Max-Requested-BW-DL 和 Extended-Max-Requested-BW-UL；HSS 需要根据 MME 在功能清单上报的 NR 支持能力，控制 NR 扩展签约信息的下发，支持对 UE 的 DCNR 的授权。若对用户的 5G 接入进行限制，HSS 中为用户签约数据接入限制（Access Restriction Data，ARD），从而可限制用户接入 5G 无线网络，相应的 MME 也需要根据 ARD 来限制用户的 5G 接入。

2）PCRF

PCRF 需要能识别 4G/5G 用户并下发不同的计费控制策略。PCRF 也需要支持 Extended-BW-NR 特性，支持 AMBR QoS 最大带宽取值范围，支持启用扩展带宽参数。

3）MME

MME 需要支持 5G 基站（Next Generation NodeB，gNB）的接入控制。接收和识别 UE 在附着请求和位置区更新请求中上报的双连接功能（Dual Connectivity E-UTRAN and NR，DCNR），并根据 HSS 的签约或 MME 本地配置中的接入限制信息决定该 UE 能否接入 NR。

MME 需要支持向 HSS 上报自身支持 5G 基站作为 SN 的能力。

MME 需要支持接收 eNodeB 发送的用户面演进的无线接入承载（Evolved Radio Access Bearer，E-RAB）修改指示，将指示中携带的承载 ID 和其对应的无线节点的全量展道端点信息（Full Qualified-Tunnel Endpoint Identifier，F-TEID）通知给 SAE-GW，并向 eNodeB 回复 E-RAB 修改响应。

MME 需要支持 Extended-BW-NR 特性以及 QoS 参数的处理。Extended-BW、NR 特性对应 3 个参数，即扩展的基于接入点名称（Access Point Name，APN）的下行/上行聚合最大比特速率（Aggregated Maximum Bit Rate，AMBR）、扩展的最大请求下行/上行带宽（Extended-

Max-Requested-BW-DL/UL）和扩展的下行/上行保证速率（Extended-GBR-DL/UL）。

MME 需要支持将 eNodeB 上报的 gNB 的用量报告发送至 SAE-GW。

4）SGW

SGW 需要支持 QoS 参数 Extended-BW-NR 特性，以及该 QoS 参数的处理。

SGW 需要根据 MME 的指示存储 gNB 的用量报告，并将该用量报告发送至 PGW。

SGW 的呼叫详细记录（Call Detail Record，CDR）应支持 QoS 参数取值扩展，即根据 gNB 的用量报告提供 5G 基站的流量。

5）PGW

PGW 需要支持高带宽 QoS，支持对单用户大带宽，支持 Extended-BW-NR 特性，即启用 Extended-APN-AMBR-DL/UL 参数，替代 APN-Aggregate-Max-Bitrate-UL/DL 参数，启用 Extended-Max-Requested-BW-DL/UL 参数，替代 Max-Requested-Bandwidth-DL/UL 参数，启用 Extended-GBR-DL/UL 替代 Guaranteed-Bitrate-DL/UL 参数。PGW 能根据 MME 的指示存储 gNB 的用量报告，并基于 5GgNB 生产 CDR。

6）CG

CG 需要支持 NR 双连接用户产生的话单和相关字段处理。在 EPC 原有的 SGW-CDR 基础上增加标识 5G NR 的相应字段。

6.2.3　5G SA 组网架构

与 4G 组网相比，5G 的 SA 组网是全新的网络。SA 组网采用端到端的 5G 网络架构，从终端、无线新空口到核心网都采用 5G 标准，支持 5G 的各类接口、各项新功能。SA 组网采用了网络虚拟化、软件定义网络、网络切片以及边缘计算等新技术来满足 5G 的多种业务场景需求。与 NSA 相比，SA 组网下的用户终端在选网接入、鉴权与秘钥协商、移动性管理、安全等方面均存在较大的差异，因此对于 NSA 的 5G 终端，将无法正常接入 SA 网络使用 5G 业务。

SA 组网不需要终端具备双连接功能。根据运营商策略，终端在 4G/5G 共同覆盖的区域，可以优先选择 5G 网络，在没有 5G 网络覆盖的区域，选择 4G 网络。

SA 组网按照与现有 4G 网络的关系，可以分为 Option2 和 Option5。

Option2 是 5G 与 4G 网络相互独立，5G 与 4G 的互通在核心网层面上实现。

Option5 是 4G 基站升级为增强型基站接入 5GC，4G/5G 统一由 5G 核心网控制。Option5 和 NSA 的 Option4a 类似，在标准和设备成熟的情况下，Option5 比 Option4a 更有优势。

6.2.4　NSA 与 SA 的组网分析对比

为了更好地理解 NSA 和 SA 两种组网的区别，下面分别对两种组网从技术成熟度、网络的部署速度、覆盖要求、建网成本和网络演进等方面进行对比分析。

1. 技术成熟度

与 SA 相比，NSA 的标准成熟得更早，而且 NSA 是在现网设备的基础上升级，基站与核心网之间的兼容性测试是厂商内部的事情，比较容易实施。截至 2022 年初，只有部分地区用户可使用 SA 服务，根据大部分用户的需要，现阶段还需要使用 NSA+SA 模式。

在标准冻结的时间方面，SA 比 NSA 晚了半年。与 NSA 相比，SA 引入了更多的新技术，新技术的成熟需要得到现网的验证。另外，为了支持引入与现网 4G 不同厂商的设备，SA 需要开展不同厂商设备之间的兼容性测试以及设备性能测试等工作。但 SA 的规模商用于 2021 年已在中国的部分省份实现，预计在未来会有更多的城市实现 SA 的商用。

2. 网络的部署速度

现网的 EPC 核心网只需要进行少量的功能升级就可以支持 NSA，而不需要部署任何新设备。无线网的 5G NSA 基站与同厂商的 4G 基站对接，部署起来更快更方便。这种方式有利于把 NSA 快速推入市场。

SA 组网需要新建端到端网络，包括无线网、核心网和承载网。新网络部署完成后需要专业网内的调试以及各专业网之间的联调，从而形成端到端的业务能力。考虑到网络建设周期、联调测试时间，SA 组网的部署速度比 NSA 组网的部署速度至少要慢半年。

3. 覆盖要求

基于 NSA 组网的 5G 基站只承载用户数据，其控制信令仍通过 4G 网络传输。所以 5G 基站的部署可以看作是在现有的 4G 基站上增加一个新的载波进行扩容。在 NSA 组网中，5G 提供的业务与 4G 业务相比并没有很大区别，其优势主要体现在提高了上网的速率，提升了用户的上网体验，因此运营商可以根据用户的需求和自身业务策略，有计划地调整网络升级的规模与节奏，无须在建网初期就形成较大连续覆盖。

在 5G 网络覆盖尚不完善的情况下，NSA 组网仍然能保证用户的良好体验，在没有 5G 网络覆盖时，可以通过 4G 网络实现业务的连续性。可见，5G 的 NSA 组网可以满足运营商在原有经营模式下开展 5G 业务的需求，而且网络升级所需投资门槛低，技术挑战可控，有利于运营商快速推出基于 5G 的移动宽带业务。

SA 组网下终端支持单连接，即终端只连接 4G 或 5G 中的一个网络。为了便于用户体验，要求 5G 的覆盖有一定的连续性，避免用户频繁地在 4G 和 5G 网络之间来回切换。

4. 建网成本

NSA 组网对 4G 基站的更新利用尚不需要连续覆盖，只需要对部分重点场所进行覆盖，因此 NSA 组网的初期投资相对较少。但将来从 NSA 演进到 SA，网络仍需要再改造，因此综合来看，SA 组网的整体投资并不比 NSA 组网的投资少。另外，NSA 组网的 5G 基站只能选择与现有 4G 基站同厂商的设备，从而影响了运营商选择设备供应商的灵活度，这在一定程度上不利于运营商进行成本管控。

SA 组网在网络建设初期的投资较大，但从长远来看，SA 组网的总体投资并没有比 NSA 增加很多。SA 组网的主要特点在于能够提供更为多样化的、目前 4G 网络无法支持的业务。例如，低时延、高可靠、企业专网等业务。因此 5G SA 网络在部署初期需要大规模的连续覆盖，这意味着部署在 SA 网络中的基站数量将远远大于部署在不需要连续覆盖的 NSA 网络中的基站数量。

5. 网络演进

从标准来看，NSA 和 SA 都是 3GPP 的 5G 标准版本，但从运营商的 5G 目标网络的选择来看，绝大多数运营商都将 SA 作为目标网络。所以就网络演进而言，NSA 是过渡组网技术，最终还是需要向 SA 组网演进。

6. 对现网改造

基于 4G 核心网的 NSA，需要对现有 4G EPC 核心网的 MME、SGW、PGW、HSS 等进行小量的升级。在 NSA 向 SA 演进中，需要对原有的 NSA 基站进行改造。

相对而言，SA 模式对现网的改造要求较少，除了互操作要求的 N26 接口外，现有 EPC 核心网和无线网基本不需要升级改造。

7. 业务能力

在 ITU 定义的 eMBB 场景下，NSA 和 SA 的业务能力相当，二者均可以为移动互联网用户提供高速上网服务，但在 uRLLC 和 mMTC 场景下，只有 SA 才能发挥 5G 的高可靠、低时延、大带宽的技术特色。另外，SA 还支持网络切片满足垂直行业多样化的个性需求。

8. 运营商选择

美国、韩国、日本等发达国家的运营商在 5G 建设的初期阶段比较青睐 NSA，因为 NSA 可以快速部署网络，抢占用户。2019 年，美国、韩国、日本已经商用的 5G 都基于 NSA 组网。我国的三大运营商在 5G 网络建设的初期也选择了 NSA 组网，之后三大运营商对外发布正式提供 5G 业务，这一阶段的 5G 网络也是基于 NSA 组网的。与此同时，国内三大运营商也在积极准备 SA 的网络建设，截止于 2021 年 10 月，国内运营商已经可以提供正式的大规模 SA 商用[2]。

6.2.5　5G NSA 组网和 SA 组网并存

运营商在初期 5G 网络部署的时候，出于技术、成本等因素可能会先采用 NSA 组网，后采用 SA 组网。5G NSA 组网和 SA 组网并存的阶段涉及网络和终端的选择和适配。

1. 基站维度

5G 基站按照制式不同可划分为 NSA 基站和 SA 基站，同一个 5G 基站不能既是 NSA 基站又是 SA 基站。针对 NSA 基站，按照 Option3x 组网，NSA 基站通过 4G 主基站接入 4G EPC，而 SA 基站需要直接接入 5G 核心网。

早期部署的 NSA 基站，由于技术等原因存在不能顺利地通过软件升级支持 SA 的情况，此类 NSA 基站将长期与 4G 基站共存。

对于可以升级到 SA 的 NSA 基站，随着 SA 网络的普及，NSA 基站大概率会升级为 SA 基站。

2. 核心网维度

对于 NSA 组网，核心网利用 4G 的 EPC，NSA 相当于是 4G 无线网络的增强。对于 SA 组网，5G 拥有独立的 5G 核心网，支持端到端的 5G 技术。5G 核心网与 4G 核心网存在互操作关系，支持终端在 4G/5G 之间切换。

3. 终端维度

5G 终端按照模式可划分为 NSA 单模终端、SA 单模终端和 NSA&SA 双模终端。5G NSA 单模终端只能在 NSA 的网络中使用 5G；SA 单模终端只能在 SA 网络中使用 5G；NSA&SA 双模终端则既可以在 NSA 网络中使用，也可以在 SA 网络中使用。NSA&SA 双模终端在 NSA 和 SA 网络共同覆盖的区域，运营商通常会让终端优先选择 SA 网络。

6.2.6 高低频无线协作组网

1. 5G 无线接入网架构

5G 系统基本架构如图 6-2 所示，主要由核心网移动管理、核心网的用户平面、RAN、NG 用户接口和 gNB 组成。与 LTE 基本架构不同，除了部署一些 gNB 外，5G 基本架构中基站与核心网之间的接口也发生了变化，与 LTE 网络相同的是：gNB 和 4G 基站（eNB）通过 Xn 接口相互连接，然而两者均通过 NG 接口连接到 5G 核心网。具体而言，负责承担热点的 gNB 主要通过 NG-U 接口连接到核心网的用户平面，eNB 主要通过 NG 控制接口和 NG 用户接口分别连接到核心网移动管理和用户平面来提供基础覆盖和部分非热点区域的通信需求。

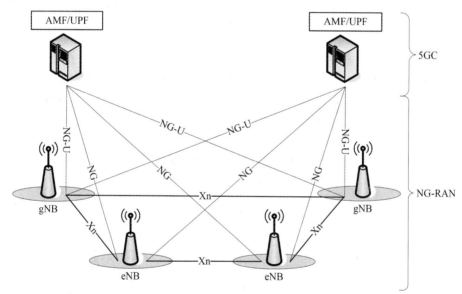

图 6-2　5G 系统基本架构

与传统 3G、4G 网络不同，5G 网络主要存在以下 4 个研究难点：（1）5G 网络为多个频率共存（高低频以及非授权频段）且多层重叠，如何在如此复杂的网络环境中获得更大的性能增益成为研究热点；（2）由于 5G 的带宽大，天线数目多，导致完全集中化管理受限；（3）实现多连接时，用户到网络的连接来自多个频率下的多个传输点，为了防止话务在前传上多次转发，要进行话务处理；（4）5G 系统中采用 NFV 时，一些高层功能需要集中在硬件资源池中实现。

针对上述问题，2017 年 3 月无线接入网会议上明确指出将分组数据汇聚协议（Packet Data Convergence Protocol，PDCP）和无线资源控制（Radio Resource Control，RRC）层进行分割。

经过水平分割之后，无线接入网架构可以分为集中单元（Centralized Unit，CU）和分布单元（Distribution Unit，DU），如图 6-3 所示。这种架构下，NR 协议栈的功能可以动态配置和分割，其中一些功能在 CU 中实现，剩余功能在 DU 中实现。为满足不同分割选项的需求，需要支持理想传输网络和非理想传输网络。CU 与 DU 之间的接口应当遵循 3GPP 规范要求。CU 主要包括无线资源控制和分组数据汇聚层协议，主要负责非实时的无线高层协议栈的部分，同时也支持部分核心网功能下沉和边缘应用业务的部署。DU 包括 RLC 层、媒体访问控制（Media Access Control，MAC）层和物理层，主要负责处理物理层和解决实时性的需求，这种分割方式能更加体现出未来 5G 网络中的 LPN 仅具备的数据功能。

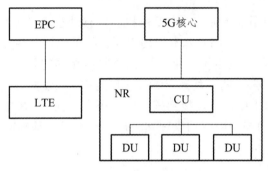

图 6-3　CU/DU 分离架构

2. 双层组网架构

基于控制/用户分离和分簇化集中控制思想，构建如图 6-4 所示的控制平面和用户平面分离的架构图，其中既有负责基础覆盖的宏基站，也有承担热点覆盖的 LPN。整个接入框架划分为 2 个子系统，即 LPNs 通信子系统和宏蜂窝通信控制子系统。该架构在宏基站提供覆盖范围下，宏用户由宏基站在低频段提供控制和数据信息，LPN 覆盖范围下的用户由宏基站在低频段提供控制信息，由 LPN 在高频段提供数据信息。该架构具有以下 3 个方面的特点：

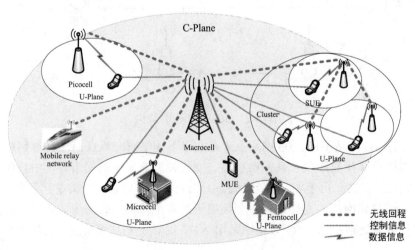

MUE—宏用户；SUE—小基站用户；Macrocell—宏小区。

图 6-4　双层组网架构图

（1）基站间分簇化集中控制。将部分 LPN 划分到同一集群中可以较容易地实现小区间干扰协调，从而能够满足热点区域用户的高体验速率要求。

（2）部分 LPN 仅具有数据功能，即只有 RLC、MAC 层和物理层的功能，可以明显降低运营商的部署成本。

（3）当集群中的用户数目较少时，集群中的基站通过检测在保证用户服务质量的前提下，适当关闭一部分基站来实现小区动态开关，从而降低能耗[3]。

6.3　5G 关键技术

6.3.1　双工技术

双工技术是一种在终端与网络之间进行上下行协同通信的工作模式，其目的是能在通信节点上实现接收和发送双向通信的功能。在 2G、3G 和 4G 网络中主要采用两种双工方式：FDD 和 TDD，这两者都不是真正意义上的全双工，因为 FDD 和 TDD 都不能在同一频率信道下同时发射、接收信号。

为了应对不同场景的多种应用，提升应用系统性能，5G 在双工模式上进行了改进。目前主要的双工改进技术有两种：同时同频全双工（Co-time Co-frequency Full Duplex，CCFD）和灵活全双工（Flexible Full-Duplex，FFD）。CCFD 技术可以在相同的时间和频率中同时发射和接收无线信号，从而将频谱效率大大提升，而 FFD 技术则能从业务上灵活定义信道的全双工模式。

1. 同时同频全双工

同时同频全双工技术可以使设备的发射端和接收端可以在相同的频率资源和时间上进行各自的工作。图 6-5 所示为同时同频通信节点的原理图。通信双方可以在上行链路和下行链路同时使用相同的频率，克服了 FDD 和 TDD 模式的缺点，是通信节点实现双向通信的关键。

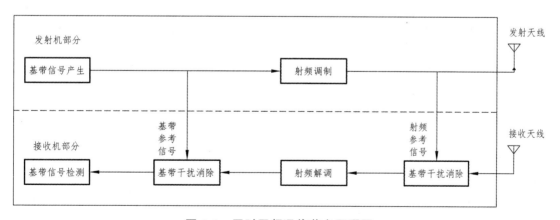

图 6-5　同时同频通信节点原理图

TDD 发射信号与接收信号的特征是使用同一频率信道但不同时隙进行传输。FDD 采用的是两个对称的频率信道，这两个信道分别用来发射与接收信号。CCFD 通信双方在同一时间内，其上下行链路可以使用相同的频率。半双工通信虽然也可以进行接收和发送双向传输，但是不能同时进行这两项操作。全双工通信则正好弥补了这一缺点，提高了频谱的利用率。对于半双工通信来说，全双工通信更具有显著性能优势，如数据吞吐量的增益和无线接入冲突避免能力，有效地解决了隐藏于终端的问题，缓解了网络拥塞，降低了端到端之间的延迟，在认知无线电环境下提高了主用户检测性能等。

但是，双工技术面临着自干扰问题，这是由于上下行链路使用相同的物理信道，造成发射信号与接收信号的干扰。此问题对于全双工通信来说尤其重要，因为全双工通信需要在同一时间发送和接收信号，而自干扰信号会导致接收信号质量降低，从而影响通信的可靠性和效率。目前消除干扰的技术主要有：

1）天线干扰消除

天线干扰消除是一种重要的干扰抑制方式，主要通过拉长发射天线与接收天线之间的距离来抑制发射机信号对接收机的干扰，从而降低自干扰信号的功率，因此是一种被动的抑制方式。天线被动干扰抑制技术通常分为天线分离、方向分离和偏振去耦3类。

（1）天线分离在天线被动干扰抑制机制中是一种较为简单的方法。全双工无线节点采用的天线具有全向发射和全向接收的功能，利用发射天线和接收天线之间空间所造成的传播路径损耗来降低自干扰信号的功率。当环境允许时，发射天线和接收天线之间的距离越大，自干扰抑制能力就越强。在传统的路径损耗模型中，功率衰减与发射天线和接收天线之间距离密切相关，前者与后者的平方成正比，功率衰减同时也与无线信号频率的平方成正比[4]。

（2）方向分离是一种固定发射天线方向的技术，其不在接收天线方向产生辐射，反之亦然。当发射天线与接收天线的主瓣相互正交时，两天线之间的互相耦合将明显减少。方向分离法还可以在全双工设备的不同位置增添发射天线和接收天线，来优化全双工节点的自干扰抑制性能。

（3）偏振去耦是一种天线被动干扰抑制技术，其主要思想是通过调整发射天线和接收天线的偏振方向，使得发射天线的信号在接收天线处的偏振方向与接收天线的偏振方向正交，从而降低自干扰的影响[5]。偏振去耦技术在一些特殊的无线通信场景中得到了广泛的应用，例如卫星通信、雷达系统、军事通信等。相较于其他天线被动干扰抑制技术，偏振去耦技术的实现相对简单，且能够有效地降低自干扰的影响，因此在一些特殊场景中具有重要的应用价值。

2）射频主动干扰抑制

射频主动干扰抑制是一种在本地重建一个与自干扰信号幅度相等、相位相反的射频信号，通过让重建信号与接收到的自干扰信号相互抵消，从而达到抑制干扰目的的消除干扰技术。射频主动干扰抑制又可以细分为直接抑制和间接抑制。

（1）直接射频干扰抑制实现的方式是抑制耦合信号，同时通过对信号的时延、幅度和相位进行调整，构建一个新的信号，新信号与自干扰信号幅度相等但相位相反，将新信号与接收到的自干扰信号合成，根据合成后信号功率的反馈，采用相关算法对时延、幅度和相位等参数进行调整，使合成后的信号功率达到最小，从而实现了自干扰抑制。

（2）间接射频干扰抑制实现的方式是进行自干扰信道估计，在通过在数字域采用相关的算法后得出结果，之后经过另一条独立的发射通道构建一个新信号，该新信号也是一种自干扰信号，构建后的新信号与接收到的自干扰信号不同，两者信号的幅度相同但相位相反，新信号再与接收到的自干扰信号相合成，并在数字域反馈接收模拟数字信号转换（Analog-to-Digital Converte，ADC）后的信号功率，然后根据反馈信息对信道估计算法进行调整，使得接收 ADC 后的信号功率最小，从而完成自干扰抑制。

3）数字干扰抑制

数字干扰抑制是在天线和射频干扰抑制之后，针对残留的自干扰信号进行的一种抑制技术。当自干扰信号进入数字端时，其干扰效应将会被放大，从而降低数字信号的质量和可靠性。因此，需要对自干扰信号进行数字干扰抑制。常用的数字干扰抑制技术主要有 3 种：导频估计干扰抑制、自适应干扰抑制和数控天线去耦。

（1）导频估计干扰抑制是一种用于无线通信系统中抑制干扰的技术。在发送端引入特定的导频信号，将其与原信号混合后进行发送。接收端接收到混合后的信号，通过解调等操作，提取出导频信号，并利用提取出的导频信号，估计出自干扰信道，即自身发射信号对接收信号的干扰情况。根据已知的发射信号和估计出的自干扰信道，进行干扰重建和抵消，使得接收到的信号中仅包含所需的信号，而干扰信号被有效地抑制。

（2）自适应干扰抑制技术同样需要重建自干扰信号，只不过自干扰信号是由自适应滤波器产生的，接着将自干扰信号与接收的输入信号进行相减处理，同时将信号反馈回滤波器，根据反馈信号的信息对滤波器参数进行调整，只有当反馈信号最小时，自干扰抑制效果才达到最好。

（3）数控天线去耦通过数字信号处理来调节收发天线，保证发射天线处于接收零点区，进而达到抑制干扰信号的目的。

传统的无线通信技术在同一时间只能进行单向通信或者时间分割双向通信，而全双工技术通过使用自干扰抑制技术来抵消自身发射信号对接收信号的干扰，从而实现双向通信。在全双工通信系统中，发送和接收可以同时进行，提高了通信效率和带宽利用率，使得同一频段上的通信更加灵活和可靠。由于其高效性和可靠性，全双工技术在无线通信、物联网、智能交通等领域得到了广泛应用[6]。

2. 灵活全双工

通信业务朝着不同方向多样化发展，更多地体现在上下行随时间、地点而变化的特性上。通信系统若在相对固定的频谱资源上进行分配，则无法满足各小区变化的业务需求。灵活全双工配置能够解决上述问题。因为灵活全双工能够根据上下行业务变化情况来合理分配资源，进而有效提高系统资源的利用率，如图 6-6 所示。

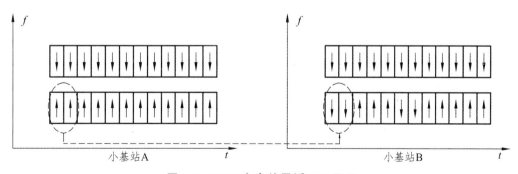

图 6-6 FDD 方案的灵活双工配置

在图 6-6 中，小基站 A 采用的是 FDD 双工模式，上行频率只能配置为上行符号，下行频率只能配置为下行符号。小基站 B 则根据业务的需求形成不同的上下行符号配比，其主要思路是将上行频带变为灵活频带，以达到适应上下行非对称的业务需求。这项操作在 TDD 系统中同样适用，即上下行传输符号数目取决于每个小区上下行的业务需求，实现方式如图 6-7 所示，与 FDD 中上行频段采用的时域方案类似，这种方式将会节约一定的资源。

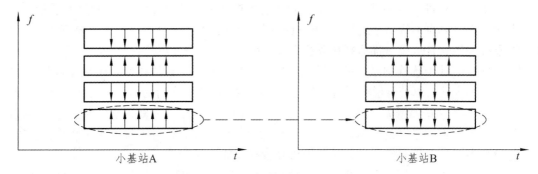

图 6-7　TDD 方案的灵活双工配置

　　FDD 技术难点主要来自于上下行信号在同一频段上运行时产生的相互干扰，这种干扰难以避免且难以消除。为了解决该问题，5G 系统采用了新的频段和新的多址方式，设计出全新的上下行信号，通过将上下行信号按照对称性原则进行设计，将上下行信号统一起来，并采用更加先进的信号处理技术来消除同向信号间的干扰。这种设计方案使得 5G 系统的上下行信号在同一频段上运行时，能够更加稳定和可靠，同时也提高了频谱利用率和通信效率。通过对 5G 通信协议和通信系统的全新设计，将 FDD 技术的难点转化为同向信号间的干扰。同向信号间的干扰可以通过干扰消除或者干扰协调等方式处理。上下行对称要求上行信号与下行信号必须在多方面保持一致，其中包括子载波映射、参考信号正交性等方面的问题。

　　除此之外，为了避免相邻小区上下行信号间产生互干扰，FDD 采用降低基站发射功率的方式，让基站的发射功率达到与移动终端对等的水平。在未来，用户管理与控制功能更多地是由宏基站来承担，而微基站承载的是更多的业务流量，而且 FDD 模式更适用于发射功率较低的业务。

　　在 FDD 系统中，其上下行频谱是对称分配的，在当前的网络中，下行业务量占据了大半，而上行频谱相对来说就比较空闲，此时 FDD 可以利用空闲的上行频段来发送下行数据，进而可以有效提高系统的吞吐量。如果用来传输下行信号的空闲子帧数目不断增加，系统整体吞吐量则会呈线性增长趋势。另外，当宏基站处于静默状态时，微基站下行信号受到的干扰将会降低，此时若有 8 个空闲上行子帧可用于下行传输，系统吞吐量将达到之前的 2 倍，如表 6-2 所示。

表 6-2　灵活双工配置对吞吐量的影响

上行频段中下行子帧数目	下行吞吐量/（Mb/s）	下行吞吐量增益	上行频段中下行子帧数目	下行吞吐量/（Mb/s）	下行吞吐量增益
0	111.94	0.00%	5	181.066	61.68%
1	125.776	12.36%	6	194.934	74.15%
2	139.608	24.71%	7	208.769	86.38%
3	163.654	37.07%	8	222.666	98.76%
4	167.342	49.40%	9	236.432	111.21%

6.3.2　大规模 MIMO 技术

1. 大规模 MIMO 概述

5G 能够克服 4G 在用户体验和高数据覆盖方面的挑战，但移动数据服务需求的增加，导致蜂窝基站面临着系统容量和频谱效率的压力。因此，5G 使用了大规模 MIMO 技术。最早的大规模 MIMO 概念是由贝尔实验室在 2010 年提出的，在同一无线电信道上使用不同数量的天线进行接收和发射。大规模 MIMO 依赖于空间多路复用，而空间多路复用依赖于基站的下行和上行链路。在上行链路中，通过终端传输导频更容易实现，基于该导频，基站对信道的响应进行赋值。相比起来下行的难度要大得多，这是因为大规模 MIMO 基站端大量的天线数量提高了下行信道估计的复杂度，并且用户的移动会导致信道信息时变。在传统 MIMO 中，基站首先根据信道响应的终端值发送导频波形，计算得到信息估计值并将其馈送给基站，这在大规模 MIMO 中是不可能的，主要有以下 2 个原因：首先，天线之间需要相互正交的下行导频，这意味着下行导频的时频资源数量等于天线数量，因此大规模 MIMO 相较于传统 MIMO 来说将需要 100 倍以上的时频资源。其次，每个终端的信道响应量必须近似并与基站天线量成比例。

2. 大规模 MIMO 的特性

在基站部署大规模天线阵列赋予了大规模 MIMO 较为突出的物理特性和性能优势。随着天线数量的增加，大规模 MIMO 的相关性能也获得了显著提升，具体如下：

（1）系统总容量显著提升：随着天线数量的逐渐增加，不同用户的信道可以达到正交的状态，能显著消除用户间的干扰。在大规模 MIMO 中，系统高度自由，信道矩阵形成的零空间可以放置干扰，从而显著提高了系统的抗干扰能力，进而大幅提升了系统总容量。

（2）信道干扰的改善：基站天线数量的增加，极大避免了用户出现深衰落，明显缩短了空中接口的等待时延，且基站天线数量增多时，系统的选择性和灵活性也有所增强，对于突发性问题有更好的处理能力。

（3）频谱效率的提升：目前有关大规模 MIMO 的研究显示其天线阵列数量的增加能够有效地提高频谱效率。由于大规模 MIMO 的空间分辨率较传统 MIMO 有明显的提高，使得基站覆盖范围内的用户可以在同一时频上进行通信。在带宽以及基站密度相同的情况下，频谱效率的提高较为显著。

（4）发射端功耗的有效降低：阵列增益随着天线数量的增加而增大，系统总能效能够显著提升。在大规模 MIMO 的场景下，系统形成的波束更窄更集中，可以提升基站与用户间的射频传输链路上的能效，即降低了基站发射功率的损耗。在保证一定服务质量条件下的多小区多用户大规模 MIMO 系统中，若 CSI 处于理想状态，用户的发射功率随着基站天线数目的增加而降低；若 CSI 处于不理想状态，用户的发射功率会随着基站天线数目的平方根增大而降低。

3. 大规模 MIMO 系统架构

大规模 MIMO 系统主要由射频收发器阵列、射频分配网络和多天线阵列构成。射频收发器阵列包含很多发射和接收单元。发射单元接收基带输入并提供射频发射输出，射频发送输出通过射频分配网络，分配到各个天线阵列，而接收单元的操作则与之相反。射频分配网络

（RF Distribution Network，RDN）为输出信号分配天线路径和天线单元。基于多用户波束形成的原理，基站端的数百根天线分别调制数十个目标接收机的波束，在相同频率上同时传输的信号通过空间信号来隔离[7]。

4. 信道预处理

信道预处理是指通信系统根据 CSI 对信号进行空时编码、预编码、自适应调制、功率控制等操作，使得系统的通信质量得到提升。在 MIMO 系统中，无线信道的传输特性会对系统的性能提升产生影响，若系统捕捉到的 CSI 较准确，通信系统的系统容量将得到大幅提高。通过借助信道预处理技术，MIMO 系统的通信质量有所改善。信道预处理围绕以下 4 个部分展开：CSI 获取、信道估计、预编码和信号检测。

1）CSI 获取

移动通信系统中信号的有效传输很大程度上受信道状态影响。

在 FDD 中，上下行信号在不同频带中传输，且为了避免上下行信号间的干扰，通常在频带之间添加一段频段作为保护间隔。FDD 在上行链路和下行链路的成对频段中同步发送和接收信号，以减小上下行传输之间的反馈时延。FDD 系统中的 CSI 主要通过"导频序列-反馈"获得。比如在下行链路中，基站侧向小区内广播导频序列、预编码矩阵等信息应用于 MIMO 处理信号的过程，例如信号解码、天线选择、信道补偿等。

在 TDD 中，上下行信号主要通过在不同时段上发送来进行区分。在现有的大规模 MIMO 系统中，通常使用 TDD 方式，上行导频可以利用信道互易性估计出信道矩阵，从而降低对大量反馈信息的需求。

2）信道估计

信道估计是利用接收数据对信道参数进行估计，而估计的精度直接影响整个系统的性能。

当系统采用 FDD 模式时，上下行通信需要不同的 CSI。在上行信道估计中，若向所有用户发送不同的导频序列，则导频传输所需资源不受天线数量影响。但是当 CSI 被下行信道获取时，传输分为 2 个阶段：基站把导频符号传送给所有用户后，用户再将估计获得的全部或者部分 CSI 反馈给基站，在此过程中，传输下行导频符号所需要的资源随基站侧天线数量的增加而增加，而基站侧天线数量增加，获取 CSI 所需占用的资源也会相应增大。

TDD 模式能够通过信道互易性获得上行 CSI 来克服上述问题，但是在多用户大规模 MIMO 系统中，由于基站侧天线和用户数量较大，相邻小区的不同用户对应的导频序列可能无法完全正交，因此系统中会存在用户间干扰和导频污染等问题。

根据无线信道统计信息的利用情况，信道估计算法可分为盲信道估计、半盲信道估计和基于导频序列的信道估计 3 种。其中基于导频序列的信道估计的优势在于精度较高，但提前发射导频会降低其传输效率。

3）预编码技术

预编码技术利用不同的子空间传输不同的数据流，是一种信道自由度的分配算法，该技术解决了接收端的复杂程度难以简化的问题，同时能够提升系统容量及抗干扰能力。预编码有多种分类标准，按照发送端的预处理方式划分，可分为线性预测码和非线性预测码；根据预编码效果，可以分为干扰消除预编码、最大化信干噪比预编码、最大化信泄漏比预编码等。

线性预编码和非线性预编码技术是广泛应用于传统 MIMO 系统中的 2 种技术。非线性预

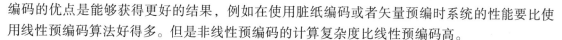

编码的优点是能够获得更好的结果，例如在使用脏纸编码或者矢量预编时系统的性能要比使用线性预编码算法好得多。但是非线性预编码的计算复杂度比线性预编码高。

4）信号检测

多传输天线发送的期望接收信号通常由接收端信号检测器在 MIMO 上行链路中恢复出来。为了在下行链路中进行预编码，并在上行链路中进行检测，基站需要精确的瞬时 CSI。在散射丰富、用户数量较少的情况下，匹配滤波检测器的性能相当好。然而，在空间相关信道中，为了提高频谱效率，需要精确度更高的检测器。大规模 MIMO 检测算法的复杂性受到系统大小（两侧天线数量、发射端和接收端数量）、矩阵相乘和矩阵反演等因素的影响。总的来说，信号检测时应该考虑性能和复杂性之间的平衡。常用的信号检测算法有最大似然检测、最小均方误差检测、迫零检测、连续干扰消除等。不同的检测算法在检测性能和复杂度上不同，检测者可以根据不同的需要选择不同的检测算法。信号检测算法总体分为 3 类：最优检测、线性检测和非线性检测。

作为最优检测中经典的解码算法之一，最优检测可以获得最小的差错概率以及全部的分集增益。在实际中极大似然解码算法无法达到预期效果，特别是在基站侧天线数量较多的大规模 MIMO 系统中。因此最大似然解码通常作为性能分析的上限值，为其他解码算法的研究提供参考。

线性检测算法本质上都是利用信道矩阵求逆，其需要满足矩阵求逆唯一解的条件，即在多用户大规模 MIMO 系统中，发射天线数目小于等于接收天线的数目。线性检测算法的性能与最大似然解码算法相差较大。相较于线性检测算法，非线性检测算法在性能上更优，但其复杂度也相对较高。常见的非线性检测算法包括串行干扰消除、正交三角分解和球形译码等[8]。

5. 大规模 MIMO 波束赋形

波束赋形也被称为波束成型或空域滤波，通过调整多天线信号的振幅和相位以产生干涉效应，使最终辐射的信号集中朝着某个方向传播或者接收。目前的波束赋形技术可分为 3 类，即智能天线领域的波束赋形、阵列信号处理领域的波束赋形以及通信编码领域的波束赋形。

在大规模 MIMO 多天线系统中，如果预先获得发射天线和接收天线之间的信道相位信息，则通常使用多个天线进行传统的分集和复用传输。并且，多个天线也可以用于波束赋形，将整个天线波束聚焦在目标通信方向上。通过在发射端使用波束赋形技术，整个发射天线可以形成指向目标接收端的窄波束。预先估计接收端将接收到最大强度的接收信号，最大限度地减少对非目标用户的干扰；通过在接收端使用多个接收天线进行波束赋形，可以将信号接收窗口集中在入射波的方向上，以最大限度地接收有用信号，并最大限度地抑制非目标方向上的干扰信号。波束赋形的性能随着大规模 MIMO 的天线数目增加而提高。

一方面，多天线阵列的大部分发射能量都被集中在较窄区域内，天线数量越多，波束宽度就会越窄。对于多天线阵列，由于不同波束都位于不同的聚焦区域范围内，因此不同波束和不同用户间的相互干扰较少，而这些区域非常小，基本上不会相互交叉。另一方面，多天线阵列系统必须用复杂算法来定位用户位置，否则就无法精准地将波束对准用户。所以波束管理和波束控制对大规模 MIMO 系统十分重要。

1）波束赋形管理

波束管理主要包括 4 个步骤。

（1）波束扫描

在波束覆盖区域内，以预定义的时间间隔与方向为依据，收发一组波束。5G基站从不同的空间方向发出 m 个波束，用户在 n 个不同的接收空间方向上监听或扫描来自基站的波束，共有 $m×n$ 次波束扫描。

用户通过波束扫描收集到波束的信道质量信息，并将信道质量信息传给基站。待波束质量信息被基站接收后，基站会依据上报的波束质量状况对各种配置参数进行调整，包括波束的扫描周期和判决门限等。波束扫描采用穷尽搜索法，也就是遍历所有可能性。在波束扫描过程中，往往先在整个覆盖空间中为用户和基站预定义方向码本，再按排列顺序遍历发送/接收同步和参考信号。

（2）波束测量

评估接收信号的质量时，参考信号接收功率、参考信号接收质量、信号与干扰加噪声比等是几个重要的评估点。

（3）波束决策

根据波束测量选出最优波束或波束组。

（4）波束上报

用户向基站传送波束质量和波束决策信息，以建立基站和用户间的定向波束通信。在波束上报过程中，用户必须等待基站将RACH调度到最佳波束方向，再执行随机接入。

2）波束选择

采用波束成形技术之后，为达到小区的全覆盖，5G基站必须使用多个不同指向的波束。下行过程中，基站依次使用不同指向的波束发射无线信号，执行波束扫描、波束测量、波束决策和波束上报的工作过程。用户端也有天线阵列，所以在波束对准中，收发波束都要考虑。5G标准允许用户变换接收波束，产生一对最佳收发波束。为保证最终得到足够的信号增益，通常需要调窄大规模天线阵列所产生的波束。因此，若要小区内各个方向上的用户都能得到有效覆盖，使用大量的窄波束是一种可靠的办法。

为解决快速对准波束问题，5G标准采取了分级扫描的方法，即由宽到窄扫描。基站首先用比较少的宽波束覆盖全小区，并依次扫描各宽波束对准的方向，这一过程称为粗扫描。之后是细扫描过程，基站利用多个窄波束逐一扫描已在粗扫描中被宽波束覆盖的方向。对单个用户而言，扫描范围缩小，扫描次数也相应变少了。

波束估计算法可以进一步优化波束管理过程。基站根据用户的信息再次估计用户最佳波束方向，提高现有波束扫描结果的准确性，校正波束方向，减少或避免进一步的详细扫描，从而实现快速的波束管理。当用户在移动时，为了更好地跟踪用户，分级扫描根据每个用户的需要随时展开，不断变换最佳波束；最佳波束会根据用户位置的改变而改变，为用户提供无缝覆盖，以确保通信不中断、不掉线。

6.3.3 毫米波通信

1. 毫米波技术概述

5G在传输速率上比4G快10倍以上，即5G的传输速率至少为1 Gb/s，要实现如此大的速度提升，主要是提高频谱的利用率，最简单直接的方法是增加频谱的带宽。由于当前普遍使用的是 5 GHz 以下的频段，使得其范围内的可用频段越来越稀少，为了解决该问题，各大厂商相继使用毫米波（Millimeter Wave，mmWave）技术[9]。

毫米波通常是指频段范围在 30 ~ 300 GHz，波长范围在 1 ~ 10 mm 内的电磁波，就频谱分布来看，毫米波的低端与微波连接，高端与远红外波相连，因而兼容两种波谱的特性。

依据 3GPP 38.101 协议，5G NR 主要使用两段频率：第一种是 FR1 频段和 FR2 频段，FR1 频段又叫 sub 6 GHz 频段，其频率范围为 450 MHz ~ 6 GHz；FR2 频段的频率范围为 24.25 GHz ~ 52.6 GHz；第二种就是 mmWave。我国工信部已确定将 mmWave 高频段 24.75 GHz ~ 27.5 GHz、37 GHz ~ 42.5 GHz 用于 5G 试验。

无线通信中最大的信号带宽约为载波频率的 5%，由此可见，载波频率越高，可实现的信号带宽就越大。在 mmWave 的频段中，最有可能在 5G 中使用的是 28 GHz 频段和 60 GHz，其中 28 GHz 频段的可用频谱带宽高达 1 GHz，而 60 GHz 频段的每个信道的可用频谱带宽高达 2 GHz，因此 9 GHz 的可用频谱可分为 4 个信道。

2. mmWave 的传播特性

mmWave 通信以 mmWave 为信息传输载体。对于 mmWave 的研究目前主要围绕几个"大气窗口"频率和 3 个"衰减峰"频率。mmWave 特点如下：

1）mmWave 是一种典型的视距传输方式

由于 mmWave 的频率高，因而可以划入甚高频段，该频段的波以直射波的形式在空间传播，波束窄，方向性好。一方面，气体的大气损耗、雨衰等都会造成 mmWave 路径上的损耗，因而单跳通信距离短；另一方面，由于 mmWave 所在的频段高，干扰源自然就少了，所以传播稳定且可靠。因此，mmWave 通信是一种典型的具有高质量和恒定参数的无线传输信道的通信技术。

2）具有"大气窗口"和"衰减峰"

"大气窗口"的频段为 35 GHz、45 GHz、94 GHz、140 GHz 和 220 GHz。mmWave 信号在这些频段附近传播时，受到的影响较小。所以对大气影响比较敏感的应用可以考虑使用以上频段，如地基雷达和低空空地导弹。

"衰减峰"是指 mmWave 频段在 60 GHz、120 GHz 和 180 GHz 频段附近的衰减有一个极大值，约为 15 dB/km。通常，具有多路分集的隐蔽网络和系统优先采用 "衰减峰"频段。

3）降雨时衰减严重

与微波相比，mmWave 信号在恶劣天气环境下的衰减要大得多，尤其是在降雨期间，会严重影响传播效果。研究结果表明，mmWave 信号的衰减程度和降雨情况密切相关。一般情况下，其衰减程度和降雨瞬时强度、距离远近、雨滴大小呈正相关。在 mmWave 通信系统或通信线路中，保留足够多的电平衰减余量能有效减少降雨引起的衰减。

4）特殊环境下的超强穿透能力

在沙尘和烟雾等特殊环境下，大气激光和红外的穿透力极差，而 mmWave 则呈现出较明显的优势。大量现场测试结果表明，mmWave 在沙尘和烟雾中仍有很强的穿透力，并且在穿透过程中几乎不产生衰减，甚至在爆炸和金属箔条造成高强度散射的情况下，即使发生衰减，也是短期的，很快就会恢复。在离子不断的扩散和下落过程中，mmWave 通信也不会由此产生严重中断。表 6-3 量化了不同的频率下各种环境对其损耗的影响，可见频率越高，损耗越大[10]。

表 6-3　不同频率下的传播损耗

频率	自由空间传播损耗	衍射损耗	树叶穿透损耗	房子穿透损耗	室内损耗	总损耗
10 GHz	+12 dB	+5 dB	+4 dB	+ 8 dB	+2 dB	+31 dB
28 GHz	+20 dB	+10 dB	+8 dB	+14 dB	+5 dB	+57 dB

3. mmWave 通信的优点

采用毫米波通信时具有以下的优点。

1）频带宽

一般认为 mmWave 的频率范围在 26.5～300 GHz，带宽高达 273.5 GHz，是从 DC 到微波总带宽的 10 倍以上。考虑大气对 mmWave 信号的影响，传播时一般取 4 个不同的 mmWave 窗口，这 4 个窗口的总带宽高达 135 GHz，是微波以下各波段带宽和的 5 倍，这在频率资源紧张的今天无疑极具吸引力。

2）波束窄

天线尺寸相同时，mmWave 的波束比微波窄得多。例如，一个 12 cm 的天线，在 9.4 GHz 时的微波波束宽度为 18°，而同样情况下，mmWave 波束宽度仅为 1.8°，因此 mmWave 可以观察到更多的细节，也可以区分距离很近的目标物。

3）探测能力强

在微波系统中，若雷达探测的仰角比搜索目标低一个波束以下时，天线的方向性失去对反射波的抑制作用，产生严重的多径效应，从而引起测速与测角的误差。而 mmWave 可以利用宽带广谱能力来抑制多径效应，此频段的可供使用性，可以有效地消除相互干扰。在目标径向速度下，可以获得较大的多普勒频移，而 mmWave 信号多普勒灵敏度响应高，有利于提高对低速运动目标的探测及跟踪能力。

4）安全保密好

mmWave 通信的这一优势来自两方面：第一，mmWave 系统的作用距离受大气传播特性的影响极大，其主要原因是 mmWave 在传输的过程中极容易被水蒸气分子、氧和降雨吸收从而造成极大的衰减，同时，由于点对点的直通距离非常短，而超过直通距离的信号就会变得非常的微弱，从而给敌方进行窃听和干扰增加了一定的难度；第二，mmWave 波束非常窄且副瓣较低，这又进一步减小了信息被截获的概率。

5）传输质量高

mmWave 频段较高，基本不会被其他干扰源影响，其信道非常稳定可靠。mmWave 信道的误码率可以长时间保持在 10^{-12} 与 10^{-10} 之间，传输质量可与光缆相比。

6）元件体积小

和微波相比，mmWave 元器件的体积要小得多，因此 mmWave 系统也更容易小型化。

4. 5G 毫米波技术

mmWave 在 5G 中的应用，就是通过技术手段强化毫米波的优势，解决或者弱化毫米波的劣势，扬长避短。主要技术包括：多天线技术、高频波束管理、高频帧结构、自包含帧和高频组网技术。前两种技术在 MIMO 技术中做了介绍，这里主要介绍后 3 种技术。

1）高频帧结构

在 5G NR 的帧结构中，基于不同的参数集，在一个统一的框架下能够灵活生成高频以及低频的帧结构。对于高频，定义较大的子载波间隔，有利于发挥毫米波带宽大的优势，而且高频系统更容易部署动态 TDD，可以灵活地变更上下行切换的时间点。如表 6-4 所示，3GPP 定义了适合毫米波的子载波参数。

表 6-4　不同频率下的传播损耗

SCS/kHz	50 MHz-NRB	100 MHz-NRB	200 MHz-NRB	400 MHz-NRB
60	66	132	264	N.A
120	32	66	132	264

2）自包含帧

5G NR 帧是自包含的。自包含帧是指解码一个时隙内的数据时，所有的辅助解码信息都能够在本时隙内找到，不需要依赖其他时隙；同样，解码一个波束内的数据时也不需要依赖其他波束。5G NR 的自包含特性同样能降低时延、接收机复杂性和功耗。

在 TDD 制式的 5G NR 无线帧中，参考信号、DL 控制信息都放在长度为 14 个 OFDM 符号的时隙的前部。当终端接收到 DL 数据负荷时，能够立刻开始解码 DL 数据负荷。根据 DL 数据负荷的解码结果，终端能够在 DL、UL 切换保护间隔（Guard Period，GP）期间，准备好 HARQ 和 ACK 等 UL 控制信息，一旦切换成 UL 链路，就发送 UL 控制信息。这样，基站和终端能够在一个时隙内完成数据的完整交互，大大减少了时延。

自包含子帧有以下 3 个特点：

（1）同一子帧内包含 DL、UL 和 GP。

（2）同一子帧内包含对 DL 数据和相应的 HARQ 的反馈。

（3）同一子帧内传输 UL 的调度信息和对应的数据信息。

由于自包含子帧需要较高的硬件处理能力，低端手机可能不具备相应的硬件能力，因此提出了一个类似于自包含帧的低要求方案。这种方案中 HARQ 反馈和调度都有更多的时间余量，对终端硬件的处理能力要求较低。而且，自包含子帧很容易通过信令指示终端支持这种配置。

5G NR 的自包含特性允许基站或终端解码某个时隙或波束的数据，而不需要缓存其他时隙或波束的数据。如果没有这种特性，终端或者基站上就需要增加存储硬件的配置，这样与其他时隙或波束相比会增加计算负荷。可以说，5G NR 的自包含特性降低了对终端和基站的软硬件配置要求。同样地，相比不具备自包含特性的 4G，5G NR 也减少了基站和终端的功率消耗，增加了终端的续航时间。

3）高低频混合组网

基于高频的传播特性，单独的高频很难独立组网。由于高低频段覆盖性能的差异，对比原有 2G/3G 时代采用低频段组网，如果采用高频段组网需要布放更多的基站。但实际上由于投资以及实际部署的情况，特别是网络建设初期，大部分的情况下还是使用 4G 和 5G 业务并存的方式。在实际应用中，5G 高频可以与 5G 低频或 4G 低频组成高低频混合组网，低频用来承载控制面的信息以及部分用户面的数据，而高频则在热点地区提供超高速率用户面的数据。

5. 毫米波基站应用场景

目前,各大厂商在室外开放区域使用 6 GHz 以下的传统频段,以保证信号的覆盖率;为了在室内实现超高速的数据传输,采用了微型基站和毫米波技术。毫米波技术可以应用在以下两种典型场景中。

1)增强高速环境下移动通信的使用体验

毫米波等高频段可以应用于宏微结合场景中的微基站覆盖,并通过与双连接技术、小区拓展技术等紧密结合,完成移动性增强,进而满足 5G 用户体验速率和移动性的指标要求。

在采用多种无线接入技术的传统覆盖网络中,由于基站工作在低频带而导致频繁切换和用户体验不佳的问题。为了解决这一问题,在未来的覆盖型网络中,宏基站作为移动通信的控制平面,在低频带工作,mmWave 微基站作为移动通信的用户数据平面,在高频带工作。

2)基于 mmWave 的移动通信回程

在传统网络部署中,回程链路一般采用优质光纤作为传输媒介。而在 5G 网络中微基站的数目过多,继续使用这种光纤回程的部署难度较大,成本过高。所以,5G 需要灵活采用传输媒介,实现多样化的回程部署,而在移动通信中,mmWave 可以进行多样化回程部署。

mmWave 信道进行回程部署后大幅提高了覆盖型网络的灵活性,微基站可以根据不同数据流量的需求来部署,部分微基站在空闲时间或轻流量时间可以使用开关操作,达到节能降耗的效果。

6.3.4 D2D 通信技术

1. D2D 通信概述

设备到设备(Device-to-Device,D2D)是一种不需要基站或其他节点辅助通信的技术,邻近的移动设备之间可以进行直接通信。在由 D2D 通信用户组成的分散式网络中,每个用户节点都能发送和接收信号,也能转发消息。一部分硬件资源被网络的参与者共用,包括信息处理、存储等,其他用户可以直接访问这些服务和资源。在 D2D 通信网络中,用户节点既可以作为服务器,也可以作为客户端,用户自组织地构成一个虚拟或者实际的群体,并能够意识到彼此的存在[11]。

由于对高数据速率、延迟约束和 QoS 特定通信的固有需求,D2D 被视为 5G 蜂窝网络中的关键技术。通过与最近的基站进行通信相比,邻近设备之间的直接通信具有高吞吐量和低延时的优点,因为最近的基站可能会由于较高的流量负载而拥塞。D2D 也将有助于减轻回程网络的负载,提高整体网络容量。通过将无线电传输缩小到设备之间的点对点连接,D2D 通信可以更好地重用可用频谱。设备之间的直接传输能够有效降低传输功率,从而提高能源效率。

总的来说,D2D 通信的优势包括下述 3 个方面。

1)提高频谱效率

D2D 通信分为带内(蜂窝频谱)和带外(未授权频谱)通信。在带内通信时,D2D 用户设备与蜂窝用户设备相互竞争,抢占蜂窝用户占用的资源,D2D 发射机能够重用分配给蜂窝用户的资源块,从而提高频谱效率。底层通信通过提供高频谱效率来提高蜂窝网络的性能,但也会通过 D2D 通信对蜂窝通信造成干扰,反之亦然。虽然这种限制可以通过复杂的资源分配方法来消除,但后者会导致更高的基站计算开销。在覆盖网络内通信时,蜂窝频谱的一部分专门用于 D2D 通信，减少了干扰问题。

2）提升用户体验

随着移动通信服务和技术的发展，用户对近距离数据共享、小范围的社交和商业活动等方面的需求日渐增强。而基于邻近用户感知的 D2D 技术，能够改善上述业务模式下的用户体验。

3）扩展通信应用

传统无线通信网络需要完善的通信基础设施，接入网设备或者核心网设施的损坏都可能会使通信系统瘫痪。然而在没有网络的情况下，借助 D2D 可以实现端到端通信，促使蜂窝通信终端建立自组织网络，因而 D2D 技术进一步拓展了无线通信的应用场景。

2. D2D 通信原理

在通用的蜂窝网络模型中，小区中央配有一个全向天线的基站，为了避免用户之间相互干扰，利用 OFDM 技术为每个用户分配的频谱资源应是相互正交的。网络中有两种类型的用户：第一种是通过基站进行通信的传统蜂窝用户；第二种是 D2D 用户，彼此之间可以直接或通过蜂窝网络进行通信，并可以在两种通信模式之间切换。设用户 1 和用户 2 以蜂窝模式通信，用户 3 和用户 4 以 D2D 模式通信，如图 6-8 所示。

D2D 通信有两种类型，分别是集中式控制和分布式控制。集中式控制由基站控制 D2D 连接，基站通过终端上报的测量信息，获得所有链路信息，但同时信令负荷会有所增加；分布式控制则由 D2D 设备自主完成 D2D 链路的建立和维持，相比集中式控制，分布式控制更容易获取 D2D 设备之间的链路信息，但 D2D 设备的复杂度也会增加。D2D 通信主要采用集中式控制[12]。

图 6-8　蜂窝网中的 D2D 通信

实际应用中，基站无法获取小区内不同用户间通信链路的 CSI，所以不能直接根据用户之间的 CSI 来调度资源。D2D 通信共享蜂窝网络中一个小区内的所有资源，因此，D2D 通信用户有可能被分配到两种情况的信道资源：与正在通信的蜂窝用户相互正交的信道；与正在通信的蜂窝用户相同的信道。

D2D 通信中蜂窝网络产生的干扰由所分配信道资源决定，信道资源正交时没有干扰，非正交时会对接收端产生干扰。而非正交信道能够节省频谱资源，因此考虑到通信业务对频带的要求，多采用非正交信道资源的共享方式。

非正交资源共享模式下，基站有多种资源分配方式，这些方法有不同的性能增益和复杂度。最简单的方法是在小区内部随机分配资源，这样 D2D 通信与蜂窝网络之间的干扰也是随机的。为了减少干扰，基站可以选择相距较远的 D2D 用户和蜂窝用户的资源进行共享。

3. D2D 通信场景

D2D 通信场景可以分为 3 类，如图 6-9 所示。

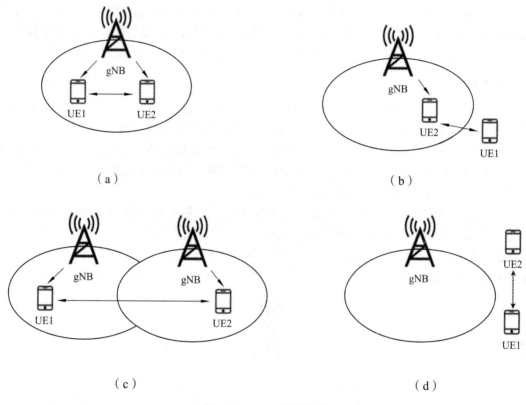

图 6-9　D2D 通信场景

（1）图 6-9（a）和（c）中，蜂窝网络覆盖下的 D2D 通信，基站首先需要发现 D2D 通信设备，建立逻辑连接，然后控制 D2D 设备的资源分配，进行资源调度和干扰管理，从而保证高质量通信[4]。

（2）在图 6-9（b）中，部分蜂窝网络覆盖下的 D2D 通信，基站只需引导设备双方建立连接，不需要进行资源调度，与第一类 D2D 通信相比，网络复杂度大大降低。

（3）在图 6-9（d）中，在蜂窝网络覆盖中没有 D2D 通信时，用户设备直接进行 D2D 通信。这种情况适用于蜂窝网络瘫痪时，用户可以经过多跳进行相互通信或者接入网络。

3GPP 还提出了中继模式的 D2D 通信。该技术可以使无网络覆盖或者处在小区边缘的用户通过单跳或者多跳方式与信号质量好的用户相连，通过这项技术可以提高小区的吞吐量，提升小区边缘用户的通信质量，扩大网络覆盖的范围。当附近没有 WiFi 信号时，用户需要使用没有蜂窝功能的设备来上网，即可以通过共享手机的上网流量上网，如图 6-9（b）所示，如果用户设备不能直接接入蜂窝网络，则可以将蜂窝网络的智能终端作为访问接入点从而实现上网功能。

4．D2D 通信关键技术

1）D2D 发现和连接

D2D 网络的基本设计要求之一是设备发现，能够使设备发现附近的潜在候选设备并直接与其连接。为了完成这一任务，设备之间共享信标信号，以收集设备位置/距离、信道状态和设备 ID 等信息，设备使用这些信息来评估彼此独立配对的可行性。如果发现阶段和通信阶段同时发生，称为后验发现，而设备发现是先验发现中 D2D 通信的前提条件。D2D 通信中的设备发现一般分为两种类型：集中式发现和分布式发现。

在集中式发现中，设备通过基站的帮助相互发现。设备通知基站其与附近设备通信的意图。基站根据网络需求发起设备之间的消息交换，获取信道状况、干扰、电源控制策略等重要信息。基站在设备发现过程中的参与可以是完全参与，也可以是部分参与，这取决于预先配置的协议套件。如果基站完全参与，则不允许设备相互发起设备发现。设备之间的每条消息都由基站协调。在这种情况下，设备只侦听基站发送的消息，并向基站发送消息，从而启动设备发现过程。如果基站只是部分参与，则设备之间不需要基站的事先许可就可以相互发送消息进行设备发现。

分布式发现方法允许设备在没有基站参与的情况下相互定位。设备定期发送控制信息，定位附近设备。然而，在分布式模式下，需要考虑信标信号的同步、干扰、功率等问题。

2）D2D 的系统抗干扰技术

D2D 通信包含宏单元层和设备层，其中宏单元层包括从基站到蜂窝用户的蜂窝通信，而设备层涉及 D2D 通信。在两层场景中可能出现两种类型的干扰：共层和跨层。当相同的资源块被分配给同一层网络中的多个 D2D 用户时，用户之间就会发生共层干扰，蜂窝用户和 D2D 用户之间存在跨层干扰。当专用于蜂窝用户的资源块被一个或多个 D2D 用户重用时，就会出现跨层干扰。如果蜂窝用户和 D2D 用户在上行通信中共享相同的信道资源，则干扰源是 D2D 发射机，而受害者是蜂窝基站。在同样的情况下，蜂窝用户也成为干扰源，而 D2D 用户成为受害者。在下行通信的情况下，基站对 D2D 接收机造成干扰，D2D 发射机对下行蜂窝通信造成干扰。

如图 6-10 所示，UE1 是蜂窝网络用户，UE2 和 UE3 是 D2D 通信用户对，UE2 通过链路向 UE3 传输数据，该 D2D 链路使用了 UE1 所使用的物理资源块，在蜂窝网络上行传输时，D2D 发射端 UE2 对基站造成了干扰，而 D2D 接收端 UE3 则受到蜂窝网络 UE1 的干扰。这种由于 D2D 造成的系统间干扰，可以通过有效的无线资源管理算法来解决，具体包括功率控制、资源调度和模式选择。

3）资源调度

现有的 4G、5G 系统都融合快速的时频资源分配技术，因此，在系统处理的单位时间内，D2D 可以使用未分配的时频资源或者部分复用已经分配过的资源[13]。

4）模式选择

与传统的蜂窝网络相比，在 D2D 中，用户可以直接与基站通信。这使得通信系统在吞吐量和延迟性能方面得到了显著的提高。然而，也带来了新的设计挑战，如网络过载和资源管理。同时，两个正在通信的终端可以以相同、不同或混合的方式工作，使得网络管理更加复杂。通常情况下，终端可以选择以下 4 种通信模式之一。

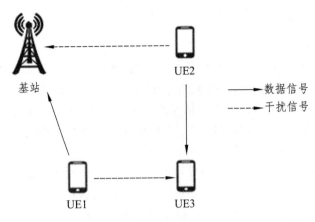

图 6-10　引入 D2D 后的系统间干扰

纯蜂窝模式：当资源可用性较低且由于 D2D 通信造成的干扰非常大时，使用纯蜂窝模式。该模式下 D2D 用户无法进行数据传输。

部分蜂窝模式：在这种情况下，两个用户可以通过基站进行通信，而不需要共享同信道频谱。

专用模式：在该模式下，各终端之间使用专用的频谱资源进行通信。

底层模式：D2D 用户和蜂窝用户共享上行和下行资源。

5. D2D 应用

根据目前无线通信的发展趋势，D2D 通信在 5G 应用中主要有以下 4 大类：

1）本地业务

本地业务一般是指用户的业务数据直接在本地传输，无须经过网络侧。

具有邻近特性的社交应用是本地业务的一个典型应用。通过使用 D2D 的发现功能，用户可以寻找到附近的其他用户，并与附近用户进行数据传输，如内容分享、互动游戏、商场向附近的商户发送打折促销信息等。

蜂窝网络流量卸载是另一个典型应用。高清视频需要大量流量，这给运营商核心网和频谱资源带来新的挑战。而 D2D 通信可以实现本地通信，能够节省运营商的运营成本及频谱资源。通过 D2D 技术，用户从邻近的已获得媒体业务的用户终端处获得该媒体内容，从而减少运营商蜂窝网络的下行传输压力。

2）应急通信

发生极端的自然灾害时，传统通信网络基础设施往往会受损，无法进行正常的网络通信，而 D2D 通信就不会面临这样的问题。基于 D2D 技术，终端能建立无线通信网络，从而使紧急情况下的通信不受影响。

3）物联网增强

D2D 通信的应用支持物联网增强，即建立广泛的互联互通网络，适用于各类型终端。

D2D 应用于物联网增强的典型场景之一是车联网中的车车（Vehicle-to-Vehicle，V2V）通信。D2D 提供了利用无线电接口在车辆网络中设备之间直接通信的机会，具有低时延和高可靠性，而车辆通信依赖于实时信息，D2D 通信具有显著的优势，也不会对蜂窝网络产生负面影响。车辆通过 D2D 通信的方式向其他车辆发出变道、减速等预警信息，周围的驾驶员收到警示后对车辆进行操控，降低紧急交通事故发生率。

基于 D2D 的网络接入还可以解决海量物联网终端接入网络,造成网络接入负荷重的问题。在海量的终端场景中，很多低成本终端通过 D2D 方式接入邻近的特殊终端，以特殊终端为中介，建立与蜂窝网络的连接。这种接入方式更灵活且成本更低，缓解了基站的接入压力，而且能够提高频谱效率。

4）其他场景

5G 的 D2D 应用还包括超密集网络、大规模 MIMO、能量收集和频谱利用等。例如，大规模 MIMO 和 D2D 技术的结合不仅能获得更高的用户分集增益,也可以进一步提高频谱效率。但 5G 大规模 MIMO 和 D2D 的集成会导致小区间干扰的增加，因此需要考虑性能和复杂度之间的平衡性。

D2D 可协助解决新的无线通信场景的问题及需求。例如传统的卫星定位中，卫星信号无法连接到室内终端，因此无法进行室内定位。而基于 D2D 的室内定位可以通过预部署的已知位置信息的终端或者位于室外的普通已定位终端确定待定位终端的位置，低成本实现 5G 网络中对室内定位的支持。随着业务需求日益多样化，D2D 在 5G 中发挥着重要作用，为 5G 实现真正意义上的"万物互联"发展愿景提供重要支撑。

6.3.5 超密集组网技术

1. 超密集组网定义

高频段是 5G 网络的主要频段，为了实现 5G 网络的高性能，5G 的许多应用场景中采用宏、微两种超密集网络方式来进行相关部署，因此需要进一步缩小各个基站之间的距离，增强各个频段之间的应用，以便提升用户的体验感和实现热点场景高密度、高速度的性能。超密度网络架构如图 6-11 所示，要将情报进行准确的输送，必须要进行各种控制，图中基站首先对路侧单元进行控制传输，再由路侧单元对移动用户进行数据传输。

图 6-11 超密度网络架构示意图

超密集组网的应用场景很广泛，比较常见的场景包括机场、密集住宅区、密集商业区、繁华街区、大学校园、大型集会、体育场、地铁等。超密集组网小区可以分成两类：全功能蜂窝小区和宏扩展访问节点。

（1）全功能蜂窝小区包括微微蜂窝和飞蜂窝，能够在范围较小的覆盖区域内，通过低功率实现与宏蜂窝相同的功能。

（2）宏扩展访问节点包括无线射频远端模块和继电器，但不能与全功能蜂窝一样完成整个协议堆栈的所有功能，仅仅可以完成全部或部分物理层的任务[14]。

2. 超密集组网规划部署

5G 超密集组网的规划部署主要分为两种模式："宏基站+微基站"和"微基站+微基站"。

1）宏微部署

在"宏基站＋微基站"部署模式下，宏基站主要负责移动性要求比较高而传输速率要求比较低的业务，微基站主要负责高带宽业务。因此，为了满足业务的需求以及用户的需求，选择宏基站进行覆盖，微基站进行协助管理控制。

通过控制与承载的分离，5G 超密集组网可以实现覆盖和容量的单独优化设计，合理解决了密集组网环境下频繁切换的问题，从而实现高覆盖率与大容量的完美结合，这不仅提升了资源的利用率，而且给用户带来良好的体验。

2）微微部署

通过微基站之间进行资源共享，可以将各个微基站联系起来构建一个虚拟宏小区。为了达到虚拟宏小区的通信要求，需要保证各个微基站在获取的资源相等的基础上进行管理与信息传输。

为了实现控制管理与数据的分离，可以利用剩余资源对各个微基站进行数据传输。在高负载的情况下，各个基站分别传输不同的数据信息，这不仅分离了区域的传输状态，而且增强了网络容量的承载能力。在低负载的情况下，对于微基站采用分化管理，将一定区域内的微基站构建成虚拟宏基站并且发送同一种数据，采用这种管理方式不仅增强了信号强度，而且用户终端可以进行分层级接收。

3. 超密集组网关键技术

超密集组网不仅可以大大提高系统的频谱效率，还可以通过资源调度实现无线资源的快速分配，从而达到提高系统无线资源利用率和频谱效率的目的。然而超密集组网会导致系统干扰、移动信令负荷加剧、系统成本提高和能耗较大等问题，为了满足典型应用场景的需求和技术挑战，实现易部署、易维护、用户体验速率轻快的网络，需要在超密集组网场景中融合虚拟 MIMO、接入和回传联合设计、干扰管理和抑制、小区虚拟化技术等超密集组网关键技术，下面对这几种关键技术进行介绍。

1）虚拟 MIMO

MIMO 技术能有效提高频谱资源的利用率，现已成为无线通信系统中的一项关键技术。然而，由于难以在小型化和便携式移动设备上部署多根天线，其在无线通信系统中的应用受到了限制。为了克服这些问题，一些研究人员借鉴多跳无线 Ad Hoc 网络中中继和协作的通信思想，改进了 MIMO 技术，提出了虚拟 MIMO 的概念。

根据虚拟 MIMO 系统的网络结构可以将虚拟 MIMO 系统分为以下 2 类：

（1）以基站为核心的网络虚拟 MIMO 系统。首先，选择基站为这类虚拟 MIMO 系统的核心，然后通过移动终端设备之间的相互合作，最终形成相对固定的小区划分。

（2）基于 Ad Hoc 的虚拟 MIMO 系统。首先，这类虚拟 MIMO 系统不需要基站，其次虚拟天线阵列（Virtual Antenna Array，VAA）小区的拓扑是动态的，最后的划分并不以基站为中心，而是需要移动终端自组织形成各个 VAA 小区。

2）接入和回传联合设计

接入和回传联合设计包括混合分层回传、多跳多路径回传、自回传技术和灵活回传。

混合分层回传是指在架构上对不同基站进行分层标注的设计，将有线回传和无线回传相结合，为超密集社区组网提供轻量级、即插即用的形式。

多跳多路径回传是指无线回传微基站与相邻微基站之间进行多跳路径的优化选择，通过对回传和接入链路的联合干扰管理与资源协调，达到系统容量提升增益的目的。

自回传技术是指在回传链路和接入链路过程中，采用时分或频分方式进行资源复用，共享同一频带，使用同一无线传输的技术。自回传技术主要包括接入链路、回传链路的联合优化以及回传链路的理论增强。

灵活回传是提升超密集网络回传能力的最佳解决方案，不但效率高而且成本低。首先通过利用系统中任意可用的网络资源来调整网络拓扑和回传策略，实现匹配网络资源和业务负载的功能；然后为回程和接入链路分配网络资源，提高端到端的传输效率；最后采用较低的运营成本就可以达到网络的端到端业务高质量的要求。

3）干扰管理和抑制策略

随着微小区部署密度的增大和覆盖范围的重叠越来越多等因素，超密集组网出现了许多干扰问题。为了有效地解决干扰问题，需要引入干扰管理和抑制策略。目前比较常见的干扰管理和抑制策略主要包括自适应微小区分簇、基于集中控制的多小区相干协作传输以及基于分簇的多小区频率资源协调技术。

（1）自适应微小区分簇的目是降低对临近微小区的干扰。其核心思想是在不连接用户或不提供额外容量的情况下关闭微小区，或调整每个子帧或微小区的开关状态。

（2）基于集中控制的多小区相干协作传输的目的是提升系统的频率效率。核心思想是选择合适的周围小区进行联合协作传输，在终端对来自多小区的信号进行相干合成，保证在相干合成的过程中尽量避免干扰。

（3）基于分簇的多小区频率资源协调的目的是改善边缘用户的体验。核心思想是按照整体干扰性能最优的原则，对密集微基站进行频率资源的划分，其次选择相同频率的微基站为一簇，最后保持簇间为异频。

4）小区虚拟化技术

小区虚拟化技术主要包括以用户为中心的虚拟化小区技术、虚拟层技术和软扇区技术 3 种。

（1）虚拟化小区技术：虚拟小区技术的核心思想是"用户为中心"，主要通过用户周围的许多接入点来构建虚拟小区。这些接入点能够不断根据用户的移动以及用户周围的环境而进行迅速的更新，所以不管用户处在何种位置，都可以给用户提供稳定可靠的通信服务。

（2）虚拟层技术：虚拟层技术的基本原理是采用单层实体网络来构建虚拟多层网络。一个单层实体微基站单元由两层网络组成：虚拟宏基站小区和实体微基站小区。虚拟宏基站单元主要用于承载控制信令和管理移动性，而微基站小区主要用于承载数据传输。虚拟层技术可通过 2 种方案实现，分别为单载波方案和多载波方案。

（3）软扇区技术：在软扇区方案中，利用集中式的大规模天线系统，结合 MIMO 技术的多样性和小区分裂技术的直观性，半静态地赋形出多个具有小区特性的波束，在窄波束虚拟的小区上，用宽波束虚拟出宏基站的小区，形成异构网络拓扑。这些具有小区特性的波束看上去就像虚拟的超密集组网。成型的每个波束上有不同或相同的物理小区 ID 和广播信息，看上去就像一个独立的小区。

6.3.6 高低频协作组网

1. 无线回程

伴随着无线数据流量的指数提升，未来网络的部署也呈现出密集化的特点。使用拥有自组织、低成本特点的低功率节点（Low Power Node，LPN）在热点地区的大量部署便能够有效地改善无线链路的可靠性，提高用户的上网体验。然而，如何将 LPN 覆盖范围内的用户数据有效可靠地回传到核心网络便成了该领域内科研人员不得不关心的重点问题。

相比于光纤回程，无线回程由于其部署成本较低，并且部署难度较小，因此可有效地解决当前 LPN 使用光纤回程而造成的很多问题。随着 5G 网络技术的飞速发展，LPN 的超密集部署被提上日程，未来的通信网络很有可能产生以无线回程为主，光纤回程为辅的新格局。但是，无线回程关键技术在发展中同样存在很多问题，例如无线回程的容量较低，难以满足用户需求等。

大规模 MIMO 作为 5G 网络物理层的一项关键技术，是通过在基站侧使用大规模天线来替代已有的多天线技术来实现的，该技术使得网络系统中的用户容量和频谱效率有了飞跃式的提升。而在无线回程中使用大规模 MIMO 技术，不但可以降低站址选择和无线回程线路架设的成本，也可以有效提高无线回程链路的系统容量和数据传输速率，使得用户获得更好的上网体验。除此之外，无线回程容量的提升还需要消耗大量的频谱资源。在文献[15]中，作者指出无线回程的链路需要消耗 1 ~ 10 GHz 的频谱资源才可以可靠、有效地支撑起整个超密集网络的部署。但是，现有的商用无线通信频谱资源主要集中在 300 MHz ~ 6 GHz，该频段虽然在无线网络传输方面具有较高的可靠性和稳定性，但不足以支撑起整个无线回程网络的数据传输。在 30 ~ 300 GHz 的毫米波频段仍保留有大量可用的商用频谱资源，因此如何有效地利用这些频谱资源将成为解决无线回程容量不足的关键所在。

毫米波频段已被相关科研人员证实在通信数据传输方面有着较大的潜力，在文献[16]中，作者设计了一种可以在毫米波频段工作的天线，并且在 2 km 的距离内实现了超过 1 Gb/s 的传输速率。同时由于毫米波频率高，波长短的特点，在设计天线的过程中可以有效减少毫米波天线的尺寸，降低了大规模天线在宏基站和 LPN 上部署的难度。在文献[17][18]中，作者设计了一种模拟域和数字域混合编码的方案。该方案有效降低了毫米波大规模 MIMO 系统硬件设计的复杂度，图 6-12 所示为宏基站与 LPN 收发信机的简化框图，其中 N_S 为宏基站发送的数据包，N_D 为 LPN 发送的数据包。而 N_t 和 N_r 则分别为 MBS 与 LPN 的天线数目。

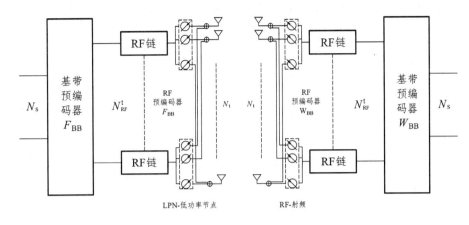

图 6-12　宏基站与 LPN 收发射机的简化框图

将毫米波与大规模 MIMO 相结合并应用到 5G 超密集异构网络的无线回程中，不仅可以克服已有无线回程网络容量不足的问题，还可以提高整个网络部署的灵活性，有效降低网络建设与维护成本，从而快速推进 5G 超密集网络的部署。

2. 干扰协调

由于高低频无线协作组网中的 MBS 和 LPN 分别采用的是低频段和高频段的异频部署策略，因此对系统的跨层干扰几乎没有影响。但是随着 LPN 部署数目的增加，超密集组网环境有限空间内的 LPN 之间的距离将不断减小，导致 LPN 之间的同层干扰现象变得越来越严重，用户之间的干扰也将变得无法忽视。同时由于超密集网络的干扰会形成复杂的干扰网络，超密集网络的网络能量效率往往无法达到理想的数值。

小区间干扰协调技术（Inter-Cell Interference Coordination，ICIC）作为现有的一种干扰消除技术（Interference Cancelation，IC），能针对超密集网络中的网络干扰问题给出较为有效的解决方案。但是 ICIC 技术无法解决信道之间的干扰问题，同时用户数量的急剧增多和频谱资源的告急使得已有复用技术和功率控制技术的缺陷逐步显现。为了解决 ICIC 技术存在的不足，3GPP 提出了一种新的 IC 技术——增强型小区间干扰协调（Enhanced Inter-Cell Interference Coordination，eICIC）。其中最具有创新性的便是几乎全空的子帧技术，其原理主要是通过预留部分保护时隙来发射空白帧以在时域上协调不同基站的子帧利用率。另外，科研人员也提出了各种干扰协调方案，文献[19]的作者提出了一种基于离散权值的干扰图构建方案。该方案通过获取每个用户所处的地理位置来构建一张干扰图，并依据干扰图对用户进行划分，之后再对划分出来的集群进行信道分配来提高边缘用户的信干噪比。

对于网络超密集部署的场景，干扰是随着时间变化而变化的，因此现有的协调算法难以应对。WOOSEOK Nam 曾指出：未来一定是由网络端和用户端结合共同进行 5G 网络的干扰管理，为了证实该说法的准确性，作者研究了一种网络端和用户端结合进行干扰管理的方案。此方案的网络端采用基于干扰图的分群算法来降低 LPN 与用户之间的同层干扰，而用户端则采用串行干扰消除接收机来消除来自同一集群中用户的干扰。图 6-13 所示分别为小区数与系统容量和频谱效率仿真结果图。从图中可以看出，随着小区数量的增加，虽然系统中的干扰会逐渐增大，但是系统容量和频谱效率也会随着小区数目增大而不断增大，以抵消部分干扰增大造成的损失。

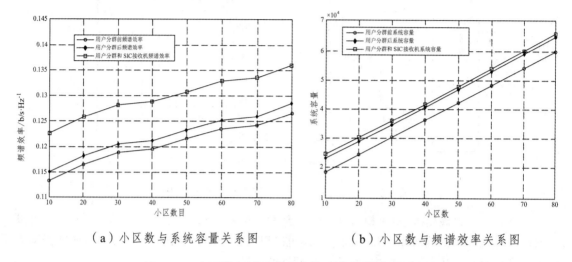

（a）小区数与系统容量关系图　　　（b）小区数与频谱效率关系图

图 6-13　小区数与系统容量和频谱效率仿真结果图

除了基于干扰图的分簇算法之外，多个小区间的协调处理同样可以解决甚至避免来自网络端的干扰。例如协作多点（Collaborate on Multiple Points，CoMP）传输技术。该技术是通过共享数据、CSI、预编码矩阵索引（Pre-coding matrix Indication，PMI）来在多个节点之间进行协作处理，从而提高小区边缘用户的网络性能。而下行的多点传输技术则是利用多个不同位置传输点之间的动态协作为目标用户提供服务，主要包括协作调度/波束赋型和联合处理。协作调度/波束赋形原理为：参与 CoMP 操作的各节点共享 CSI 信息，而用户数据只保存在给该用户提供服务的 eNB 上。联合处理的原理为：所有对 CoMP 操作的节点之间都进行 CSI 信息以及用户数据的共享，而各个节点都按照一定的准则分别向用户发送数据，用户所属区域的 eNB 通过选择联合传输或者动态小区来为用户进行 CoMP 操作。在高低频无线协作组网架构中，通常是将几十个小区的信号集中在一个计算能力和存储能力较强的基站中进行处理的，而这些小区的数据和 CSI 则被统一定位，从而使得相邻小区之间的协作多点传输更容易实现。

3. 越区切换

复杂的通信环境将会给 5G 通信网络的越区切换带来非常多的问题，由于 5G 网络的数据传输速率远远大于 4G 网络中的数据传输速率，需要越区切换拥有更快的处理速率。在 5G 超密集网络的场景中，由于基站数量和移动终端数量巨大，因此现有的集中化移动管理技术效率较低。同时，随着毫米波和 LPN 技术的应用，单个基站相较于现有基站覆盖范围不断缩小，导致移动终端的切换频率急剧增加。因此在 5G 网络的通信技术中，不同场景下的越区切换技术已成为当前移动性管理领域的研究热点。

通过对基站切换参数进行优化调整，可以改善 5G 网络中信号测量不准以及越区切换过于频繁的问题，从而改善网络覆盖范围，减少切换次数，提升用户体验。通过软件仿真和实测可以得出：大多数失败的越区切换是由于原基站信号质量过差，切换请求（Hand Over Command，HO CMD）无法正确送达而导致的。在文献[20]中，作者提出了一种提前准备切换的管理方案，通过仿真可以看出，该方案能够有效提升切换请求正确概率。如图 6-14 所示，基站是在接收到触发时间（Time Triggered Technology，TTT）后，才开始与目标基站进行越区切换的准备，准备过程完成后，便开始发送 HO CMD 给移动终端。当终端收到 HO CMD，不会马上执行切换，而是等待 TTT2 事件的触发。若 TTT2 事件未触发，移动终端便会释放 HO CMD，同时源基站发送指令通知目标基站释放预留资源。这种方案虽然可以提升 HO CMD 的发送成功率，但也需要对终端侧进行一定的调整，实现起来具有一定的难度。

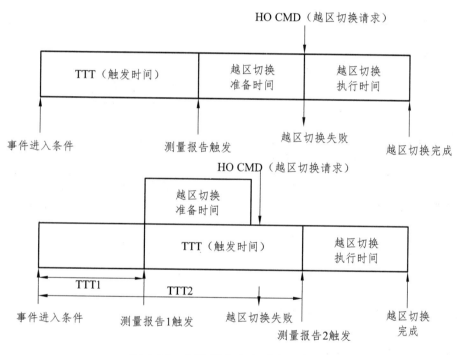

图 6-14 切换提前方案时序示意图

5G 网络中高低频无线协作组网架构中采取了控制和数据信息分离的方案，因此越区切换将发生在控制平面和用户平面。在文献[21]中，作者提出了一种适用于 5G 宏基站之间越区切换的最佳 eNB 选择方法，通过使用时空估计的方法来改善越区切换的性能。在文献[22]中，作者针对 5G 高铁场景下控制用户分离的情况，提出了一种双链路软切换方案。通过引入双播技术来减少越区切换时的通信中断时间，并设计了控制用户分离架构下终端在两个宏基站之间的切换流程，如图 6-15 所示。与传统 4G 硬切换方法相比，该方法的越区切换成功率提升了 35.7%。

在当前的网络技术中越区切换已经是一项较为成熟的技术，然而如何将这些研究结果与5G 通信网络相结合以适应未来的 5G 网络仍是一个研究难题。

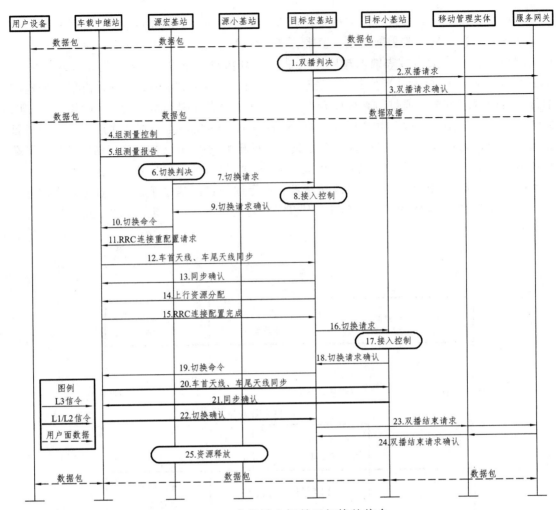

图 6-15　宏基站之间越区切换的信令

6.4　5G 面临的挑战和未来技术趋势

6.4.1　5G 当前所面临的挑战

虽然我国在 5G 发展取得了很不错的成就，不过对于进一步释放 5G 潜力而言，仍然面临 4 大方面的挑战[23]：

（1）5G 网络尚未实现全国广覆盖。大部分面向普通消费者以及在较广区域实施的行业应用，如无人配送外卖、智慧城市管理、生态环境监测、5G 流动医院等依旧需要广覆盖的 5G 网络支撑。

（2）5G 支撑服务行业实际应用的基础技术成熟度有待不断提升。5G 支撑技术仍然还需不断创新发展。在工业应用中非常重要的网络切片和边缘计算预计将在 1～2 年内具备大规模部署能力。与 4G 相比，5G 的服务对象和应用场景发生了质的变化，但单一的 5G 支撑技术不再有可能包揽所有，必须在新的商业应用实践中不断探索与创新 5G 支撑技术的优化性。

（3）5G 应用配套支撑产业依旧还处于培育初期。5G 技术核心应用芯片和技术应用软件模组的技术不成熟以及产品价格过高,直接制约了 5G 技术相关应用行业技术应用移动终端的产品功能性和丰富性。此外,依赖 5G 技术支持的应用产业仍不成熟,虚拟现实/增强现实(VR/AR)依旧停滞于商用早期,不利于典型 5G 应用的规模发展。与此同时,5G 需要与人工智能、大数据等新一代信息与通信技术进行深度融合,目前的行业应用技术解决方案与模式配套方案仍然需要不断创新优化进行适配。

(4)我国跨领域行业间的产业整合生态尚未完全建立。5G 必须与各个相关行业加强整合,以实现数千个行业联合发展的目标。目前,行业与我国信息网络通信技术领域没有信息沟通技术深度对接服务平台,因此跨不同行业领域合作发展存在一定困难。目前,合作商业模式主要以电信运营商合作为行业主导,迫切需要各方特别是行业实力雄厚的电信龙头企业的加强合作。正在研究推广的 5G 视频集成系统应用行业标准仍然面临着诸多问题,例如相关行业标准具体制定实施过程缓慢等。

6.4.2　5G 未来技术趋势

为推动和促进当前我国工业现代化和移动通信技术产业水平持续健康稳定发展,2019 年 12 月 31 日,第六代移动通信网络(6th Generation Mobile Networks,6G)研究组正式更名为 IMT-2030(6G)推进组,并在一些省部级科技项目中开展了 6G 技术的研究,各工作组在 2020 年进行了系列研究活动。下面对未来 6G 技术趋势进行介绍。

1. 继续进行高、中、低频谱的信道传播机理研究

6G 超高网络技术目前包括中国运载卫星空天航空密集通信网、无人机空天航空密集通信网、陆地海上航空航天超密集网络通信网、地下空天航空密集通信网、海上空天航空密集通信网等,以及各种能同时满足超高视频数据网络传输速率、超高数据网络连接率和传输数据密度的超高网络技术应用传输技术开发要求,将充分利用包括毫米波和太赫兹(Terahertz,THz)在内的新光谱和有效的信号传输方法。

2. 建立基于个体感知的全维宽带系统

6G 全球宽带网络通信应用系统将把新的应用覆盖场景从全球物理网络空间连接提升扩大到全球虚拟网络空间,实现一个宏观上可以满足全球无缝网络覆盖的"空、陆、海"一体化宽带通信应用网络,微观上可以满足不同个体的宽带个性化应用需求,提供"随时随地,随心所欲"的通信体验,不仅彻底解决了我国偏远地区和无人通信地带的网络通信安全问题,还可以用全球人性化通信思维用心服务于每一位全球客户,实现全球智能网络连接、深度网络连接、全息网络连接、泛在网络连接。这需要更好地将当前日益增长的人工智能和云计算处理能力广泛应用到空中通信管理系统中,在物理层面上采用新的空中通信接口技术,甚至超大轨道方向角度移动量的各种革命性技术突破,以利于满足 6G 应用领域对超低网络延迟、超大网络带宽的技术要求,实现超大网络容量、高可靠性和超高确定性。

3. 适用超大宽带的基带系统

由于太赫兹拥有丰富的频率资源,在 6G 的容量需求下,基带处理的初始阶段不需要追求太高的调制阶数,因此整个系统的计算复杂度不必达到低频资源所要求的性能极限。灵活的基带处理架构是更适合应对全频段、多场景挑战的选择,包括应用处理频率带宽和低频采样

功率精度的整合灵活性：基于数字低频接口的处理能力、适应性、基带应用处理的低频资源整合共享处理能力。太赫兹低频场景面临的主要技术问题之一是由于路径干扰损耗大、相位干扰噪声高和采样功率大的放大器造成的处理效率低，因此需要一种全新的太赫兹低频信号候选器和波形。未来 6G 将比 5G 具有更复杂的低频应用处理场景，不同低频应用处理场景的性能需求也不同。对于一些特殊的低频应用处理场景，为了能够保证良好的处理性能，空中接口波形设计的加强是非常重要的。

到目前为止，还没有找到能够满足各种 6G 应用场景需求的单一空口波形方案。例如，在太赫兹场景下，单载波增强波形是克服一些挑战的较好的选择；在室内热点覆盖场景中，为了满足更高速率、更大容量和灵活的用户调度，基于正交频分复用技术的 OFDM 多载波类型的增强波形是一个较好的选择；在高多普勒频移场景中，基于正交时频空（Orthogonal Time Frequency Space，OTFS）类型的增强波形是一个不错的选择。综上所述，设计多种波形的组合方案可以满足 6G 在不同场景下的需求。在多种波形组合方案中，各种波形之间的灵活切换、协调及兼容性等问题同样需要深入细化地研究。

太赫兹通信具有高相位噪声。虽然接收机可以补偿大部分的相位噪声，但是剩余的相位噪声仍然会影响性能，因此，有必要设计一种能够有效抑制相位噪声的太赫兹通信调制方法。由于相位噪声与加性高斯白噪声（Additive White Gaussian Noise，AWGN）的不同特性，需要一种新的解调算法来保证其良好的解调性能。另外，为了满足 6G 爆发式增长的容量需求，提高频谱效率也同样重要。常见提高频谱效率的调制技术有超奈奎斯特（Faster- Than-Nyquist，FTN）和频谱效率频分复用（Spectrum Efficiency Frequency Division Multiplexing，SEFDM），这两种技术同样值得深入研究。

与传统移动通信频段相比，太赫兹频段的路径损耗衰减非常大。然而，由于太赫兹波段在单位面积上可以容纳更多的天线，因此波束可以克服路径损耗衰减大的缺点。波束管理包括以下关键技术。

波束训练：通过大量的太赫兹波束，主要解决如何以较低的训练开销、延迟及复杂度，快速找到满足传输条件的波束链路的问题，充分利用空域的稀疏性是一个值得考虑的解决方案。

波束跟踪：太赫兹波束窄，容易发生切换，主要的挑战是如何能够在终端移动时准确、快速地调整和切换所使用的波束链路，波束跟踪与人工智能算法结合将会是一个研究热点。

波束恢复：太赫兹信号绕射能力弱，容易发生阻塞，解决方法是在原来的波束链路失效时，迅速重建一个新的波束链路进行通信，利用多个节点之间协作传输是一个值得考虑的方案。

本章小结

5G 因其高可靠性与低时延性成为未来通信领域的重点研究内容，本章针对此项技术介绍了 5G 的系统概述、网络架构、关键技术以及 5G 面临的挑战和未来技术趋势。

与 4G 相比，5G 具有"超高速率、超低时延、超大连接"三大技术特点。其三大应用场景 eMBB、mMTC 和 uRLLC，能够全面提升峰值速率、连接数密度、移动性、体验速率、流量密度和降低时延等能力。关键性能指标包括用户体验速率、连接数密度、端点到端点的时延、峰值速率以及移动性等。

针对 5G 网络架构，NSA 与 SA 是 5G 网络的组网方式，NSA 通过使用现有的 4G 基础设施部署 5G 网络，SA 则是新建 5G 基站、回程链路以及核心网来部署 5G 网络。

　　针对 5G 关键技术，首先在双工技术方面，介绍了同时同频全双工和灵活全双工技术，5G 新双工技术的应用大大提升了传输速率。在天线方面，大规模 MIMO 是 5G 最重要的技术之一，其次重点介绍了大规模 MIMO 的定义、系统架构、工作原理和具体应用。由于 5G 需要大带宽，但是目前中低频资源紧张，因此毫米波频段是 5G 部署的重要频段，列举了毫米波在 5G 通信上的应用，以及毫米波应用后为解决基站分布密集的超密集组网技术。最后介绍了 D2D 技术在 5G 网络中的应用，以及如何与 5G 网络有机融合。

　　另外，5G 网络的部署与应用仍然存在一些挑战，如覆盖率较低、技术成熟度不够、支撑产业培育尚在初期以及产业整合生态尚未完全建立，需要继续从 5G 技术的研究落地和相应配套设施的部署等方面加速 5G 在生活中的应用。同时从高、中、低频谱的信道传播机理，"空、陆、海"全维宽带系统以及超大宽带的基带系统等方面展望未来通信技术的发展趋势。

习　题

1. 请简要说明 NSA 与 SA 组网方式的区别。
2. NSA 与 SA 组网各有哪些优缺点？
3. 同时同频全双工和 FDD、TDD 的相同点与不同点是什么？灵活全双工的定义是什么？
4. 大规模 MIMO 的定义是什么？
5. 毫米波传输特性是怎样的？毫米波基站被用在什么场景最能发挥其优势？
6. 说明 D2D 的具体应用。

本章参考文献

[1] 赵军辉, 杨丽华, 张子扬. 5G 高低频无线协作组网及关键技术[J]. 中兴通讯技术, 2018, 24(03): 2-9.

[2] 倪善金, 赵军辉. 5G 无线通信网络物理层关键技术[J]. 电信科学, 2015, 31(12): 48-53.

[3] ZHAO J, NI S, YANG L, et al. Multiband cooperation for 5G HetNets: A promising network paradigm[J]. IEEE Vehicular Technology Magazine, 2019, 14(4): 85-93.

[4] 李娜. 单信道全双工无线通信系统中数字自干扰消除方法研究[D]. 济南：山东大学, 2013.

[5] 杨雨苍. 全双工无线通信系统的干扰消除技术研究[D]. 北京：北京邮电大学, 2014.

[6] 胡俊丰. 两发两收同时同频全双工射频前端关键技术研究与验证[D]. 成都：电子科技大学, 2016.

[7] Ni S, ZHAO J, GONG Y. Optimal pilot design in massive MIMO systems based on channel estimation [J]. IET Communications, 2016, 11(7): 975-984.

[8] 孟蕊. Massive MIMO 收发技术联合设计研究[D]. 北京：北京邮电大学, 2015.

[9] ZHAO J, YANG L, XIA M, et al. Unified analysis of coordinated multipoint transmissions in mmWave cellular networks[J]. IEEE Internet of Things Journal, 2021.

9(14):12166-12180.

[10] 褚慧. 毫米波无源器件及天线若干问题研究[D]. 南京：南京理工大学, 2012.

[11] 崔鹏, 陈力. D2D 技术在 LTE-A 系统中的应用[J]. 现代电信科技, 2011, 41(Z1): 92-95.

[12] 王俊义, 巩志帅, 符杰林, 陈小徽, 林基明. D2D 通信技术综述[J]. 桂林电子科技大学学报, 2014, 34(02): 114-119.

[13] 荣涛. D2D 通信技术研究[D]. 南京：南京邮电大学, 2013.

[14] 罗凤琳. 面向 5G 的超密集网络性能分析和优化[D]. 南昌：华东交通大学, 2020.

[15] TAORI R, SRIDHARAN A. Point-to-multipoint in-band mmwave backhaul for 5G networks[J]. IEEE Communications Magazine. 2015, 53(1): 195-201.

[16] BLEICHER A. Millimeter waves may be the future of 5G phones[J]. IEEE Spectrum, 2013, 8.

[17] EL AYACH O, RAJAGOPAL S, ABU-SURRA S, et al. Spatially sparse precoding in millimeter wave MIMO systems[J]. IEEE Transactions on Wireless Communications, 2014, 13(3): 1499-1513.

[18] RUSU C, MÉNDEZ-RIAL R, GONZÁLEZ-PRELCICY N, et al. [C]//2015 IEEE International Conference on Communications (ICC). IEEE, 2015: 1340-1345.

[19] CHANG Y J, TAO Z, ZHANG J, et al. A graph-based approach to multi-cell OFDMA downlink resource allocation[C]//IEEE GLOBECOM 2008-2008 IEEE Global Telecommunications Conference. IEEE, 2008: 1-6.

[20] ZTE. R2-130957, HO Performance improvement in hetnet [Z]. 3GPP RAN2.

[21] BILEN T, DUONG T Q, CANBERK B. Optimal eNodeB estimation for 5G intra-macrocell handover management[C]//Proceedings of the 12th ACM Symposium on QoS and Security for Wireless and Mobile Networks. 2016: 87-93.

[22] ZHAO J, LIU Y, GONG Y, et al. A dual-link soft handover scheme for C/U plane split network in high-speed railway[J]. IEEE Access, 2018, 6: 12473-12482.

[23] 朱伏生, 赖峥嵘, 刘芳. 6G 无线技术趋势分析[J]. 信息通信技术与政策, 2020(12): 1-6.

第 7 章　移动通信技术在交通领域的应用

随着计算机技术、信息技术和通信技术的快速发展和逐步成熟，移动通信技术在交通领域中的应用越来越广泛[1]。其中较为重要的通信标准为铁路综合数字移动通信系统（GSM for Railway，GSM-R）、基于长期演进的铁路通信技术（Long Term Evolution Railway，LTE-R）和车联网中的车辆与一切可能影响车辆的实体交互技术（Vehicle to Everything，V2X），包括基于长期演进的车联网通信（Long Term Evolution Vehicle-to-Everything，LTE-V2X）以及基于第五代通信技术的车联网通信（5th Generation Mobile Communication Technology Vehicle-to-Everything，5G-V2X）。本章主要介绍 GSM-R、LTE-R、V2X 和 LTE-V2X 技术的发展、相关技术以及应用场景等。

7.1　GSM-R 铁路移动通信技术及应用

7.1.1　GSM-R 发展概述

GSM-R 是一种专门为铁路行业设计的移动通信技术标准，具有与 GSM 相同的安全功能，如身份认证、加密和紧急呼叫等，在使用与传统 GSM 系统相似的技术之外，针对铁路行业的要求进行了优化和改进。例如，GSM-R 的信号覆盖范围更广，可以在高速移动的列车上提供更稳定的通信服务。1993 年，基于 GSM Phase 2+的 GSM-R 技术得到了世界各地铁路组织的认可，计划将 GSM-R 技术推广到新一代铁路通信中。该推广计划的第一站是欧洲国家，经过深思熟虑，于 1995 年确定了该计划。自此以后，GSM-R 技术逐渐完成了在铁路通信中的应用和推广，并成功地进行了在列车和地面之间的信息传输[2]。GSM-R 的广泛应用可以提高铁路系统的效率和安全性，减少事故和故障的发生，同时也可以提高乘客的出行体验。

在我国，GSM-R 网络使用的频段是 885~889 MHz（上行）和 930~934 MHz（下行）。GSM-R 的覆盖范围比 GSM 更广，通常使用靠近轨道的专用基站实现。为了确保更高的可用性和可靠性，我国采用了冗余覆盖方案，即相邻基站之间的距离通常为 3~5 km。GSM-R 在中国铁路系统中广泛应用，提供列车间通信、列车调度、列车控制、紧急通信和安全通信等服务。

7.1.2　GSM-R 结构

1. GSM-R 业务模型

GSM-R 功能可细分为增强多优先级与强拆（Enhanced Multilevel Precedence And Preemption，eMLPP）、语音组呼业务（Voice Group Call Service，VGCS）、语音广播业务（Voice Broadcast Service，VBS）等，除此之外还具备包括基于位置寻址、接入矩阵、功能号表示

等调度业务。铁路用户通过该平台即可进行各种铁路应用开发。GSM-R 业务模型主要可细分为 GSM 基础业务，语音调度业务和铁路特殊应用业务。GSM-R 系统业务模型结构如图 7-1 所示[3]。

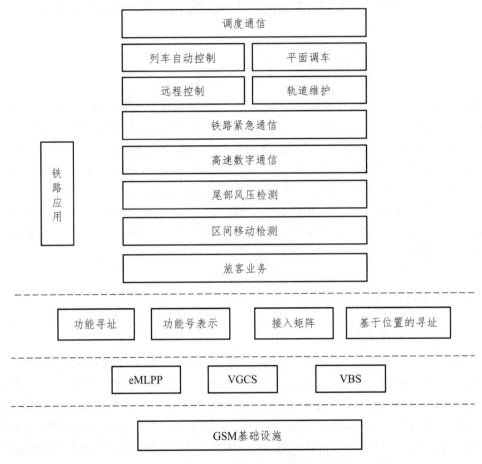

图 7-1　GSM-R 系统业务模型结构示意图

1）GSM 业务

GSM 主要可提供语音业务、短信息业务及各类传真业务。

语音业务是 GSM 的基本业务之一，其主要包括电话和紧急呼叫两类独立的业务。电话业务是指能够传输话音信息的系统，主要服务于用户呼叫业务需求，支持电话信令的透明传输和双音多频传输。紧急呼叫是针对紧急情况下的特殊需求，能够快速建立无阻塞的呼叫。

短信息业务同样可细分为点到点和广播式两类。点到点短信息业务是指移动台之间的短信息交换，而广播式短信息业务则是由小区广播短信息业务中心向基站覆盖范围内的所有移动台发送短信息。

传真业务则是基于 GSM 提供的传真业务，可以使用多个全速率信道，即使在较差的无线环境中也要求具有较高的服务质量。为了使用户在语音和传真交替的业务与自动传真业务之间进行切换，网络及移动台也必须能够接受自动传真业务发起的呼叫。当网络中没有空闲的业务信道时，低优先级的呼叫可以立即中断。

2）高级语音呼叫业务

eMLPP：旨在提供更高效、更可靠的通信服务，满足铁路行业中不同等级和特殊需求的通信需求。在铁路行业中，不同等级的通信需求是不同的，例如列车控制、列车调度、紧急通信等都具有不同的优先级。eMLPP 通过为不同通信需求分配不同的优先级，可以确保高优先级的通信服务不会受到低优先级的通信服务的干扰，提高通信系统的效率和可靠性。eMLPP 还包括强拆功能，即在必要时可以强制中断低优先级的通信服务，释放信道资源以满足高优先级的通信需求。例如，在列车调度员需要与列车司机进行通信时，eMLPP 可以自动中断其他通信服务，以确保列车调度员与司机之间的通信不会受到延迟或中断。

VGCS：语音组呼叫业务，简称组呼，主要用于列车调度员和列车司机之间的语音通信。VGCS 提供了一种实时的、多方参与的语音通信方式，列车调度员可以通过 VGCS 向多个列车司机发出呼叫，所有列车司机都可以同时接听到调度员的语音信息。VGCS 的语音通信质量非常高，可以在满足铁路行业中实时通信的要求的同时保证通信的安全性和可靠性。VGCS 的实现需要在 GSM-R 网络中建立语音组呼业务中心和语音组呼业务用户终端两个部分。语音组呼业务中心负责向所有用户终端发送语音信息，而用户终端则负责接收并播放语音信息。VGCS 还支持多种呼叫方式，例如个别呼叫、区域呼叫、广播呼叫等，可以满足不同场景下的通信需求。

VBS：主要用于向铁路工作人员广播语音信息。VBS 可以通过 GSM-R 网络向特定的用户终端或特定区域内的所有用户终端发送语音信息。这种语音广播方式可以快速传递信息，满足铁路行业中实时、准确的通信需求。例如，在紧急情况下，VBS 可以快速向所有铁路工作人员广播紧急信息，提高应急响应的效率。

3）铁路 GSM-R 专有特性

铁路专用业务可细分为基础业务和拓展业务。在基础业务方面，铁路专用通信系统需要确保呼叫的精准定位和呼叫的实时性，以满足紧急情况下的需求，例如对功能寻址进行注销与管理和精确的寻址位置等。在拓展业务方面，铁路专用通信系统需要结合终端设备的先进技术，增加更多的可选服务，提高系统的智能化和人机交互的友好性，以满足不同用户的需求。例如，针对铁路生产管理的需求，可以增加基于位置的车辆调度和监控功能，以及基于数据分析的生产运营监测和分析报告等。针对旅客服务的需求，可以增加基于语音识别和语音合成技术的自助服务和语音导航功能，以及基于移动互联网和智能终端的网络购票和旅游信息查询等。以下为相关基础业务和拓展业务的介绍。

功能寻址：通过特定的功能号码和地址系统来寻找特定的终端设备或用户，实现点对点或点对多点的呼叫和通信。在铁路专用通信系统中，每个终端设备或用户都会被分配一个唯一的功能号码，并由系统管理人员统一分配和管理。当需要呼叫某个终端设备或用户时，可以通过输入对应的功能号码，将呼叫信号传送到指定的终端设备或用户，实现点对点的通信。还可以通过地址系统来寻找某个区域内的所有终端设备或用户，并进行组呼或广播式通信。功能寻址的优势在于可以实现高效、精准、安全的通信，避免了其他通信系统中可能出现的号码重复、漏接呼叫等问题。铁路专用通信系统的功能寻址还可以进行呼叫限制，只有具备特定权限的用户才能呼叫某些终端设备，保证了通信的安全性。

位置寻址：可以通过终端设备的定位，将终端设备的位置信息与功能号码绑定，实现基于位置的寻址和通信。基于位置寻址的优势在于可以精准地定位终端设备或用户的位置，避免了传统的号码寻址方式中可能出现的号码错误、号码重复等问题。在铁路专用通信系统中，基于位置寻址可以应用于列车调度、车站管理、应急救援等方面。例如，当列车出现故障或遇到紧急情况时，调度员可以通过基于位置寻址的方式，快速定位列车所在位置，并通知相关人员进行处理；车站管理人员也可以通过基于位置寻址的方式，精准地定位旅客所在位置，为旅客提供更好的服务。

调车模式：调车模式为涉及调车操作的人员提供了一种有效的通信手段，调节和控制用户对调车通信的访问，在调车作业的过程中会采用组呼、闭合用户组等功能。

多驾驶员通信：通常应用于铁路列车的驾驶员之间的通信。在多驾驶员通信中，每个驾驶员都配备有专门的通信设备，可以通过铁路专用通信系统进行通信，以提高列车运行的安全和效率。在多驾驶员通信中，铁路专用通信系统需要根据不同的驾驶员身份和权限，进行呼叫和通信的管理以保障正常通信。

2. GSM-R 系统结构

GSM-R 系统包括网络子系统、基站子系统、运行与管理子系统和移动终端设备等部分。其中网络子系统包括移动交换子系统、移动智能网子系统和通用分组无线业务子系统，是GSM-R 系统的核心组成部分。GSM-R 系统的结构组成如下[2]。

1）网络子系统

网络子系统是以移动交换中心为基础建立起来的，主要功能是保证数据与语音呼叫的实现。

（1）移动交换子系统

移动交换子系统是 GSM-R 系统的核心交换设备，负责管理和控制移动终端设备的通信，包括呼叫控制、位置管理、资源管理、鉴权与安全等功能。该系统还可以连接其他网络或服务以提供更多的通信服务，是 GSM-R 系统的关键组成部分，为移动终端设备提供了可靠、高效的通信服务。

（2）移动智能网子系统

移动智能网子系统是 GSM-R 系统的一个子系统，提供高级业务特性，如呼叫转移、短消息服务、语音信箱等，增强了 GSM-R 系统的功能和灵活性。该系统通过与移动交换子系统相互连接，实现对移动终端设备的控制和管理，可以根据用户需求和网络状态，智能地选择业务路由，提供更好的服务质量和用户体验。

（3）通用分组无线业务子系统

通用分组无线业务子系统提供高速数据传输服务，支持互联网接入和多媒体业务。通过移动交换子系统和基站子系统相互连接，实现对移动终端设备的控制和管理，可以根据网络负载和数据流量，动态地分配无线资源，以提供更高效的数据传输服务，为 GSM-R 系统的数据业务提供了强大的支持，为用户提供了更多的应用和服务选择。

2）运行与管理子系统

运行与管理子系统作为典型的集成管理平台，是操作人员与系统设备之间的中介，其功能主要体现在业务保障、用户管理、资源管理、网络管理等方面。运行与管理子系统可细分为网络管理系统和用户管理系统。

网络管理系统：主要功能为安全管理、配置管理、故障管理、告警管理，性能管理。在系统设备中主要负责为维护、操作人员提供维护接口，具有监视并收集与网络运行状态有关信息的功能，同时可结合运维人员的需求形成数据统计分析和运行报告。这对于网络规划及调整网络具有重要意义。

用户管理系统：主要将相关数据提供给用户，同时具有相关操作功能，如变更用户权限、销户等用来支撑业务的正常运行。系统由 SIM 卡管理系统、计费以及客服系统、结算系统等组成。

3）基站子系统

基站子系统是 GSM-R 网络中最基本的组成部分，由基站控制器、基站收发信机、编译码和速率适配单元等功能实体组成。

基站控制器：作为基站子系统中至关重要的控制部分，负责各种接口的管理，承担其覆盖区域内的无线资源和无线参数的管理，负责呼叫建立的信令处理以及小区中的信道分配，并提供无线电网络的运营与维护功能。

基站收发信机：属于无线接入部分，提供了网络和基站间所有无线连接的功能，可以覆盖多个小区。由基站控制器对某个小区的无线收发信设备进行控制并服务，是网络中固定部分与无线部分之间进行通信的中继。

编译码和速率适配单元：基站控制器的组成部分之一，负责在基站控制器和移动业务交换中心之间提供语音编码和速率适配功能，将 13 kb/s 的语音或数据转换成标准的 64 kb/s 数据。

4）终端设备

终端设备是供 GSM-R 系统用户直接操作和使用，用来接入 GSM-R 网的设备，包括移动台和无线固定台。移动台由移动设备和用户识别模块组成，主要包括：车载台和手持台。无线固定台为非移动状态下使用的无线终端，具备与移动台相同的业务功能。

7.1.3　GSM-R 应用

在铁路领域中，GSM-R 的业务应用主要体现在传输列车控制安全信息、调度信息、位置跟踪信息及防护告警、乘客移动服务、车次号校核传输等各种信息。

1. 调度通信

铁路调度是铁路运输的重要环节，涉及列车的运行安排、运行计划等方面。GSM-R 系统可以实现铁路调度指挥中心与列车司机、列车长等人员之间的通信，以协调列车的行驶和调度工作。调度员可以通过 GSM-R 系统向司机发送指令和调度信息，如调整行驶速度、改变行车方向等，以使列车按照预定计划安全、顺畅地行驶。同时，司机也可以通过 GSM-R 系统向调度员报告列车的运行状况和行驶里程等信息，以便调度员及时调整列车的运行计划。GSM-R 系统的应用可以提高铁路运输的效率和安全性，为铁路调度工作提供了强有力的支持。

2. 列车运行控制

列车运行控制是保障列车运行安全和运行效率的重要措施。GSM-R 系统可以实现列车司机和列车调度中心之间的通信，传输列车的运行状态和行驶路线等信息，以确保列车的安全和顺畅运行。通过 GSM-R 系统，列车司机可以随时向调度员报告列车的运行情况和行车计划，调度员也可以根据列车的运行状态和线路情况，及时向司机发出调度指令和运行计划。

3. 列车安全监测

列车安全监测是铁路运输安全的重要保障措施。GSM-R 系统可以实现列车司机和列车调度中心之间的紧急通信,以便在列车出现突发事件时及时采取应对措施,保障列车和乘客的安全。GSM-R 系统为列车安全监测提供了可靠的通信支持,使得列车司机在遇到突发事件时可以及时向调度员发出求助信号或报告情况,调度员也可以通过 GSM-R 系统向司机发出紧急指令。在列车安全监测方面,GSM-R 系统还支持列车位置监测和列车速度监测等功能。通过 GSM-R 系统,调度员可以随时了解列车的位置和运行状态,以便在必要时采取相应的措施。同时,GSM-R 系统还可以实现列车间的位置和速度同步,以避免列车之间的碰撞和超车等安全问题。

4. 旅客服务

GSM-R 在旅客服务方面的应用主要包括列车信息查询、网络接入、多媒体服务等。旅客可以通过信息查询服务获取列车的实时到站信息、运行状态等信息,以便及时了解列车的运行情况。同时,GSM-R 系统还支持网络接入服务,旅客可以通过列车上的无线网络接入互联网,获取更多的信息和服务。GSM-R 系统还支持多媒体服务,旅客可以通过系统提供的音视频服务,享受更加丰富的娱乐和文化活动。GSM-R 系统的应用可以提高旅客的出行体验,为铁路旅客服务提供了更加便捷、舒适的服务[4]。

7.2 LTE-R 铁路移动通信技术及应用

7.2.1 LTE-R 发展概述

1. GSM-R 的局限性

尽管 GSM-R 的普及率仍在增长,但是越来越多的来自公共网络的干扰和已划分的无线电频率阻碍了 GSM-R 的使用。

1)干扰问题

GSM-R 和其他公共网络之间的干扰增加的原因是铁路和公共运营商都希望在铁路沿线有良好的覆盖。铁路和公共运营商不是在网络规划上合作,而是争夺覆盖范围,这会导致语音和数据通信的严重干扰。在未来,由于 GSM-R 网络和公共网络的部署范围增长,干扰可能会进一步增加。

2)容量问题

GSM-R 的 4 MHz 带宽可支持 19 个 200 kHz 带宽的通道,足够满足语音通信,因为语音通话时间有限,不会持续占用资源。但是目前的容量尚不支持每辆列车与无线闭塞中心建立连续的数据连接,容量的增加需要使用更多的频谱资源。

3)性能问题

GSM-R 作为窄带系统,不能提供高级业务,不能适应新的需求。GSM-R 每条连接的最大传输速率为 9.6 kb/s,仅满足低要求的应用,无法支持任何实时应用和紧急通信。高铁的未来业务,如实时监控,要求宽带系统具有更大的数据速率和更短的延迟。

2. LTE-R 简介

随着铁路的快速发展,新型的铁路业务对铁路移动通信系统提出了更高的带宽和更低的时延要求。GSM-R 是一种第二代移动通信技术,虽然已经广泛应用于铁路通信系统中,但由于其频谱利用率低、数据速率低等问题，无法满足现代铁路业务的需求。为了解决该问题，铁路引进了 LTE 技术，推出了 LTE-R 移动通信系统。相比于 GSM-R，LTE-R 具有更高的带宽、更低的时延、更高的可靠性和更灵活的频谱利用率等优点，能够为铁路业务提供更加可靠和高效的语音和数据通信服务。通过引入 LTE 技术[5]，铁路通信系统得以实现对带宽需求更高的业务，如列车视频监控、列车实时监控等，为铁路安全和运营提供了更好的保障。表 7-1 列出了铁路专用通信系统的关键参数[6]。

表 7-1 铁路专用通信系统关键参数

参数	GSM-R	LTE	LTE-R
频率	上行：876～880 MHz 下行：921～925 MHz	800 MHz,1.8 GHz, 2.6 GHz	450 MHz,800 MHz, 1.4 GHz,1.8 GHz
带宽	0.2 MHz	1.4～20 MHz	1.4～20 MHz
调制	GMSK	QPSK/MQAM/OFDM	QPSK/16QAM
小区范围	8 km	1～5 km	4～12 km
峰值速率，上行/下行	172/172 kb/s	100/50 Mb/s	50/10 Mb/s
峰值频谱效率	0.33 b/s · Hz^{-1}	16.32 b/s · Hz^{-1}	2.55 b/s · Hz^{-1}
数据传输	需要语音通话连接	分组交换	分组交换
多输入多输出	无	2*2,4*4	2*2
移动性	最大 500 km/h	最大 350 km/h	最大 500 km/h
切换成功率	≥99.5%	≥99.5%	≥99.9%
切换方式	硬切换	硬切换/软切换	软切换：无数据损失

LTE-R 系统采用 OFDM、MIMO 和自适应等技术，使得网络结构更加优化，LTE-R 系统有如下所述的特征[7]。

灵活的频谱：其支持不同的带宽，分别是 1.4 MHz、3 MHz、5 MHz、10 MHz、15 MHz 和 20 MHz 的带宽，不同的带宽可以满足不同业务的传输需求，使得不同业务能够满足传输速率的要求。

不同的峰值速率：由于 LTE-R 的传输载波带宽不一样，所以峰值速率也是不同的。当带宽为 20 MHz 的终端使用单天线接收信号时，上行峰值速率最大可达到 50 Mb/s，若终端采用双天线接收信号时，则下行峰值速率最大可以达到 100 Mb/s。

QoS 保障机制：通过提升无线资源管理，通信系统中端到端的 QoS 指标将变好，依据无线网络层的要求，传输网络层会为其提供适合的 QoS 来满足不同的业务类型，如行车调度、安全监控、列车维护等等。

与 3GPP 现有系统共存和互操作：LTE-R 系统具有与 3GPP 系统互联互通的特性，终端在不同无线接入系统之间的测量可以通过无线资源调度管理来实现，可使得不同无线接入系统间无缝切换。

3. LTE-R 发展动态[8][9]

从 2008 年开始，国际铁路联盟（International Union of Railways，UIC）已经开始高速铁路宽带移动通信系统的研究和试验，澳大利亚、韩国、俄罗斯等国的铁路部门建设了 LTE 网络，并开展了相关试验。

2010 年 12 月，在第七届世界高速铁路大会上，UIC 确定跨越 3G 技术，直接发展 LTE-R 铁路宽带移动通信系统。

2011 年中国铁路总公司开始着手启动中国铁路下一代移动通信技术研究工作并设立了"基于 TD-LTE 的高速铁路宽带通信的关键技术研究与应用验证"国家重大专项研究课题。

2013 年 9 月，UIC 在法国巴黎召开"GSM-R Asset and Evolution"国际研讨会，会议上研究提出了 GSM-R 向 LTE-R 的演进策略和主要技术方案。同年，国际标准组织 3GPP 启动"LTE Group Communications"课题研究，开始进行 LTE 群组呼叫流程的 3GPP 标准化工作。

2014 年 4 月，UIC 在土耳其伊斯坦布尔召开的第 11 届 ERTMS 国际会议，提出了 LTE-R 发展规划，计划在 2022 年前与 3GPP 合作完成 LTE-R 标准化工作，在 2022 年形成下一代铁路移动通信标准，2022—2030 年进行 LTE-R 工程化建设和 GSM-R 向 LTE-R 演进。

2015 年 7 月，中国铁路总公司组织成立"下一代移动通信技术研究工作组"，分为频谱组、标准组、业务组、工业组和试验组 5 个子工作组展开相应的工作。

2016 年 9 月，在德国柏林轨道交通技术展上，中兴通讯展示了基于 3GPP 最新标准 LTE-R 产品及解决方案，并进行了视频组呼、视频上拉、下发等关键新业务演示。

2018 年 3 月至 9 月，由中国铁道科学研究院集团有限公司牵头在京沈客专完成 LTE-R 系统高速条件下动态试验，并根据试验结果形成标准规范。

2019 年 6 月，华为在斯德哥尔摩国际公共交通展上，携手生态伙伴天津七一二通信广播股份有限公司联合发布下一代轨道无线通信 LTE-R 解决方案，并已在中国率先启动建设。

7.2.2 LTE-R 结构

1. LTE-R 业务

铁路行业是一个特殊的应用场景，其列车运行速度变化很快，同时需要保障高效、安全、可靠的通信服务。因此，铁路中的 LTE 系统需要根据铁路的具体场景进行相应的调整，不能完全按照公网中 LTE 系统的标准来设计网络结构、业务和服务等方面。新兴的列车通信技术可能对新的移动通信网络架构提出特殊要求[10]。根据 UIC 的标准以及我国铁路的需求和所传输的不同的业务类型，将 LTE-R 的业务划分为数据类业务和会话类业务，其具体业务如图 7-2 所示。

在图 7-2 中，LTE-R 系统提供的业务可分为基础网络业务、铁路专有业务和铁路应用业务 3 大类。基础网络服务是 LTE-R 系统的核心服务之一，主要包括 LTE 基本数据业务、语音集群业务和 LTE 网络基础设施 3 类。其中，LTE 基本数据业务是指通过 LTE 网络实现的常见数据业务，如电子邮件、短信、互联网接入等，主要应用于列车乘务人员和调度人员之间的通信。语音集群业务是指基于 LTE-R 系统实现的语音通信服务，支持组呼、单呼和广播等多种通信方式，主要用于列车乘务人员、行车调度员和站台工作人员之间的语音通信。而 LTE 网络基础设施则是指 LTE-R 系统中的基础设施，包括无线基站、核心网和终端设备等，为铁路专有业务和应用业务提供必要的通信基础。基础网络服务的提供，为铁路运输提供了必要的通信基础，保障了铁路运输的安全和正常运营。铁路应用业务是指在铁路运输领域中应用的各种业务，包括列车运行控制、安全监控、铁路信息化、铁路物联网和"互联网+铁路"等。

其中，列车运行控制业务主要用于列车的调度和控制，以保障铁路运输的安全和高效；安全监控业务主要用于监控铁路运输中的各种安全隐患和风险，及时采取措施保障运输安全；铁路信息化业务主要用于铁路信息的采集、处理和应用，提高铁路运输的信息化水平和管理效率；铁路物联网业务主要用于铁路运输中的物流管理和设备监控，提高铁路运输的效率和可靠性；"互联网+铁路"业务则是将互联网技术应用于铁路运输中，提供更加便捷的服务和体验。铁路应用业务的提供，为铁路运输的安全、高效和智能化提供了必要的技术支持和保障。

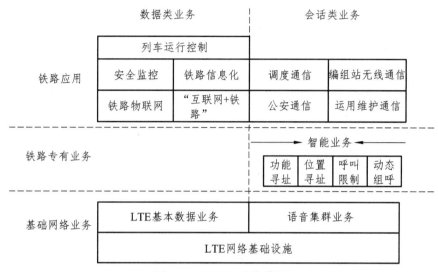

图 7-2 LTE-R 业务类型

目前的铁路业务侧重于基本的无线通信，如列车司机和调度员之间的通信、驾驶员和驾驶员之间的操作通信、轨道侧维护团队通信等。铁路业务、语音业务和数据业务属于关键核心业务，乘客体验、服务质量和业务进程支持属于非关键业务。图 7-3 所示是关键业务和非关键业务的分类。

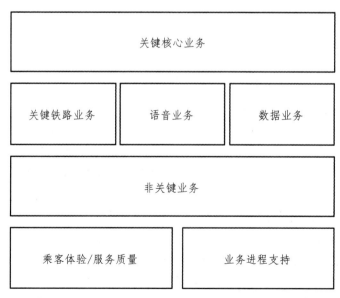

图 7-3 不同类型的铁路业务

非关键业务的主要限制因素包括网络覆盖范围、网络容量和成本要求。而关键业务的限制主要是可靠性、可用性和优先级方面。

2. LTE-R 网络结构

LTE-R 系统的网络架构在 LTE 网络架构的基础上，继承了 LTE 的高通信速率、高频谱效率、低时延、覆盖广等优势，还具有实体地理位置可分散、专网覆盖增强的特点。LTE-R 通信系统网络架构主要由地面无线接入网（Evolved Universal Terrestrial Radio Access Network，E-UTRAN）及 EPC 两部分构成。其中接入网包括用户终端和若干个无线基站演进型基站（Evolved Node B，E-NodeB），各 eNodeB 之间底层利用 IP 传输，在逻辑上通过 X2 接口连接，形成网格式网络结构，保证了用户在移动过程中的无缝切换。核心网主要包括 MME 及各类网关，在核心网一侧，网络移动管理实体与网关功能相分离，能更好地进行网络部署。而接入网中的每个 E-NodeB 通过空中接口 S1 接口分别与核心网的 MME 和 SGW 相连，能对用户平面和控制平面进行更好地控制和承载[11]。其网络架构如图 7-4 所示。

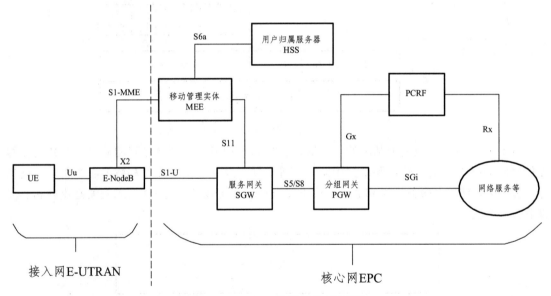

图 7-4　LTE-R 网络结构示意图

LTE-R 中各组成单元的主要功能如下：

（1）E-NodeB 集成了更多的功能，协议的层次更简单，同时具有 IP 数据协议转换及加密功能，安全性有所提升。E-NodeB 还能够协助 MME 对网络进行移动性管理、传输信息压缩加密和小区信号测量等，为 LTE-R 系统提供了更加可靠和高效的通信服务。

（2）MME 主要负责移动性管理和控制，是用户终端与 EPC 之间信息的关键控制节点。MME 具有多种功能，包括信令处理、非接入层移动控制、空闲模式访问限制、安全密钥管理和终端用户设备的连接等。其中，信令处理主要是指对接收到的控制信令进行解析、处理和转发，确保移动通信网络的正常运行。非接入层移动控制则是指对 UE 的移动性进行控制和管理，包括切换、位置更新、寻呼等。空闲模式访问限制是指对处于空闲模式的 UE 进行访问控制，以保障网络资源的有效利用。安全密钥管理则是指对 UE 的安全机制进行管理和调度，确保通信的安全性。终端用户设备的连接则是指对 UE 的连接进行管理和控制，包括移动性管理、会话管理等。

（3）HSS 是负责存储用户注册信息及位置信息的用户服务器。通过 S6a 接口与 MME 相连，HSS 主要用于存储用户安全信息、位置信息、业务信息等相关数据。

（4）SGW 是 EPC 网络的用户面接入服务网关，作为 EPC 中的重要网元，为 E-NodeB 之间的切换提供了本地移动性锚点。SGW 可以在 MME 的支配下，对数据包选择路由以及转发、数据缓存和对服务质量 QoS 进行处理等。

（5）PGW 是 EPC 网络中引入的网元实体，作为 EPC 网络的边界网关，通过 SGi 接口与公共数据网络连接，其作用主要用于用户与外网连接。PGW 的功能是终端用户服务稳定的 IP 接入点、IP 地址分配和包分组过滤等。

（6）PCRF 主要负责基于流量控制计费，通过 Gx 接口与 PGW 相连，同时可用于根据用户信息及 QoS 指标等进行决策，生成相应网络管控策略，并将策略下发和执行。

7.2.3　LTE-R 应用

发展 LTE-R 是为了提高铁路专网应用的质量，如铁路监测、列车定位、铁路预警和旅客服务等。

1. LTE-R 在铁路监测领域的应用

LTE-R 在铁路监测领域的应用是为铁路运输提供实时监测和管理服务。通过 LTE-R 网络，可以实时采集并传输列车位置、速度、运行状态等数据，实现对列车运行的实时监测和管理。同时，LTE-R 网络还可以与铁路监测设备连接，监测和管理铁路设备状态。LTE-R 还可以与其他铁路信息系统集成，实现对铁路运输全流程的实时监测和管理，提高铁路运输的安全性和运行效率。因此，LTE-R 在铁路监测领域可以广泛应用于列车运行监测、车站设备监测、信号设备监测、装备状态监测等多个方面，为铁路运输提供了全方位的监测和管理服务[12]。

2. LTE-R 在列车无线定位中的应用

列车定位是保障铁路运输安全和高效运营的关键，目前的定位方法主要采用有线方式，如轨道电路定位、里程计定位、查询-应答器定位、交叉感应回线定位等。但以上方法存在精度不高、只能给出点式位置信息、不能满足连续高精度的定位要求以及需要沿路设置大量轨旁设备等缺陷。相比之下，LTE-R 具有传输速率高、抗多径效果好等优势，在列车定位过程中，列控中心与 eNB、MS 之间需要交互大量信息，以获得准确的位置信息和实时的运行状态数据。通过 LTE-R 的高速数据传输和实时语音通信，列车之间的通信畅通和准确性得到保障，并能够实现精准的无线定位，为调度员和驾驶员提供及时的信息支持，确保列车运输的高效和安全。因此，可以看出 LTE-R 在列车定位中的应用前景非常广阔，将成为未来铁路运输的重要技术支持。

列车定位工作流程如图 7-5 所示，具体如下[13]：

（1）按需求设定定位频次，列控中心向列车发送定位命令。

（2）列车回应定位要求并报告服务小区。

（3）确定列车服务小区 eNB 的前后相邻基站作为定位服务基站。

（4）2 个定位服务小区 eNB 同时发送含有定位参考信号的子帧。

（5）列车接收信号并估计定位参数。

（6）列车将估计到的定位参数回传给列控中心。

（7）列控中心根据信息解算列车位置。

（8）将解算出的位置坐标告知列车。

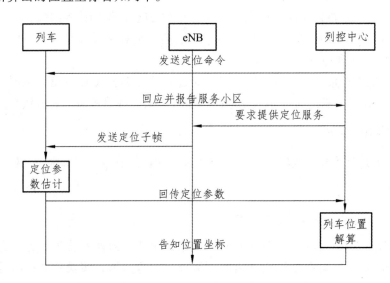

图 7-5　列车定位工作流程

3．LTE-R 在铁路预警中的应用

通过 LTE-R，在列车行驶过程中，系统可以通过高速数据传输和实时语音通信，向列车驾驶员和调度员发送紧急预警信息，包括突发事件、设备故障、天气变化等信息。LTE-R 还可以与其他预警系统进行联动，如车载视频监控、气象预警等，形成一个完整的铁路预警系统，建立起安全、高效、智能的铁路运输体系，从而实现有效的预警，保障列车的安全运行。

4．LTE-R 在旅客服务领域的应用

随着时代的发展，人们的需求也不断增多。通过 LTE-R 技术的应用，旅客不仅可以在线聊天、欣赏音乐、在线电影，还能进行车票信息查询和购票服务，为旅客带来了诸多便利，提供了更好的出行环境[14]。

7.3　LTE-V2X 车联网技术及应用

V2X 也被称为车载无线通信技术，即车与外界设备之间的信息交换，是未来自动驾驶和智慧交通的支撑技术之一，本质上是一种物联网技术，同时也是对设备到设备技术的深入研究。

7.3.1　LTE-V2X 发展概述

1. V2X 简介

V2X 主要包括车辆到车辆（Vehicle to Vehicle，V2V）、车辆到基础设备（Vehicle to Infrastructure，V2I）和车辆到行人（Vehicle to Pedestrian，V2P）3 种通信技术，如图 7-6 所示。

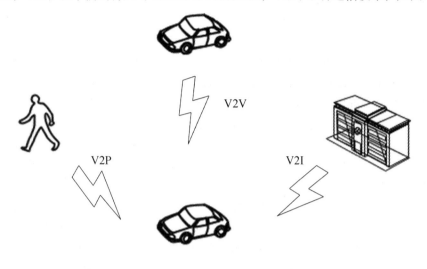

图 7-6　V2X 技术

V2V 为车辆与车辆之间的沟通，是一种不受限于固定式基站的通信技术。车辆终端彼此可以直接交换无线通信信息，车辆通过专设的网络发送自身位置和速度信息给其他的车辆，防止事故的发生。V2I 中，基础设施包含了显示屏、信号灯、电线杆和路障等设备，接收和发送装置安装在这些设备上，通过收发装置获取附近区域车辆的信息并发布各种实时信息。V2P 中车辆可以与其行驶范围内的行人交互，行人使用用户设备（如手机和笔记本式计算机等）与车载设备进行通信，获得行人的行为信息，从而避免交通事故的发生，同时，行人也能获得车辆的信息，为自身提供安全保障。

2. V2X 技术分类

V2X 主要技术有 2 类，分别为专用短程通信技术（Dedicated Short Range Communication，DSRC）和基于蜂窝网络的车联网通信[15]（Cellular Vehicle-to-Everything，C-V2X）。

1）DSRC

DSRC 是联结 V2V、V2I 的 RF 通用视频通信技术，支持 DSRC 设备之间的短时间信息交换。DSRC 设备采用 802.11p 芯片，主要包括车载单元、路侧单元（Road Side Unit，RSU）和行人携带的移动设备。为了实现这项技术，美国联邦通信委员会在 5.9 GHz 频段中分配了 75 MHz 频谱。IEEE 802.11p 和 IEEE 1609 标准已经为车载环境无线接入定义了一组服务和接口，用于基于 DSRC 的应用，而且美国计划在基于 DSRC 技术的新型轻型车辆上实现车辆通信能力。之前美、日以及欧洲等国都是基于 DSRC 进行 V2X 的布局，例如，美国联邦通信委员会在 2020 年 11 月之前都是将 5.9 GHz 的频段分配给 DSRC 通信，并且在多个州开展了 DSRC 试点验证。

DSRC 技术的优点在于平均时延低（小于 50 ms）、带宽高，是目前多数国家使用的通信技术，技术相对比较成熟。但相较于其他传统的通信技术，DSRC 所工作的交通环境是动态而多变的，因此会面临着激烈的通信冲突等特殊的挑战。

2）C-V2X

C-V2X 在技术演进过程中，又被分为 LTE-V2X 和 5G-V2X。

（1）LTE-V 技术最早由大唐电信提出，是 C-V2X 现阶段的主要技术演进方案。与基于 DSRC 的 V2X 通信相比，基于蜂窝网络的 V2X 通信在技术和商业应用方面都有优势。从技术角度来看，LTE 网络在 V2I/V2N 业务上具有广覆盖的优点，并支持车辆的高机动性，最高可达 350 km/h。通过增强时隙 MAC，避免了 LTE 中的隐藏节点问题，且 LTE 技术的多媒体广播组播业务可用于高效的安全信息传播。LTE 在非视距（Non Line of Sight，NLOS）环境中提供了更好的性能，支持高达 1 Gb/s 的数据速率，并覆盖蜂窝中的大量车辆。从商业角度来看，基于 LTE 的 V2X 通信可以利用 LTE 的通用硬件平台降低量产成本。上述优势在实际应用中可以满足前向碰撞预警、十字路口防碰撞预警、紧急车辆预警等行车安全类车联网应用需求。

（2）5G-V2X 是 5G 通信的 V2X 标准，具有高达 99% 的可靠性、3～10 ms 的低时延和更高的数据速率。随着智能汽车的迅速发展，4G-LTE 技术不能满足车联网的要求，因此 5G 通信在设计之初就将智能汽车的需求考虑进去，这说明 V2X 也将是 5G 网络的一部分。在未来 5G-V2X 能够将 LTE-V2X 和 DSRC 融合，从而实现更加安全和更加高效的汽车行驶能力。

DSRC 和 C-V2X 互有长短。前者经过十几年的研究，被多个国家应用于 V2X 中，技术已经相当成熟，形成了统一的标准，是具有可靠稳定性的技术，传输距离短，但信号容易被建筑物遮挡，需要重复建设多个信号发射器，而且其传输频率可能会受到干扰。后者在覆盖距离、感知距离、承接数量、低时延以及后续更新演进中具有优势，但仍处于技术开发阶段。LTE 等蜂窝网络提供无处不在的覆盖区域，D2D 通信的引入进一步提高了蜂窝网络的频谱利用效率和系统容量，这促使 3GPP 等组织正致力于基于蜂窝技术的 V2X 服务。因此，V2X 逐步代替 DSRC 成为自动驾驶领域的关键技术。

7.3.2　LTE-V2X 技术

LTE-V2X 于 2013 年首次被提出，基于 LTE 的 V2X 标准化由 3GPP 积极开展，为 V2X 通信提供解决方案，并受益于 LTE 系统的全球部署和快速商业化。基于 LTE 的 V2X 在中国车载通信行业被广泛应用为 LTE-V。在 3GPP 标准化进程中，基于 LTE 的 V2X 被重新定义为 LTE-V2X。LTE-V2X 能够满足车联网中多个方面的要求，如车联网低时延、高可靠性、基站抗冲突配置调度管理，不同 RSU 覆盖区快速切换和高用户密度等。

1. 工作模式

1）蜂窝模式

蜂窝通信方式利用基站作为集中式的控制中心和数据信息转发中心，由基站完成集中式调度、拥塞控制和干扰协调等，这种工作模式可以显著提高 LTE-V2X 的接入和组网效率，保证业务的连续性和可靠性[16]。

2）直通模式

车联网中车与车之间直接通信的方式称为直通模式，适用于没有蜂窝网络覆盖的地方，并且满足道路安全业务的低时延高可靠传输、节点高速运动、隐藏终端等方面的要求，增强了资源分配机制，适用于对时延敏感的应用场景中。蜂窝通信和直接通信如图 7-7 所示。

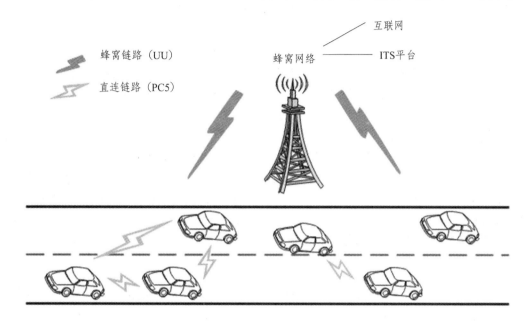

图 7-7　LTE-V2X 工作模式

2. 标准进展[15]

3GPP 在 2015 年正式启动了车联网需求与标准化研究工作，先后完成了基于短距离直连通信的 V2V 和 V2I 通信标准化，并在 2017 年正式发布了支持 LTE-V2X 的 R14 版本标准，支持 LTE-V2X 增强（LTE-eV2X）的 3GPP R15 版本标准于 2018 年 6 月正式完成。而根据 3GPP 的 5G 规划，5G 将为车载网络的发展提供更多的通信支持，随着 5G 标准化和网络建设的逐步完善，车联网与交通的融合越来越紧密。

1）LTE-V2X

目前，3GPP 已经完成 R16 版本 LTE-V2X 相关标准化工作，主要包括业务需求、系统架构、空口技术和安全研究 4 个方面。

业务需求：定义了包含车与车、车与路、车与人以及车与云平台 27 个用例和 LTE-V2X 支持的业务要求，并给出了车辆编队行驶、半/全自动驾驶和传感器信息交互等 7 种典型场景的性能要求。

系统架构：描述了基于直连通信接口 PC5 和蜂窝通信接口 LTE-Uu 的 V2X 架构，并明确了增强架构至少要支持采用 PC5 传输的 V2X 业务和 LTE-Uu 的 V2X 业务。在基于 PC5 和 LTE-Uu 的架构中共有 8 个参照点，分别为：应用服务器与应用之间的参照点；运营商网络中控制功能与应用服务器之间的参照点；启用 V2X 终端与终端家庭公共地面移动网络中 V2X 控制功能的参照点；家庭用户服务器与运营商网络中的 V2X 控制功能之间的参照点；V2X 应用之间的参照点；V2X 控制功能之间的参照点；支持 V2X 终端与演进的通用地面无线电接入网络之间的参照点；支持 V2V、V2I 和 V2P 业务的 V2X 终端之间的参照点。

空口技术：由大唐电信、华为和乐金电子联合牵头进行 V2X 的标准研究，主要为 PC5 接口和 Uu 接口技术方案的增强，明确了 PC5 接口的信道结构、同步过程、资源分配、同载波和相邻载波间的 PC5 和 Uu 接口共存、无线资源控制信令和相关的射频指标及性能要求等。

安全研究：由 3GPP SA3 负责，研究 V2X 的安全需求。目前已经完成了支持 V2X 业务的 LTE 架构增强的安全研究。

2）LTE-eV2X

LTE-eV2X 支持更高级的 V2X 业务，能够进一步提高 V2X 的通信性能。其目标是在保持 R14 后向兼容性要求下，进一步提升 V2X 直通模式的可靠性、数据速率和时延性能，以达到部分满足 V2X 高级业务需求的目标。

TS22.886 标准中已经定义了共计 5 大类增强的 V2X 业务需求，包括基本需求、车辆编队行驶、半/全自动驾驶、传感器信息交互和远程驾驶。然而确保 LTE-eV2X 的服务质量是一项苛刻的任务，需要超高的通信可靠性，仅仅靠单个通信接口满足不了可靠性要求，因此可以通过 PC5 和 Uu 接口同时传输消息或在两者之间进行动态选择。目前正在进行的"3GPP-V2X 第二阶段标准研究"主要包括了载波聚合、发送分集、高阶调制、资源池共享及减小时延、缩短传输间隔的可行性及增益等增强技术。

3. 工作频段

2018 年 11 月，工信部无线电管理局正式发布《车联网（智能网联汽车）直连通信使用 5 905～5 925 MHz 频段的管理规定（暂行）》，这项规定确定将 5 905～5 925 MHz 频段作为基于 LTE-V2X 技术的车联网直连通信的工作频段，标志着我国 LTE-V2X 正式进入产业化阶段。同时，该规定制定了对干扰协调措施、频率、台站和设备管理方法，兼顾管理需求和实际使用需求。另外，其他国家对于 LTE-V2X 的频段选择也有所不同，部分频段如表 7-2 所示[17]。

表 7-2 LTE-V2X 工作频段

频段	国家/地区或国际组织			
	中国	美国	欧盟	ITU
	需要使用 LTE-V2X 技术	需要使用 802.11P 技术	无规定	无规定
755.5～764.5 MHz	无	无	无	无
5 470～5 725 MHz	无	无	V2X 共享频段；非安全类应用	无
5 770～5 795 MHz	无	无	无	无
5 795～5 815 MHz	无	无	V2X 专用频段；非安全类应用	无
5 815～5 850 MHz	无	无	无	无
5 850～5 855 MHz	研究中	预留保护频段	无	目标研究频段
5 855～5 865 MHz	研究中	V2X 专用频段；安全类应用	V2X 共享频段；非安全类应用	目标研究频段

频段	国家/地区或国际组织			
	中国	美国	欧盟	ITU
	需要使用 LTE-V2X 技术	需要使用 802.11P 技术	无规定	无规定
5 865～5 875 MHz	研究中	V2X 共享频段； 非安全类应用	V2X 共享频段； 非安全类应用	目标研究频段
5 875～5 885 MHz	研究中	V2X 共享频段； 非安全类应用	V2X 专用频段； 安全类应用	目标研究频段
5 885～5 895 MHz	研究中	V2X 专用频段； 安全类应用	V2X 专用频段； 安全类应用	目标研究频段
5 895～5 905 MHz	研究中	V2X 共享频段； 非安全类应用	V2X 专用频段； 安全类应用	目标研究频段
5 905～5 915 MHz	试验频段；安全类应用	V2X 共享频段； 非安全类应用	V2X 专用频段； 预留扩展应用	目标研究频段
5 915～5 925 MHz	试验频段；安全类应用	V2X 专用频段； 安全类应用	V2X 专用频段； 预留扩展应用	目标研究频段

4. 安全需求

LTE-V2X 技术在发展的同时也面临着安全问题，下面主要从网络通信、业务应用、车载终端与路侧设备 3 个方面介绍 LTE-V2X 车联网系统面临的安全风险及安全需求[18]。

1）网络通信

Uu 场景下，LTE-V2X 车联网系统继承了传统 LTE 网络系统面临的安全风险，主要有伪终端、伪基站、信令和数据窃听、信令和数据的篡改或重放等。因此在蜂窝通信过程中，终端与服务网络之间的双向认证是必需的，用来确认双方身份的合法性以保证安全通信。终端与服务网络应支持 LTE 网络信令的加密、完整性以及抗重放。

对于 PC5，不论是基站集中式调度模式（Mode 3）还是终端分布式调度模式（Mode 4），直连传输的用户数据均在专用频段上通过 PC5 接口广播发送，因此短距离直连通信场景下 LTE-V2X 车联网系统在用户通信时同样面临着和 Uu 场景下相同的安全风险[19]。直连通信过程安全需求与 Uu 相同，系统应对消息的来源进行认证，保证双方通信的合法性；支持对消息的加密、完整性以及抗重放，防止用户敏感消息在传输过程中泄露；能够隐藏用户的真实身份表示和位置信息，防止用户隐私泄露。

2）业务应用

LTE-V2X 业务应用包括基于云平台的业务应用以及基于 PC5/V5 接口的直连通信业务应用。

蜂窝通信作为云平台应用的基础，与移动互联网的通信模式有着相同的流程和机制，因此继承了蜂窝通信模式现有的安全风险，包括假冒用户、假冒业务服务器、非授权访问、数据安全等。直连通信应用以网络层 PC5 广播通道为基础，在应用层通过 V5 接口实现。

业务应用的安全要求与现有网络业务应用层的安全要求基本一致。为了保证业务接入和服务提供者身份的真实性，业务内容接入的合法性，数据存储和传输的保密性和完整性，以及平台运维管理的有效性，应进行日志审计以确保可追溯性。除上述要求外，基于直接通信的业务应用还需要满足传输带宽和实时处理等各种要求。由于需要满足车联网业务的快速响应特性，有必要精简安全附加信息，尽量减少计算处理时间。

3）车载终端与路侧设备

车载终端由于功能高度集成，也更容易成为黑客攻击的对象，导致信息泄露、车辆失控等重大安全问题，以及接口层面和设备层面的安全风险。车载终端可能存在多个物理访问接口，在车辆的供应链、销售运输、维修维护等环节中，攻击者可能通过暴露的物理访问接口植入有问题的硬件或升级有恶意的程序，对车载终端进行入侵和控制。设备层面的安全风险包括权限滥用风险、访问控制风险、系统漏洞暴露风险、固件逆向风险和不安全升级风险等。

作为 LTE-V2X 车辆联网系统的核心单元，RSU 的完整性关系到车辆、行人和道路交通的整体安全。主要的安全风险包括部署维护风险、非法接入、远程升级风险、设备漏洞、运行环境风险。车载终端和 UE 型 RSU 有许多相同的安全要求，包括硬件设计、系统权限管理、操作环境安全和资源安全管理。主要安全要求如下[20][21]：

（1）应注意有线和无线接口的安全防护。

（2）应具备对敏感数据的存储和运算进行隔离的能力。

（3）应支持系统启动验证功能、固件升级验证功能、程序更新和完整性验证功能以及环境自检功能，确保基础运行环境的安全。

（4）应支持访问控制和权限管理功能，确保系统接口、应用程序、数据不被越权访问和调用。

（5）应具有安全信息采集能力和基于云端的安全管理能力。

（6）应具有入侵检测和防御能力。

7.3.3 LTE-V2X 应用

LTE-V2X 的应用场景主要有以下几种：交叉口防撞预警、换道决策辅助系统、安全驾驶辅助系统和车载诊断与维护等。

1. 交叉口防撞预警

由于城市道路交叉口的分布数量多、构造复杂、场景众多，容易发生交通安全事故，因此交叉口防撞预警一直是交通冲突防撞预警的研究热点。在道路交通中，通过 LTE-V2X 通信技术，车辆能不断发送和接收其他车辆、道路设施等发来的交通信息，根据车辆的车速、车辆间距和行驶方向等车辆状态参数，通过自身定位及相关算法，能解决超视距、非视距情况下的交通难题，以及在危险情况下做出相应的解决措施，如预警或与高级驾驶辅助系统（Advanced Driving Assistant System，ADAS）结合。预警基本流程如图 7-8 所示。

其中，获取的主车信息以及远车信息包括主车经纬度坐标、主车航向角、远车经纬度坐标和远车航向角。判断是否存在威胁有如下依据：首先，通过主车经纬度坐标、主车航向角、远车经纬度坐标和远车航向角获得车辆未来冲突点的经纬度坐标；其次，利用冲突点的经纬度坐标、主车经纬度坐标和远车经纬度坐标获得所述主车与远车之间的距离；如果主车与远车之间的距离小于安全距离阈值，则将远车作为威胁车辆。

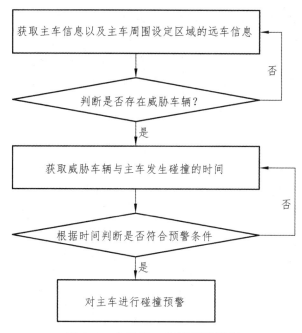

图 7-8 交叉路口防撞预警流程

2. 换道决策辅助系统

换道决策辅助系统（Lane Change Decision Aid Systems，LCDAS）用于对驾驶员变换车道时可能引发的车辆碰撞进行报警。如图 7-9 所示，LCDAS 通过检测对象车辆后面和侧面的车辆，在不排除车辆内部和外部后视镜作用的基础上对变换车道操作进行辅助。当对象车辆驾驶员表明变换车道意图时，系统评估当前的车辆行驶情况，如果不推荐变换车道，则对驾驶员发出警告。但是 LCDAS 并不鼓励激进的驾驶行为，该系统发出的警告仅对驾驶员起提醒作用，LCDAS 不会采取任何自主行为来阻止可能发生的碰撞，驾驶员需要对车辆的安全操作负责。

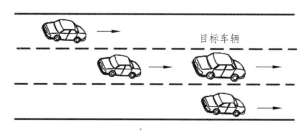

图 7-9 LCDAS

3. 安全驾驶辅助系统

汽车安全对于车辆来说主要分为 2 个方面:主动安全和被动安全。主动安全是指尽可能自由地控制汽车，无论是直线制动和加速，还是向左或向右行驶，都要尽可能平稳，不偏离既定路线，不影响驾驶员的视线和舒适性。被动安全是指事故发生后对车内人员的保护，这种保护理念已经推广到车内外的所有人员甚至物体。

防锁死制动系统：是目前大多数乘用车和卡车采用的一种主动安全系统。最初是为飞机设计的，通过调节制动管路压力而不依赖于制动踏板的力量来防止车轮在制动时锁死。除了尽量避免锁死之外，还可以控制车轮速度，以实现所需的水平滑动平移范围，使制动距离最小化，同时保持转向稳定。除此之外，防锁死制动系统还可以作为辅助驾驶装置用于赛车，以提高减速执行力和保障车辆安全性。较为先进的防锁死制动系统是一种电子预警控制框架，极大地增强了驾驶员和车辆在难以识别的街道和艰难减速条件下避免事故的能力。

防碰撞预警系统：包括警示报警距离和危险报警距离，前者应考虑驾驶员的反应时间，后者只考虑制动时间，属于汽车被动安全系统。防碰撞预警系统具有车距监测及追尾预警、前方碰撞预警、车道偏离预警、导航功能和黑匣子的功能，能够全天候、长时间稳定运行，极大提高了汽车驾驶的舒适性和安全性。

防追尾系统：一种主动安全系统，通过在车辆前部安装各种传感器设备，如雷达和摄像头等，自动探测出与前车的距离，并与本车的制动、灯光等系统联动，当跟车距离低于安全距离时，系统会在零点几秒内启动，强制增加跟车距离。汽车在行驶中随时监测行车环境和路面状况，判断是否存在障碍物和相撞的可能。

除了以上安全驾驶辅助系统，还有夜视辅助系统、电子制动力分配系统、牵引力控制系统、电子稳定装置等。

4. 车载诊断与维护

车载诊断与维护，包括车辆安全召回通知和车辆及时修复提醒。

（1）车辆安全召回通知是指 RSU 通过 V2I 通信向车辆发布召回警示，并以警告灯、警告声或其他能够及时引起注意的方式提醒车主。

（2）车辆及时修复提醒是指 RSU 通过 V2I 通信接收来自车载单元的车载诊断信息并向车主提供周边服务网点位置、营业时间等信息。此外，RSU 还将该消息转发至相应的车厂服务商以确定潜在的维修需求。

7.4　5G-V2X 车联网技术及应用

5G-V2X 是基于 5G 通信系统的 V2X，是 LTE-V2X 的技术演进和增强。5G 标准化的步骤已经在 3GPP R15 中完成，5G 蜂窝系统将采用毫米波技术，工作频谱为 30~300 GHz，载波频率为 60 GHz 左右。3GPP R16 是 5G 的第一个演进版本标准，已经于 2020 年 6 月正式冻结。本节将对 5G-V2X 的发展、特性及应用场景进行介绍[22]。

7.4.1　5G-V2X 发展概述

R16 标准的冻结意味着第一个 5G-V2X 标准的诞生，该标准支持 V2V 和 V2I 直连通信。《车联网（智能网联汽车）产业发展行动计划》提出，我国第一阶段车联网的发展目标是 2020 年产业跨行业融合，第二阶段是 2020 年后将全面建成安全保障体系、标准体系和技术创新等，实现"人-车-路-云"的高度协同。目前来看，车联网的发展趋势基本符合两阶段的发展历程。《5G 承载需求白皮书》指出当前的网络架构和技术在时延保证方面存在不足，需要网络切片和低时延网络等新技术突破，并且承载面临解决方案、软件、硬件和芯片全面挑战。

目前，5G 还未满足安技术方面的需求，在"第四届互联网安全领袖峰会"上，中国工程院院士、中国互联网协会理事长邬贺铨提到：5G 在终端接入身份认证、5G 终端安全、网络切片以及物联网、车联网等各方面的安全问题都跟之前的 4G 需求不同，因而面对的挑战也将更加复杂。由于安全是车联网追求的首要目标，因此在 5G-V2X 安全保障成熟之前，相对较为成熟的 LTE-V2X 技术在车联网应用中将不可避免地受到依赖。许多国家正在进行一些 5G 研究和规范项目。其中，一些是关于 2020 年 IMT-2020 及以后的发展目标：无线电法规、操作方面、协议、测试规范、性能、QoS、体验质量（QoE）和安全性；5G 标准化的目标：RAN、业务和系统方面、CN 和终端；5G 技术目标：毫米波传输、5G 协议、MEC 和 NFV；5G 倡议的目标：向 5G 技术演进；5G 公私合作伙伴关系项目，目标包括：5G 基础设施和 5G 架构；技术社区目标：5G 开发和部署；5G 网络在美洲的发展的目标：支持和促进无线技术能力的全面发展；行业 5G 研发的目标：5G RAT 和网络技术。除上述研究外，还有更多正在开发的的技术。

5G-V2X 所用的载波频段比 LTE-V2X 要高很多。电磁波的频率越高、波长越短，绕射能力和抗衰减能力越差，因而单个 5G 基站的覆盖范围比 LTE 阶段要小很多。在目前成本限制下，5G 基站难以达到理想的部署密度，而在部署密度不足时，容易产生许多信号盲区，这不符合车联网"随时随地连接"的要求，因此未来 5G 基站的部署仍需要大量投资。

目前 5G 传输速率的提升主要是通过扩大占用频段、提高基站的密度、优化芯片运算速度来实现，但在技术实现和效果上还没有真正质的飞跃，技术供给较"虚"。5G 网络尤其是车载终端目前不够成熟，短期内限制了其在车联网领域产业化的空间和价值。

从芯片厂商的角度来看，通信芯片是 V2X 核心技术的源头体现，也是产业链的最上游，因此在 LTE-V2X 和 5G-V2X 的发展中，芯片厂商在源头上有发言权。目前许多通信芯片厂商在一边保持 LTE-V2X 通信芯片生产的同时，另一边也在摸索 5G-V2X 通信芯片的推进之路。

多家芯片厂商已经发布 V2X 芯片。华为在 2019 年推出 5G 多模终端芯片 Balong5000 和车载模组 MH5000；高通发布骁龙 9150CV2X 芯片，支持 C-V2X 规范与 5G 兼容；大唐高鸿作为 C-V2X 标准制定的参与者，自主研发芯片级解决方案，先后发布 C-V2X 车载终端和路侧终端、车规级模组[23]。

由上述可得，5G-V2X 阶段对于基站、终端设备等的数量需求可能比 LTE-V2X 阶段翻倍，芯片及终端设备厂商对 5G 所表现出的热情，主要是出于对未来市场利润率的考虑。

从电信运营商的角度来看，为了保证必要的通信速度，5G-V2X 需要扩大占用频段，提高投资基站的密度。对于电信运营商而言，低频段的频谱资源成本过于高昂，而高频段对应的单个基站覆盖范围小，要在相同的面积下达到与低频段同样的覆盖效果，需要四五倍的基站数量,这也会导致运营商的成本较 LTE-V2X 阶段骤然上升。运营商等相关方面已经在 LTE-V2X 上进行了一定投入，在 5G 未有质变性优势且成本高昂（在同样的覆盖要求下，5G 基站的数量和价格远高于 LTE-V2X 的同类基站）的情况下，不愿轻易放弃既有投资。高昂的建设成本会使用户为此支付更高的费用，而用户为现阶段性价比并不高的 5G-V2X 买单的概率较低，因此运营商对 5G-V2X 持审慎态度。

对于产业链上的其他相关环节，如车企、地图服务商等，由于 5G 完全落地时间的不确定性，以及等待上游通信芯片厂商的产品传输，目前大部分 V2X 产品主要基于 LTE-V2X 技术。

总体来说，5G-V2X 的部署本身并不可能一蹴而就，而是存在分批部署的协同问题和兼容问题，需要车厂、终端设备厂商、运营商等的良好配合方能有效推进。然而，责任分散效应很容易导致因徒困境——当 5G 车载业务不成熟时，运营商出于对投资风险的考虑，很少会先行投资部署 5G-V2X 蜂窝网络；反之，当 5G-V2X 蜂窝网络部署不完善时，仅靠车载终端很难衡量 5G 车载终端业务的效果，这就阻碍了 5G-V2X 网络的实际部署进程。

7.4.2 5G-V2X 技术

5G 新空口（5G New Radio，5G NR）[24]通过底层关键技术的增强设计，为高层业务提供高效、可靠和灵活的传输，可支持面向自动驾驶的具备高性能需求的 V2X 应用，主要的技术增强包括：

（1）帧结构设计：物理层采用了可变子载波，引入基于时隙的帧结构以及灵活的调度方式，可减小端到端延时。

（2）参考信号设计：为了支持高频段下多种移动速度场景（最高相对速度 500 km/h），引入了可变密度的参考信号设计以对抗高多普勒对性能的影响。

（3）信道编码技术：采用译码性能高于 Turbo 码的极化码和低密度奇偶校验编码。

（4）支持单播和组播的 NR PC5 接口。

5G-V2X 具有高吞吐量、低延时、高可靠等技术特点，并能有效支持高速移动场景，因此可以满足复杂应用在时延、移动性、数据速率等多方面的技术要求。

7.4.3 5G-V2X 应用

本节中将应用场景划分为半自动驾驶场景和全自动驾驶场景，半自动驾驶场景包括协同驾驶、异常事件处理、自动驾驶辅助和感知扩展；全自动驾驶场景包括远程泊车、车辆编队和行车轨迹调整。

1. 半自动驾驶场景

1）协同驾驶

协作式变道：基于 V2V 通信，车辆之间进行协商和协同驾驶操作。如图 7-10 所示，在保障行车安全的前提下，其他车辆通过加减速等操作为目标车辆提供足够的变道空间。

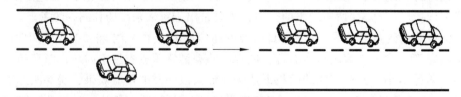

图 7-10 协作式变道

协作式路口通行：如图 7-11 所示，RSU 参与的情况下，在无红绿灯信号的路口，RSU 接收各方向来车的通行意图（直行、左转、右转）和车辆状态（位置、速度、大小、最大加减速等），并基于路口各方向的车流量，进行实时统一调度。RSU 将调度结果（路口各车道车辆的通行顺序、时间等）发送给路口车辆，车辆根据 RSU 的规划依次通过路口。

无 RSU 参与的情况下，在无红绿灯信号的路口，车辆提前广播通行意图，并进行实时行驶轨迹与状态的更新，通过车辆之间的协商，有序通过路口。

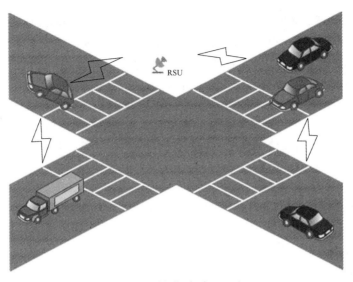

图 7-11　协作式路口通行

2）异常事件处理

简要介绍弱势道路使用者（Vulnerable Road User，VRU）侧面通过和倒车出库碰撞预警 2 种情况。

VRU 侧面通过：如图 7-12 所示，在狭窄道路上行驶时，车辆 V1 与相邻车道逆向行驶的车辆 V2 会车，存在对侧面 VRU 产生碰撞的危险。RSU 检测车辆和 VRU 的位置、速度和方向，当发现存在碰撞风险时，向车辆和 VRU 发出预警。无 RSU 参与时，车辆之间，车辆与 VRU 之间通过 V2V 和 V2P 进行信息交互和协商，并通过加减速或左右方向调整等操作避免交通事故。

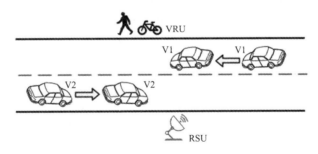

图 7-12　VRU 侧面通过

倒车出库碰撞预警：车辆 V1 准备倒车驶出停车位，存在与侧面车道上行驶的车辆 V2 和 VRU 产生碰撞的危险。RSU 或 VRU 检测到车辆与行车的方向、位置和速度，若有碰撞风险，及时向车辆和 VRU 发送报警信息。

3）自动驾驶辅助

驾驶辅助的目的是为驾驶者提供协助，包括提供重要或有益的驾驶相关信息，如场区自动驾驶辅助、交通拥堵管理和实时导航等。

场区自动驾驶辅助：在交通情况简单、行车路线相对固定的场区内如工业园区和机场，车辆根据本地传感器感知信息和接收到的其他车辆传输信息，更新周边交通环境信息，并对自动驾驶路线和车辆行驶状态（位置、速度、车道、方向等）进行实时调整。

交通拥堵管理：在发生交通事故后，事故路段会在某一时段内无法通行，可能导致交通拥堵。拥堵区域内车辆可通过 V2I 将拥堵车辆的通行意图发送给 RSU，RSU 根据所获取内容，并基于实际路段容量，进行统一调度。RSU 将调度结果（路口各车道车辆的通行顺序、时间等）发送给拥堵车辆，使得车辆避开事故路段，根据 RSU 的规划完成拥堵路段疏通。

实时导航：根据车辆的当前位置和目的地信息，基于沿途各路段部署的 RSU 获取的路段实时车流速度、各路口交通拥堵状况、红绿灯相位信息等，预估车辆从当前位置到达目的地的多条路径的时间，为 V2X 车辆实时选择最优的行车路线。

4）感知扩展

交通环境协同感知：如图 7-13 所示，车辆或 RSU 通过雷达、摄像头等感知设备感知交通环境，包括周边车辆、VRU、物体、路况等，并通过 V2V/V2I 将其感知结果共享给其他车辆。通过感知信息的实时交互，扩展车辆感知范围，丰富车辆感知信息细节，可避免因车辆感知信息不足或感知盲区产生的交通危险。

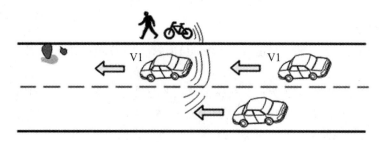

图 7-13 交通环境协同感知

车道内位置调整：如图 7-14 所示，V2X 车辆感知周围车辆位置以及车道宽度、车道线等相关信息，发送给 RSU。RSU 根据自身感知的周边信息，结合接收到的车辆状态和车道信息，基于车辆间安全距离需求，计算各车辆在车道内的适当位置，并通过 V2I 通信将位置调整信息发送给车辆。

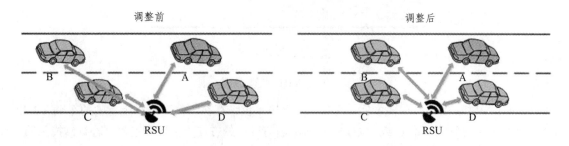

图 7-14 车道内位置调整

2. 全自动驾驶场景

1）远程泊车

无人驾驶车辆在到达停车场附近后，由 RSU 或远程控制台接管，进行停车位申请与分配，完成点到点自动驾驶和自主泊车。远程泊车应用中，驾驶员不在车中，不介入车辆驾驶行为决策，因此对车辆自动驾驶等级要求较高。

2）车辆编队

如图 7-15 所示，多个具有相同行车路线的车辆构成一个车辆编队，由头车进行统一的驾驶策略制定和行车管理。车辆编队应用可以有效提高交通效率，节省燃油消耗。但同时，为了保障较小的跟车距离内的行车安全，车辆编队行驶对车辆的自动驾驶等级、V2V 通信延时以及车辆定位精度都有较高的要求。在城市交通环境下，编队更多的是在行驶过程中动态形成的，即有车头的确立，车队成员的汇入和脱离，整个编队过程是动态的。

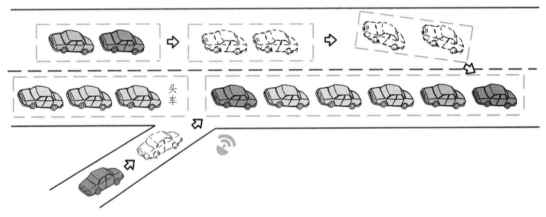

图 7-15　车辆编队

3）行车轨迹调整

在特定交通场景下，自动驾驶车辆不得不采取紧急制动、转向或更换车道等操作以避免行车危险。自动驾驶车辆将本车操作和车辆轨迹变更信息发送给邻近车辆，自动驾驶车辆之间进行车辆行驶轨迹协商以配合当前车辆躲避危险。

本章小结

专用移动通信系统是高速铁路的关键系统，是铁路物联网的信息承载平台，是高速铁路运行安全保障的基础。GSM-R 向 LTE-R 的演化是一个必然的过程，但在现阶段如果要实现两个系统的过渡，就必须经历两系统并存的阶段，LTE-R 系统可以在先期承载非列控类业务，逐步实现对铁路各类业务的承载，直至完成 GSM-R 向 LTE-R 系统的过渡。这是一个长期的过程，需要大量的试验数据作为基础。除轨道交通外，移动通信技术也使用在车联网中，其中 LTE-V2X 与 5G-V2X 都由 C-V2X 演进而来，本章后两节介绍了 V2X 的发展，在此基础上介绍了 LTE-V2X 和 5G-V2X 技术的架构与应用。虽然目前大量部署了 5G 网络，但 5G-V2X 技术仍未能完全落地，即使在未来 5G-V2X 真正彻底商用之后，LTE-V2X 也仍然可以与之兼容同存并灵活切换选用。

GSM-R 是基于 GSM 开发的无线通信系统，具备包括基于位置寻址、接入矩阵、功能号表示等调度业务。在铁路领域中 GSM-R 的业务应用主要有传输列车控制安全信息、调度信息、位置跟踪信息、防护告警、乘客移动服务、车次号校核传输等。

为了解决来自公共网络的干扰和已划分的无线电频率对 GSM-R 的影响，提出了 LTE-R

技术，能够降低干扰、提高容量和性能，主要的应用有铁路监测、列车定位、铁路预警和旅客服务等。

LTE 技术除应用于铁路交通外，还可应用在车联网中。LTE-V2X 技术是 C-V2X 技术现阶段的主要演进方案，包括蜂窝和直接通信两种工作模式，应用场景有交叉口防撞预警、换道决策辅助系统、安全驾驶辅助系统和车载诊断与维护等。

5G-V2X 是 5G 通信的 V2X 标准，这项技术考虑了智能汽车的需求。V2X 将是 5G 网络的一部分，5G-V2X 有融合 LTE-V2X 及 DSRC 的可能，为汽车提供更安全、更高效的运行能力，能够应用在协同驾驶、异常事件处理、远程泊车和车辆编队中。

习 题

1. 总结 GSM-R 的特点。
2. 简述 LTE-R 的结构。
3. 简述 GSM-R 和 LTE-R 的异同。
4. 分析 GSM-R 到 LTE-R 的演变过程。
5. 简述 LTE-V2X 与 5G-V2X 的异同。
6. LTE-V2X 技术中蜂窝模式与直通模式有何区别？
7. 列举出除文中所述的 LTE-V2X 和 5G-V2X 应用场景之外的其他应用场景。
8. 5G-V2X 是否会超过 LTE-V2X 成为未来车联网中的关键技术？请简述理由。

本章参考文献

[1] ZHAO J, LIU J, YANG L, et al. Future 5G-oriented system for urban rail transit: Opportunities and challenges[J]. China Communications, 2021, 18(2): 1-12.

[2] 张瑞霞. GSM-R 系统干扰问题及优化方法研究[D]. 兰州：兰州交通大学, 2015.

[3] 张丝颖. GSM-R 网络在铁路通信中的应用研究[D]. 呼和浩特：内蒙古大学. 2018.

[4] 冯良儒. GSM-R 在铁路通信中的应用[J]. 科技创新与应用, 2020(9): 172-173.

[5] ZHAO J, LIU Y, WANG C, et al. High-speed based adaptive beamforming handover scheme in LTE-R[J]. IET Communications, 2018, 12(10): 1215-1222.

[6] ZHAO J, LIU J, NIE Y, et al. Location-assisted beam alignment for train-to-train communication in urban rail transit system[J]. IEEE Access, 2019,7：80133-80145.

[7] 虎丽丽. 基于 LTE-R 的无线通信系统可靠性分析研究[D]. 兰州：兰州交通大学, 2020.

[8] 李婷. LTE-R 智能业务关键技术研究[D]. 北京：北京交通大学. 2018.

[9] 李春铎. 铁路 LTE--R 宽带移动通信系统高速适应性研究[D]. 北京：中国铁道科学研究院, 2019.

[10] HE R, BO A, WANG G, et al. High-speed railway communications: from GSM-R to LTE-R[J]. IEEE Vehicular Technology Magazine, 2016, 11(3): 49-58.

[11] 周净毓. LTE-R 通信系统安全风险评估的研究[D]. 兰州：兰州交通大学, 2020.

[12] 卜爱琴. 铁路下一代移动通信技术 LTE-R 应用的探讨[J]. 信息通信，2014(2): 174-175, 176.

[13] 李翠然，谢健骊，胡威，杜丽霞. 基于 LTE-R 的无线列车定位方法研究[J]. 铁道学报，2015, 37(07): 15-19.

[14] 董建国. LTE-R 技术在铁路无线通信工程中的应用[J]. 电子元器件与信息技术，2019, 003(008): 66-70.

[15] IMT-2020(5G)推进组. C-V2X 白皮书（2018）[S]. 北京: IMT-2020(5G)推进组，2018.

[16] 陈山枝，胡金玲，时岩，赵丽. LTE-V2X 车联网技术、标准与应用[J]. 电信科学学报，2018, 34(04): 1-11.

[17] 许瑞琛，王俊峰，张莎，等. LTE-V2X 测试与仿真从入门到精通[M]. 北京: 人民邮电出版社，2018.

[18] IMT-2020(5G)推进组. LTE-V2X 安全技术白皮书（2019）[S]. 北京: IMT-2020(5G)推进组，2019.

[19] 姚知含. 基于 C-V2X 系统的智能网联汽车安全系统研究与实现[D]. 北京: 北京邮电大学，2020.

[20] 网易. 一文看懂 5G 怎样改变车联网！车联网 LTE-V2X 白皮书出炉. https://www.163.com/dy/article/EKJVERR3051180F7.html

[21] 360 个人图书馆. 万字详解 5G 车联网技术. http://www.360doc.com/content/21/1231/07/118107_1011225546.shtml

[22] 刘佳博. 5G 商用之际，LTE-V2X 的演进之路[J]. 中国公共安全，2019(11): 91-95.

[23] 韩东. 车联网行业专题报告: V2X 赋能，千亿市场大幕将启[R]. 华创证券，2021.

[24] 未来移动通信论坛. 5G-V2X 应用场景白皮书（2019）[S]. 北京: 未来移动通信论坛，2019.

第 8 章　未来移动通信系统的关键技术

基于人们对高质量无线通信的需求，通信研究人员纷纷在 5G 网络的基础上对 6G 新技术进行构思与设计，其中通信网络智能化、支持泛在场景、绿色通信、异构网络融合等将是 6G 发展的重要方向。在 6G 新型通信技术的支持下，新型应用不断涌现，例如数字孪生、全域应急通信抢险、全息通信、网联机器人和自治系统等。在架构方面，研究人员认为 6G 将会形成三维全方位覆盖、智能内生的网络。新的需求需要新型无线通信技术的支撑，本章介绍未来移动通信中极具发展潜力的技术：太赫兹（THz）频谱通信技术、可见光通信（Visible Light Communication，VLC）技术、超大规模多输入多输出（Ultra Massive Multiple Input Multiple Output，UM MIMO）技术、频谱认知技术，极化码传输理论和人工智能无线通信技术等。

8.1　太赫兹频谱通信技术

随着无线通信数据业务的指数级增长，同时具有微波通信与光通信优点的太赫兹（THz）通信技术被认为是满足未来无线通信系统实时流量需求的关键技术，可以解决当前无线通信系统的频谱稀缺和容量限制等问题。在过去的三十年内，无线数据传输速率平均每十八个月增长一倍。按照这一发展趋势，预计在未来五年内，无线通信速率将达到太比特每秒（Tb/s）。由于 5G 之前的无线通信系统可利用带宽有限，促使人们探索开发更高频段，沿着这个方向发展，频率为 30 ~ 300 GHz 的 mmWave 通信技术成为研究热点之一。尽管 mmWave 系统带来了诸多优势，但 mmWave 通信的连续可用带宽仍然低于 10 GHz，而只有物理层的效率接近 100 b/s · Hz^{-1}，无线通信系统才能拥有 Tb/s 的传输速率，这比现有通信技术能达到传输速率要高好几倍，因此想要实现这个目标需要采用更高的频段——THz 频段。THz 频谱技术不仅可以填补毫米波和光学频段之间的空白，同时在无线通信领域中展现了巨大潜力。

8.1.1　太赫兹频谱通信技术介绍

THz 频谱通信技术的工作频率为 0.1 ~ 10 THz，工作波长为 0.03 ~ 3 mm，其工作频率与 mmWave 在长波段重合，与红外线在短波段重合，因此兼具二者的相关特性。此外 THz 频谱通信技术拥有频谱资源丰富、方向性好、传输数据容量大等特点，在频谱中的位置如图 8-1 所示。但是由于 THz 频段具有波长短，绕射能力差的缺陷，并且阴影衰落对 THz 信号影响大，复杂的天气状况、生物、建筑物、移动人群等阻挡都会对太赫兹信号的有效传递产生影响，因此信号传播距离是限制 THz 频谱通信技术发展的主要问题。为了弥补 THz 频谱通信技术的缺陷，提升 THz 信号传输距离，部署大规模天线阵列是有效方法之一，太赫兹频谱通信技术设备相对容易小型化，更易在芯片或电路板上使用封装天线（Antenna in Package，AiP）技术集成天线,从而实现小型大规模天线阵列。Massive MIMO、UM MIMO 形成的空间复用增益和波束成形可以有效缓解太赫兹信号由遮挡物体存在而导致的衰落问题,同时满足小区密集化的发展方向,因此,THz 频谱通信技术具有广阔的发展前景。如表 8-1 所示,THz 频谱通信技术对比其他频谱通信技术在性能的整体表现上有着一定优势。

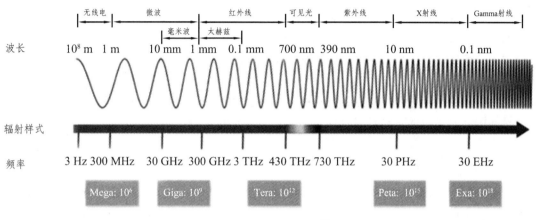

图 8-1   无线电频谱[1]

表 8-1   不同通信频段性能对比

性能	THz	mm Wave	红外线	可见光
数据速率/(Gb/s)	100	10	10	10
带宽	宽	较窄	极宽	宽
天气影响	稳定	稳定	不稳定	不稳定
安全性	高	一般	高	高
通信方式	可多点	可多点	点对点	点对点

8.1.2   太赫兹频谱通信技术应用场景

THz 频谱通信技术可以提供极高的数据传输速率,能够有效支撑车辆自动化控制、全息投影的娱乐活动、以数据为中心的高速无线数据分发、计算机通信等场景。除了这些应用场景,未来的 THz 频谱通信技术能支撑很多有发展潜力的新型应用场景,这些应用场景同样能在 6G 网络中发挥重要作用。

1. 信息淋浴

THz 波极高的路径损耗导致 THz 频谱通信技术只能应用于短距离通信,在研究人员探索 THz 使用场景的过程中发现最大半径为 10 m 和拥有高达 Tb/s 传输速率的场景是使用 THz 频谱通信技术最有效的场景,该场景通常称为"信息淋浴",或称为"数据淋浴"。通过将太赫兹接入 AP 部署在人流量大的地方,例如,地铁站的大门、公共建筑的入口、购物中心大厅等,使每个经过 AP 的用户都能在短时间内收到高达数吉比特的数据,信息淋浴还可以无缝提供软件更新以及其他类型的大流量应用,如在火车上观看高质量的视频。由于用户终端与 THz 接入节点的接触时间只有短短的几秒钟,需要对引入信息淋浴后的通信结构中的各层级重新设计以实现快速的节点关联和认证,以便及时将信息交付给适当的节点并在该节点进行缓存。

根据最近研究发现在某些情况下，只需引入几个太赫兹接入节点，并尽可能地将繁重和对时延要求不高的数据转发给信息淋浴节点进行处理，就可以大大减轻如 WLAN 或蜂窝网络等宏观规模网络的负担[2]。

2. 移动接入

THz 频谱通信技术可以提供可靠的移动接入服务，然而由于 THz 频段具有巨大传播能量损失的缺点，这会对在较高的 THz 频段直接提供移动接入服务造成困难。但是这个问题可以通过减少可利用的带宽和将整个通信系统工作频段从 1 THz 转移到 300 GHz 左右的低 THz 载波频段的方式解决，其思想是以牺牲系统容量换取在半径在 100 m 以下的圆形区域中搭建传输速率为数十吉比特每秒的高可靠无线链路，因此利用类似 WiFi 的 THz 接入节点提供可靠的移动接入服务是可行的。这种设计能够有效改善移动用户的通信质量，但是在具体实施中有一定的难度，因为需要可靠的波束跟踪和有效的 MAC。

3. 安全敏感通信

用微型天线阵列形成高度定向波束配合 THz 链路可达到超高的理论系统容量，这为许多无线通信技术的发展带来好处，其中就包括安全敏感通信，这项技术尤其适用于军事领域。典型的军事场景是由战场上的异构单元组成 THz 通信网络，这些异构单元包括士兵、装甲运输车、坦克等。与低频段采用的通信技术相比，THz 频谱通信技术的一个主要优势是在物理上无法被窃听，甚至无法注意到位于发送端波束之外的任何节点的数据传输，由此可知，不仅可以使用加密技术提高信息的安全性，还可以通过网络本身的拓扑几何来保证信息的安全性。最近利用 THz 定向天线来提高军事链路安全性被扩展应用到民用方面，实施案例有 ATM 机的无线认证和公共信息资源的下载等。有限的通信范围和狭窄的传输波束这两个特点使 THz 链路为物理层安全技术提供了很好的平台，物理层安全技术可以在传输前在信号中加入人工干扰信号进一步加密，二者能够保证足够的信息安全性。在保证信息安全性的情况下，接收端可以凭借良好的信道条件对数据进行解码。

4. 太赫兹无线链路

5G 无线通信系统的战略设想是设置许多运行在 mmWave 频段上的高速率微小区[3]，这种方法被认为是快速提高系统频谱效率几乎唯一可行的解决方案，提高后的频谱效率能够支持虚拟和增强现实、全息通信等应用，但是这也导致干扰和切换带来的问题进一步变得严重。未来无线通信系统的发展除了来自干扰最小化和切换方面的挑战，还有如何提供可靠的前导和回程链路的问题，虽然基于有线或光学的解决方案可以替代，但效果大打折扣，例如在微小区场景中，部署微小区提高了系统各方面的性能，但是前导和回程链路容量不够。预想中 mmWave 小区的数据传输速率能达到数千兆比特每秒，因此前导/回程链路的容量也应提高几倍以保证当前连接到小区基站的多个用户拥有可靠和及时的数据传输。THz 频段的无线上传/回传技术是未来解决这个问题的一个优质选择，在较低的 THz 频段和长达 1 km 的通信距离条件下，部署数 Gb/s 的无线链路是具有可行性的[4]。

5. 具有微型收发器的纳米级机器人

随着技术的发展，能够设计出工作在 THz 频段的具有微型收发器的纳米机器人。单个纳米机器人由于尺寸和功耗的限制，在技术上无法单独执行任何实质性的任务，然而纳米机器人之间可以互连形成网络，能够在社会中的不同领域发挥巨大作用，如环境传感和医学。与具有成百上千均匀分布天线单元的大规模 THz 通信系统相比，纳米机器人只配备基本的无线电模块并且只有几根（或甚至一根）天线，因此，纳米机器人的通信范围为厘米级，但是链路的容量要比设想的数据速率高几个数量级。

6. 芯片之间的连接和芯片与其他器件的连接

扩展计算机计算能力有两种常用方法：垂直扩展和水平扩展。其中，垂直扩展指通过设计更快的中央处理器（Central Processing Unit，CPU）或者更大的内存和硬盘来提升计算机的性能，水平扩展指添加更多的计算机一起协同工作。由于进一步提高 CPU 频率存在一些限制，在每块芯片上加入更多的计算内核来横向扩展计算能力被认为是目前垂直扩展的主要解决方法。然而大多数典型的计算机任务并不具有数据并行的特点，因此，这些内核必须不断地交互实现数据共享并同步行动。内核通信对速率和可靠性有极高的要求，因此需要为芯片、内核、寄存器和缓存等提供一个底层连接解决方案，这对达到目标性能至关重要。随着通信节点数量的增长，研究人员开始越来越多地复用通信和网络领域的解决方案来解决当前遇到的问题，复用的方案包括时间同步、信号存取、路由等。"片上网络"已经在研究通信节点快速增加带来的影响和相应解决措施，可以复用多个网络技术来设计高效的解决方案，以便在一台计算机中不同器件之间进行数据交换。虽然计算机中数据交换的研究目标是利用微波和mmWave 频谱进行板对板的通信[5]，但片上与芯片之间和芯片与芯片之间的连接只能用亚毫米级的收发器来实现，因此需要使用 THz 频谱技术提供更小数量级的收发器。当前基于石墨烯的 THz 电子技术是大规模多芯片片上无线网络发展的主要推动力之一[6]。

8.1.3 太赫兹频谱通信技术的发展趋势与挑战

1. 太赫兹电子器件设计

THz 频谱通信技术进展缓慢的主要原因之一是在信号生成方面存在着特殊的技术挑战，由于在硬件方面缺少稳定的 THz 波辐射源和灵敏的 THz 波探测器，这一波段的发展受到了极大的限制，被称为 THz 空隙。简而言之，THz 频率对于常规振荡器频率过高，而对光学光子发射器而言频率过低，导致二者难以稳定生成 THz 波。到目前为止，THz 波通常是由常规振荡器或光子发射器配合合适的倍频器或分频器产生，但是系统输出功率相当低，通常在-10 dBm 左右。虽然有一些不错的解决方案，如使用石墨烯质子天线这样的新型天线来产生THz 波[7]，但是该领域的缓慢研究进展阻碍了 THz 频谱通信技术的快速发展。此外，由于试验台相当昂贵的价格，能够购买或租用试验台的研究单位也是相当有限的，但是 THz 频段的潜在回报和不同参与者（包括企业和政府）投入的大量资源正不断地缓慢推动 THz 频谱通信技术向前发展。

2. 太赫兹信道建模

在建立 THz 无线通信系统信道模型时，需要考虑许多关键的影响因素，首先，显著的频率选择性分子吸收会导致透明窗口的出现。如图 8-2 所示，THz 无线信道具有极高的频率选择性，会出现几个透明窗口，也就是子波段，其吸收损失 $L_A(f,d)$ 趋于零。这些透明窗口是最适用于通信的频段。虽然 THz 信道建模已经取得一系列成就，但是想要取得进一步研究进展很难，首先，即使在自由空间中建立一个准确的 THz 信道模型仍然十分困难，需要在路径损耗方程中引入一个额外的指数成分，而不是传统的幂律[8]，这大大增加了研究的复杂程度。其次，根据大多数包括室内部署和短距离通信等使用情况，必须考虑来自墙壁、天花板、地板和所有物体的反射和渗透。由于 THz 设备的成本很高，到目前为止，只有少量的研究人员研究了 THz 信号在反射和渗透过程中表现的特点。然后，由于 THz 频率的波长在数百微米左右，THz 波在实际场景中几乎可以在任何物体上散射。最后，定向天线的存在使分析更加复杂，因为一些接收到的信号（如主动波束）必须优先于其他信号[9]。

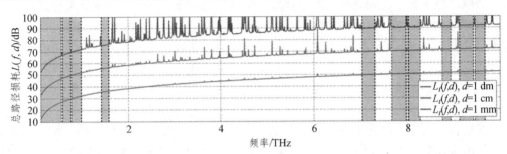

图 8-2　太赫兹频谱的总体路径损耗和透明窗口[10]

当前有两种主要的方法来分析 THz 波在特定环境中的传输特性：第一种是确定方法，基于射线追踪或射线发射方法进行研究。如果能够从尺寸、形状和现有物体的材料方面对环境进行充分的描述，确定方法可以给出一个合理准确的结果，但是主要缺点在于计算复杂度高，并且其结果很难应用于动态变化的场景，因为即使是微小的变化也可能导致信道建模上极大的改变。第二种方法是建立一个随机信道模型，对环境的影响进行平均化处理，而不是专注于特定因素造成的影响，但是建模的精度不如第一种方法高。

3. 覆盖规划

THz 小区的覆盖规划面临着与在 60 GHz 频段下运行的 mmWave 系统类似的挑战，即如何提升信号发送端和接收端之间的无遮挡路径的可用性，也就是 LoS 的可用性，因此，THz 接入网络需要提供多方位的覆盖以确保连接的可靠性。为保证系统性能，例如传输速率、频谱利用率和能量利用率等，必须建立非常详细的三维环境模型。未来考虑到天线阵列中不断增长的天线单元数量，由于超密集网络的人工规划不仅非常烦琐而且成本极高，自动化覆盖规划将会成为一个主要趋势。

4. 有效的 MAC

虽然 THz MAC 设计所面临的问题在性质上与 mmWave 系统相似，如建立时间的设计，抗遮挡高效传输等，但这些问题将被显著放大，例如假设 mmWave 系统和太赫兹系统同时使用 2D 平面相控阵列，一个 mmWave 系统在链路配置过程中配置 16 根天线，那么根据研究人员实验结果证明具有 5 倍高载波频率的 THz 系统在相同空间中可以配置多达 400 根天线的天线阵列[10]。当前最理想的 MAC 设计也不能获得合理的 THz 系统链路建立时间，因为 THz 链路传输速率过快，而上升沿打开与逻辑门状态改变都需要时间，因此需要应用先进的信号处理技术保证系统能够获得足够的缓冲时间，如压缩感知、多天线预编码等达到预计目标。此外，即使是发送基本的信令信息，在合理传输范围内的 THz 链路想要获得所需的天线增益必须要求使用波束成形，虽然像 IEEE 802.11ad 和 Wireless HD mmWave 系统可以在一些信令信息中使用准单向的天线模式达到目标，但当前没有相应的 THz 频段协议支持，因此在 THz 频段设计新型 MAC 协议是有必要的。

5. 支持节点的移动性

由于通信用户的移动性对于无线通信系统的巨大影响，当前优化无线通信系统性能时，对于用户移动性的考量也在日渐深入，THz 频谱通信技术也将尽可能地提高对移动通信用户的服务质量。然而，考虑到 THz 频段天线增益问题，要确保对移动用户已经建立的波束进行实时追踪并不容易，如果简单地将常见的波束成形训练方法推广到太赫兹频率，会导致 CSMA/CA 协议的训练序列过长。因此，需要提出切实有效的方法来预测通信用户运动轨迹，及时为用户提供服务。

8.2　可见光通信技术

可见光通信技术是指利用可见光波段的光作为信息载体在空气中直接传输光信号的通信方式，无须光纤等传输介质，配合太赫兹频谱通信技术能有效缓解当前频谱资源短缺的问题，适用于短距离无线通信。当前，固态照明（Solid-State Lighting，SSL）正在彻底改变室内照明方式，白炽灯和荧光灯正在被发光二极管（Light Emitting Diode，LED）快速取代，LED 对比白炽灯和荧光灯有以下优势：使用寿命更长、发热量更低、能量效率更高以及在不使用有害化学品的情况下改善显色性（白光下可以看到的物体颜色）。此外，LED 还有一个重要优点是它能够以非常快的速度切换到不同的光强度，这个优势是可见光通信得以快速发展的重要原因。可见光通信与无线电通信相比具有如下优势：

（1）可见光波长范围为 380～780 nm，可用频谱宽度超过 420 GHz，比当前无线电通信频谱宽度多两个数量级。

（2）与传统发射电磁波信号的通信系统不同，可见光通信设备发射光信号，因此不会造成电磁干扰并且不容易受到外部电磁干扰影响，非常适合应用于飞机等对电磁信号管理严格的区域。

（3）在可见光通信过程中发射的可见光信号传输限制在视距范围内，不能穿透障碍物，与无线电通信对比具有更高的安全性。

8.2.1　可见光通信系统

可见光通信系统模型如图 8-3 所示，通过 VLC 发送端，设备 A 将需要发送的电信号转换为光信号并发送，光信号经过无线信道传向目标设备 B，设备 B 使用 VLC 接收端接收光信号，并将其转化为相应的电信号。

图 8-3　可见光通信系统模型

1. VLC 发送端

可见光通信系统中的发射器是一个 LED 灯具，其是一个完整的照明单元，由一个 LED 灯、镇流器、外壳和其他部件组成。LED 灯，也被称为 LED 灯泡，可以包括一个或多个 LED，该灯还包括一个驱动电路用于控制流经 LED 的电流，达到控制 LED 灯亮度的目的。当 LED 灯具被用于通信时，驱动电路被修改，以便使用发射的光来表示数据，例如在一个简单的开关键控（On-Off Keying）调制中，数据位"0"和"1"可以通过选择两个独立的光强度来表示。

VLC 系统需要有照明的作用，因为这是 LED 灯具的主要目的，并且这个目的不应该因为通信用途而受到影响。到目前为止，白光是室内和室外场景中最常用的照明形式。这是因为在白光下看到的物体的颜色与自然光下相同物体的颜色非常相似。在固态照明中，白光通过以下两种方式产生[11]：

（1）在蓝光 LED 周围部署携带荧光粉的外壳：LED 发出的蓝光经过荧光粉会产生白光，同时荧光粉的厚度可以用来调整白光的色温。

（2）红绿蓝组合：该方法也称 RGB 组合，3 个分别产生红光、蓝光和绿光的 LED 可以相互配合形成白光，但是相较于第一种方案增加了成本，原因是需要更多的 LED。

由于具有易实施和低成本的优势，第一种带荧光粉的蓝光 LED 方法常用于制作白色 LED。然而在通信领域，荧光粉涂层将 LED 的切换速度限制在几兆赫兹，不过已经有相应的解决方案，例如调节 LED 明亮程度或闪烁抑制技术。对比带荧光粉的蓝光 LED，RGB 组合的方法更适合用于通信，因为它用色移键控来控制三种不同颜色波长的 LED 调制数据，切换速度不需要引入其他技术就能达到要求。

2. VLC 接收端

有两种类型的 VLC 接收器可用于接收 LED 灯具传输的信号：

（1）光电探测器（即光电二极管或非成像器件接收器）。

（2）成像传感器（即摄像传感器）。

光电探测器可以用来进行光电转换，目前的商业光电探测器可以以几十兆赫的速率对接收到的可见光进行采样。

成像传感器也可用于接收可见光信号。目前大多数移动设备可以看作是现成的 VLC 接收器，原因是这些移动设备具有由许多光电探测器组成的成像传感器。然而，成像传感器存在的问题是如果用大规模的呈矩阵分布的光电探测器来实现高分辨率的摄影，会大大降低成像传感器每秒可以捕获的帧数，例如，智能手机中常用的成像传感器的帧数不超过 40，这意味着直接使用成像传感器来接收可见光信号，其数据接收速率会非常低。

与直接使用成像传感器接收可见光信号对比，利用成像传感器的"滚动快门"特性能够以更快的速度接收数据，其工作原理是成像传感器中有大量可用的光电探测器，不可能并行读取每个像素的输出，现代成像传感器采用行扫描技术，一次读取光电探测器矩阵中一行的光电探测器的输出，这种逐行或逐列读取光电探测器输出的程序就被称为滚动快门。在小于扫描一排像素所需时间内，发射器可以改变其状态至下一个发送符号，相关实验结果显示，使用成像传感器的滚动快门可以实现每秒数千比特的吞吐量[12]。虽然成像传感器可以让任何带有摄像头的移动设备接收到可见光通信信号，然而由于当前低采样率，只能提供非常有限的每秒数千比特的吞吐量。由于独立的光电探测器已经可以实现更高的每秒数百兆比特的吞吐量，因此独立的光电探测器被更广泛地使用。

3. VLC 通信模式

可见光通信可分为两种情况：（1）基础设施到设备的通信；（2）设备到设备的通信。图 8-4 所示利用 LED 进行可见光通信的场景示例中显示了一个室内场景，其中 LED 灯具不仅可以用来照亮房间，还可以向房间内的各种设备传输数据。LED 之间可以相互协作以减少灯光的相互干扰，甚至实现可协调的多点传输。然而设备数据的上行传输很难实现，因为在终端用户设备上使用 LED 进行数据传输会对其他用户造成明显的干扰，但是在这种情况下，可以使用射频或红外通信作为替代进行上行传输。除了基础照明设施与通信设备的连接外，智能设备之间同样也可以进行可见光通信，例如手机与笔记本式计算机通信。与室内情况类似，路灯以及交通灯中使用的 LED 可以用来为汽车和行人的设备提供互联网接入节点。

温控器　　　LED光　安全警报

图 8-4　利用 LED 进行可见光通信的场景示例[11]

由于移动设备具有成像传感器，可见光通信可用于近场通信。在近场通信场景中，一个智能手机显示屏上的 LED 像素可以用来向另一个智能手机的成像传感器传输数据。高效代码设计方面的快速发展使屏幕到相机的流媒体可以实现。另一种通信场景是车联网场景[13]，汽车和道路上的其他车辆可以使用 VLC 相互通信从而形成一个临时网络，其具体应用如 8.2.2 小节中车辆通信所示。

8.2.2　可见光通信在无线通信的应用

1. 室内定位

在过去的几年里，基于定位的服务有了巨大的增长。户外场景中的移动设备定位主要依靠于 GPS，然而，GPS 在室内并不适用，因此需要用其他方式来进行定位。目前已经有相应的替代方案，例如，在室内场景中部署 WiFi 接入点来确定客户的位置虽然成本低，但基于 WiFi 的室内定位精度较低，因此需要复杂的多路径消除技术[14]来提高精度。

与基于 WiFi 的定位类似，室内可见光通信系统也可以被用来精确定位。对比基于 WiFi

的室内定位方案，使用 VLC 进行定位的优势在于一般情况下建筑物中的 LED 灯具的数量远超已部署 WiFi 的数量，在一个典型的室内建筑中，LED 灯具的数量是 WiFi 数量的 10 倍[15]。VLC 更高密度的部署可以使移动设备的三角测量更加精确，从而获得更高的定位精度。

当前已经有两种通过可见光通信进行定位的系统。在 Epsilon 定位系统中，每个 LED 源都会广播一个带有身份和位置信息的信标，移动设备通过接收来自 LED 光源的光信标来定位。为了避免 LED 光源发出信标之间的碰撞，室内可见光通信系统采用了分布式信道跳转技术，即当移动设备上的光信号接收器（一个光电二极管）接收到来自多个光源的信标时，移动设备利用收到信标的接收信号强度（Received Signal Strength，RSS）值来估计自身到 LED 光源的距离。根据距离估计，接收器使用三分法来获得移动设备的位置。此外，如果光信号接收器能感应到的 LED 光源少于 3 个，用户可以移动设备以增加可见 LED 光源的数量。研究表明，Epsilon 系统可以实现约为 0.4 m 的定位精度，相比之下，基于 WiFi 的定位方案只能实现 3 ~ 6 m 的精度[16]。

另一种实用的可见光定位方法是 Luxapose 定位系统[17]。与 Epsilon 不同，在 Luxapose 系统中，接收器被认为是一个成像传感器，如智能手机的摄像头，用户使用相机拍摄 LED 灯具的图像，然后以对图像进行分析的方式检测 LED 灯具发出的信标信息和信标的到达角度（Angle of Arrival，AoA）。根据智能手机摄像头的方向和 LED 灯具信标的到达角度进行三角测量，以确定接收设备的位置，Luxapose 可以达到定位精度约为 0.1 m。

由于具有极高的精确度，并且可以利用现有照明基础设施，可见光定位将在未来定位技术中起到重要作用。

2. 屏幕—摄像机通信

VLC 有一个特殊应用是实现液晶演示器（Liquid Crystal Display，LCD）和成像传感器的通信。LCD 和摄像头被广泛用于移动设备中，如智能手机、笔记本式计算机等。屏幕—摄像机通信是设备—设备通信的一种形式，信息可以在智能手机、笔记本式计算机、广告牌等设备的显示屏上进行编码，此时具有成像传感器的通信设备可以捕捉屏幕并使用图像分析对数据进行解码。由于可见光的波长短、光束窄，LCD 和摄像头信息传输具有高度的指向性、低干扰性和很高的安全性。通过分析和实验确定，这种链路能够实现数百千比特每秒至兆比特每秒的数据传输率。然而 LCD 屏幕和成像传感器的通信链路有三个主要挑战[18]：

（1）透视失真：日常生活中的一种常见现象。当观众从某个角度看屏幕上的长方形图像时，屏幕上的图像看起来更像一个梯形。原因是可以观察到一些像素缩小了，而另一些则扩大了。这种现象在屏幕—摄像机的链接中也可以观察到，一些像素有更好的可见度。

（2）模糊现象：当相机在捕捉显示屏时发生移动，就会出现模糊现象。模糊的原因是其中一些像素被混合在一起，导致产生脱焦的图像。在频域中，模糊可以被认为是一个低通滤波器，其中高频的衰减远大于低频的衰减。

（3）环境光：这是一个噪声源，它改变了接收像素的亮度。这可能导致在像素中编码的信息出现错误，从而导致接收器的信息丢失。在频域中，环境光改变了整体亮度，所以被认为是直流成分。

为了解决这些问题，受传统的 OFDM 调制方案的启发，一种 LCD 屏幕-照相机无干扰无线链路被提出，可以将信息编码在二维空间频率中，称为 PixNet。PixNet 的主要组成部分包

括模糊适应性 OFDM 编码器、环境光滤波器和透视校正算法:

（1）模糊适应性 OFDM 编码器部署在发射器中，比特信息首先被调制成复数，然后被分解成相应符号，接着符号被排列在一个二维的 Hermitian 矩阵中，保证输出是真实的，发射器对不同频率信号的处理方式是不同的。由于模糊衰减的是图像的高频部分，信息可以通过低频传输，并用 Reed Solomon 纠错码保护，RS 码的块大小为 255，一个块中有 8 比特信息。

（2）接收器上的环境光滤波器可以直接过滤由环境光引起的零频率。

（3）透视校正算法部分在发射器实现，部分在接收器实现。它允许 PixNet 系统处理由透视失真引起的不规则的采样频率偏移（Irregular Sampling Frequency Offset，SFO），并利用 SFO 在正确的频率上重新采样信息，以便在接收器处恢复正确比特信息。

3. 车辆通信

由于基于 VLC 的车辆通信系统是在户外使用的，与室内应用相比，有一个显著的特点，即受到不可忽略的太阳辐射和道路灯光、建筑灯光等其他光源的环境光干扰。为了实现 VLC 车辆通信，研究人员提出了减轻强烈环境光干扰的方法，如部署基础设施辅助 VLC 车辆通信。

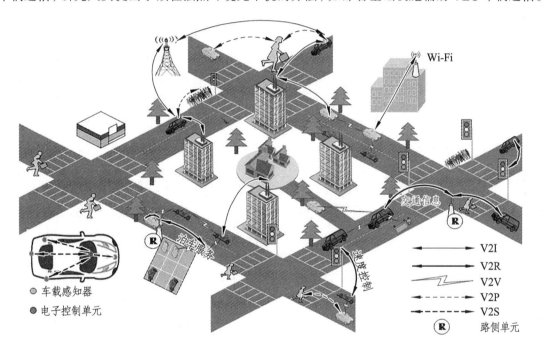

图 8-5　车辆通信场景[19]

车辆通信的 VLC 应用可分为两类: V2I 和 V2V，如图 8-5 所示。对于 V2I 应用[20][21]，相关研究侧重于利用与交通有关的基础设施，如利用交通灯、路灯等来传递有用信息。在 V2I 通信中，有两种类型的单元:第一种类型单元是提供照明的路灯，主要用于与汽车或行人的数据通信，这种 VLC 单元通常可以覆盖 50～100 m 范围;另一种类型单元的户外 LED 是交通信号 LED，可以与汽车通信。由于此类 LED 的主要目的不是照明，而且即使有阳光照射也总是处于开启状态，所以这种 LED 更适合于车辆安全、交通信息广播等应用;另一方面，用于照明的 LED 即使在没有红绿灯的街道也可以使用,使得这种 LED 更适合高速互联网接入型应用。对于 V2V 应用[21][22]，主要是利用汽车的前灯和尾灯作为信号发送端，而将光电二极管或成像传感器作为接收器，以提供车辆之间的可靠通信。

为了实现 VLC 车辆通信（VLC Vehicular Communication，V²LC），应该研究两个主要的关键因素：（1）V²LC 网络在遭受太阳辐射与其他光源的噪音和干扰工作条件下的可行性；（2）V²LC 网络提供有效服务以支持车辆应用的能力。目前已经有研究团队提出了可行的 V²LC 服务方案，如车对车广播、基础设施对车广播等服务[22]。通过研究 V²LC 满足车辆应用需求的能力，研究人员发现 V²LC 可以在密集的车辆交通条件下实现高效通信。此外，研究人员还发现 V²LC 对太阳辐射的背景噪声有更强的抵抗力，但面对直射阳光却容易受到影响。而来自空闲的 VLC 发送端以及没有数据传输能力的传统灯的夜间噪声对 V²LC 的影响非常有限，这意味着 V²LC 对这种噪声有较高的鲁棒性。

通过利用 VLC 进行通信和定位，车辆可以准确地构建其周围的地图。基于该地图，不仅可以获得车辆之间的距离，而且每辆车还可以通过前灯和尾灯向周围车辆广播自身实时速度。周围车辆收到这一信息后，可以相应地调整自身速度，以最大限度地提高燃油效率，减少碰撞的机会，这在自动驾驶领域能够发挥重要作用。

4. 使用可见光的人机交互（Human-Computer Interaction，HCI）

人们对利用无线通信系统来改善 HCI 越来越感兴趣。射频通信系统中的 WiFi 已经被扩展到运动检测[23]、手势识别[24]和有效的输入检测[25]等应用，例如，光学鼠标利用 LED 和光电二极管来检测细微的运动。同样，Kinect[26]系统使用红外和可见光的组合来进行精确的三维手势识别。然而，这类三维手势识别系统的成本很高，主要是因为它们需要复杂的成像传感器和先进的图形处理技术来处理捕获的图像。

目前已经有相关研究提出了利用低成本的可见光进行更丰富的 HCI。有研究证明无论是人类的存在或运动，都会引起荧光灯周围的电磁场发生变化。这种变化会导致家庭或办公室电力线网络的变化，因此身体姿态可以被电力线网络上的任意可插拔模块所识别。此外还有一种使用手持式微型投影仪（Pico Projector for Direct Control Physical Devices，PICOntrol）的系统[27]，其中微型投影仪使用可见光直接控制物理设备，因此该系统能够发射可见光和实现对任何具有简单嵌入式控制单元设备的远程控制。通过软件处理传感器单元上的投影光，用户可以使用各种命令来控制物理对象。文献[28]提出了用户的手指可以通过一个 LED 和两个光电二极管在一个小的工作空间内精确定位的系统，使用户能够与在狭小空间内移动的可穿戴设备互动。还有研究通过地板上的光电二极管检测用户的影子，并以此重建用户的手势和完整的骨架姿势，这些研究证明了可以通过低成本的可见光通信设备实现丰富的 HCI。随着 LED 的普及，越来越多的光电二极管和成像传感器被部署在室内环境中，可见光传感和手势识别有可能进一步促进 HCI 的发展。

8.2.3 可见光通信的未来与挑战

1. 视野对准和阴影

在 VLC 链路中实现高数据传输速率的技术主要是依靠 LOS 信道，发送端与接收端相互对准以最大化信道响应。然而在实际的情况下，接收器的移动和方向变化是很常见的，例如，在基于 VLC 的室内接入网络中，智能手机配备的一个光传感器可以根据用户的动作发生移动和旋转。这意味着接收器的视场不能总是与发射器保持一致。由于这种错位，接收到的光功率可能会出现很严重下滑，因此设计即使在视野（Field of View，FOV）错位的情况下也能确保高数据传输速率的技术是很有必要的。这需要设计能够利用反射光功率来保证传输数据速率不会急速下降的方法，这也将是未来 VLC 通信重要研究领域之一。

除了 FOV 对齐之外，另一个主要限制因素是遮挡物体。当物体或人挡住了 LOS 路径，接收的光功率就会大幅下降，从而导致传输速率下滑。当 LOS 路径被遮挡时，不仅需要利用漫反射信道的光功率，而且还要保证采取该方法的及时性，因为人经过光源产生遮挡的持续时间可能很短。因此，当务之急是设计能够对 FOV 错位和阴影导致的接收功率变化做出快速反应的技术。

2. 接收器设计和能量效率

目前的 VLC 接收器使用光电二极管或成像传感器来接收 VLC 信号。光电二极管更适合于固定不动的用户，其 FOV 可以对准 LED 灯具，以获得较高的接收光功率。移动设备上具有较宽的集中透镜可以用作成像传感器，因为它们有相对较大的 FOV，使移动设备面对移动和 FOV 错位影响能更稳定。然而，由于光电二极管数量过大，操作成像传感器缓慢并且需要消耗大量能源，这可能会大大降低可实现的数据速率。因为成像传感器设计之初的主要目的是为捕捉图像和视频而不是用于通信，因此，设计一个对设备移动和 FOV 错位有鲁棒性的接收器具有一定的挑战性。该接收器还应该以低能耗运行，以便提供长时间的高速可见光通信。

3. LED 到互联网的连接

基于 VLC 的宽带接入网络的搭建需要将 LED 连接到互联网。由于用于照明的 LED 部署可能非常密集，因此将大量的 LED 连接到互联网是一个比较严峻的问题。部署如以太网、光纤等有线基础设施的成本可能非常高，这会抵消使用 LED 进行通信的好处，相比较而言，无线连接是更优质的选择，但是 LED 的密集部署产生的干扰可能是一个限制因素，这会降低 LED 可实现的互联网数据速率。将电力线通信作为 LED 互联并接入互联网的一种方式是避免上述问题的优质选择[29]。电力线通信之所以是出色的选择，是因为它可以重新利用现有的电力线网络进行通信，也就意味着没有额外的电缆部署成本。然而，电力线通信会产生使用以太网-电力调制解调器和电力-VLC 调制解调器的成本开销。除了成本开销，想要成功实现电力线和VLC 的整合，电力线通信的性能和覆盖范围问题[30]也是需要解决的重要问题之一。

4. 小区间干扰

随着小区密集化程度越来越高，小区半径不断减少，LED 的密集部署可以提供更高的容量，然而 VLC 小区蜂窝架构面临的小区间干扰问题也越来越严重。虽然可见光被墙壁阻挡限制其在室内空间的传播的同时限制了干扰的产生，但是房间内处于同一碰撞域的 LED 会对彼此造成严重的干扰，从而造成较低的信干噪比，性能会显著下降。这个问题可以通过采用网络 MIMO、联合传输和 LED 重新排列来解决。在网络 MIMO 和联合传输中，受干扰的 LED 可以通过干扰归零或同步来协调 LED 光信号传输，以确保接收器收到的信号具有高的信干噪比。另一种对抗干扰的方法是重新排列 LED 使干扰减少，然而想要在优化通信性能的同时满足照明要求，这种方法需要进行系统的设计和分析。

5. 上行链路和 RF 增强

目前，几乎所有的可见光网络研究都集中在从 LED 灯具到光电二极管或成像传感器的下行数据传输上，而没有考虑到上行链路如何运作，这是因为尽管高效的 LED 以相机手电筒或通知指示灯的形式被纳入移动智能设备中，但这些 LED 不能直接用于通信，原因是不断地打开 LED 不仅会消耗移动设备的大量能量，而且还会在用户使用设备时产生视觉干扰现象。此外，VLC 上行链路要求用户的移动设备对光信号接收端保持一个稳定的定向光束，否则当移动设备不断移动或旋转时，会导致系统吞吐量大幅下降。为了应对这些挑战，已经提出使用其他类型的通信模式作为辅助或替代，例如使用 RF[31]或红外[32]传输上行数据。

考虑到 WiFi 已经无处不在，特别是在室内环境中，基于 RF 的上行数据传输是重要选择之一。在 WiFi 小区的大覆盖范围内配合 VLC 微小区，能确保客户在 VLC 通信不可用时拥有不间断的连接，如夜间或拥塞等场景，同样可以利用 3G 和 4G 蜂窝网络，如 LTE。但是当室内无线网络供应商与蜂窝网络供应商不同时，可见光通信系统与其他通信系统的协作将成为问题，利用不同的通信技术进行上行和下行信号传输，将形成异构网络（Heterogeneous Networks，HetNets）。同时异构网络带来了额外挑战，如多宿主客户的复杂网络管理[39]、传输层的吞吐量不对称问题[33]、链路层丢包管理和可靠的数据交付等。为了建立强大的 VLC 和 RF 的高速 HetNets，解决这些挑战至关重要。

6. 移动性与覆盖

为了使 VLC 成为被广泛应用的移动技术，其必须能够在 VLC 小区内和 VLC 小区之间存在用户移动的情况下提供无缝的高速连接。用户移动性给 VLC 带来了与射频通信系统明显不同的新问题，例如，即使在一个 VLC 小区中用户发生小范围的移动，客户端的信噪比也会在帧传输时间内发生多次很大的变化，因此在设计如速率适应、帧聚合等各种链路层技术时，必须考虑到信噪比多次快速变化带来的影响。在许多室内场所，LED 会被故意部署得比较稀疏以充分利用现有的阳光，然而为了使用 LED 进行通信，有必要在室内的所有区域提供足够的覆盖。当 VLC 被用作射频网络的扩展时，用户移动性需要用户设备的无缝切换（VLC 到 VLC）和垂直交接（VLC 到 RF）。

除了上述这些问题，最近的一些研究[34]表明，利用从地板和门之间的缝隙、钥匙孔甚至部分覆盖的窗户泄露的光信号，可以实现从房间外窃听，这说明需要进一步调查以评估接入网络中 VLC 的安全性和隐私性。为了成功地建立和运行 VLC 接入网络，必须在设计中解决设备移动、用户移动和能源效率等问题，目前 VLC 的大部分研究都集中在固定设备的物理层和 MAC 层性能提升上。通过总结分析可知，VLC 未来的一个重要研究内容就是解决在 VLC 接入网络中使用移动设备时出现的各种问题，如用户位置对于接收到的光功率的影响和由于移动造成接收到的光功率不稳定等问题。

8.3 超大规模天线阵列

太赫兹频段被认为是满足更高带宽和数据速率需求的关键因素之一，然而，太赫兹频率的可用带宽是以超高的传播损耗为代价的。此外，由于紧凑型固态太赫兹收发器的功率限制，太赫兹通信距离非常短，大约为 1 m。UM MIMO 通信概念的引入，能有效增加 THz 通信网络的通信距离和可实现容量。太赫兹等离子体纳米天线的尺寸非常小，它利用了纳米材料和超材料的特性，能够在非常小的范围内构建出大规模的等离子体天线阵列。对于 0.06 ~ 1 THz 范围内的频率，超材料能够在几平方厘米内设计出有数百个元件的等离子体天线阵列，例如在 60 GHz 时，1 cm^2 范围内可以有 144 个元件。在 1 ~ 10 THz 频段，基于石墨烯的等离子体纳米天线阵列可以在几平方毫米内嵌入数千根天线，例如在 1 THz 时 1 mm^2 范围可以部署 1 024 根天线。因此可以在 1 THz 下设计具有 1 024×1 024 根天线的 UM MIMO 系统以支持不同的模式，模式包括 UM 波束成形，UM 空间复用和多频段通信方案等。

为增加通信距离和达到太比特每秒的数据传输速率，UM-MIMO 通信需要在非常小的空间封装中集成大量纳米天线阵列。超大规模纳米天线阵列可在发送端和接收端中同时使用，通过在空间中聚焦发射信号来克服扩展损耗问题，并且通过使用无吸收窗口中发射信号的频谱来克服分子吸收损耗问题，因此，可以在相距几十米的紧凑型电子设备之间建立太比特每秒传输水平的无线链路。

8.3.1　UM MIMO 通信

构建超大规模可控纳米天线阵列的可能性使 UM MIMO 通信系统工作在太赫兹频段成为可能，UM MIMO 的目标是在通信范围内通过克服影响太赫兹信号传播的主要因素来最大限度地利用太赫兹频段。

1. UM MIMO 模式

通过在每个纳米天线处动态调整等离子体信号的幅度和时延或相位，形成了 UM 波束形成和 UM 空间复用等不同 UM MIMO 操作模式。

1）UM 波束赋形

所有的纳米天线都与传统的波束赋形一样，使用相同的等离子体信号，UM MIMO 的主要优势是可以在一个天线阵列中集成大量纳米天线。然而，与传统天线阵列相比有两个主要区别：第一个区别是聚合每个纳米天线内等离子体信号源会导致更高的输出功率，而这独立于天线的分离或天线单元的时间延迟/相位，实验证明等离子体纳米天线阵列获得的增益更高；第二个区别是纳米天线彼此之间的距离更近，这会降低天线阵列的波束赋形能力。

在不损失一般性的情况下，研究人员考虑了在宽边方向上具有单波束的均匀方形平面等离子体纳米天线阵列。图 8-6 所示展示了不同阵列技术在指向方向上的阵列增益关于阵列封装外形的函数。基于互耦合可以忽略的假设，通过分析时延阵列的阵列因子和纳米天线响应得到计算结果。对于石墨烯基等离子体纳米天线阵列，用 COMSOL 多物理模拟方法验证了在发送端和接收端中最多包含 128 个天线单元的较小封装尺寸的结果，验证点在图用"+"表示。从图 8-6 中可以看出，在 60 GHz 下，基于 100 mm^2 超材料的等离子体纳米天线阵列的增益可高达 40 dB，即比具有相同封装外形的金属天线阵列的增益高出近 25 dB。在 1 THz 时，1 mm^2 石墨烯基等离子体纳米天线阵列的增益高达 55 dB，比相同封装面积的传统金属天线阵列的增益高出近 35 dB。值得注意的是，实现更高增益不仅是因为纳米天线的数量更多，而且还因为每个纳米天线都由纳米收发器主动供电。

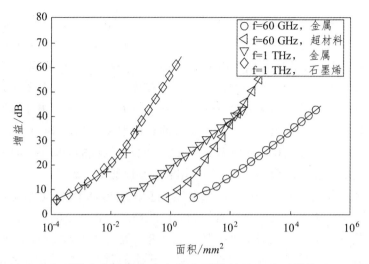

图 8-6　不同阵列技术在指向方向上的阵列增益关于阵列封装外形的函数[35]

虽然采用等离子体材料能够在非常小的空间内集成大量天线，但是这种阵列一般不具备波束成形的能力，除非天线间距扩展到半个波长以上。这是由间距小于 $\lambda/2$ 的纳米天线之间的空间相关性造成的。然而在不利用质子约束的情况下让纳米天线以 λ 及以上的间距分布可以重新进行波束成形的设计，并有出色的性能表现，例如创建交织子天线阵列以实现 UM 空间复用的可能性。

为了说明 UM MIMO 波束成形的影响，研究人员关注在 1 THz 下吸收定义的传输窗口，在 10 m 处有大约 120 GHz 的带宽。在 1 THz 的情况下，10 m 范围内的总路径损耗超过 115 dB[36]。如果考虑发送功率为 0 dBm，并且接收机处的噪声功率为−80 dBm，1 024×1 024 µm 波束形成方案在传输和接收中的增益为 40 dB，通信距离为 10 m 的无线数据链路速率几乎达到 2 Tb/s[37]。然而值得注意的是，太赫兹频带中的可用带宽随着传输距离的增加而减少，因此，试图通过简单地添加更多天线来增加容量并不是最好的方法。相反，在多个窗口上同时传输可能更有效。

2）UM 空间复用

超大规模的天线阵列可以被分割开，以支持在不同方向上的多个具有较高和较低增益的波束。与传统 MIMO 或 Massive MIMO 一样，这些波束可用于探索空间分集和增加单个用户链路的容量，或为不同用户创建独立的单独链路。此外，通过等离子体纳米收发器独立控制每个纳米天线处的信号能够以新颖的方式对阵列天线元件进行分组，可以在增加波束的数量的同时，保持相对窄的波束。将天线阵列划分为子阵列后可以达到物理交织的效果，可以在不改变系统的适用空间的情况下增加每个虚拟子阵列中天线单元的间隔。为了达到波束成形的效果，阵列天线元件间隔至少达到一半波长，但不超过一个全波长，以防止光栅旁瓣的产生。在非交织子阵列的情况下，每个波束的可实现增益将被削减，这不仅是因为每个子阵列具有较少数量的有源元件，而且还因为子阵列波束成形的能力太相似了。通过天线子阵列天线单元的交织，天线之间的间隔可以增加到 $\lambda/2$，从而获得理想波束成形增益。

在实际场景中，既可以同时使用 1 024 根纳米天线阵列创建一个单一的波束，也就是 UM MIMO 波束形成，也可以独立使用每根纳米天线形成多个波束。根据上述两种对 UM MIMO

不同的使用方法，正方形的平面子天线阵列是通过组合等离子体纳米天线来构建的，例如，整个纳米天线阵列总共可以创建 64 个子阵列，每个子阵列包含 16 个天线单元。如果使用非交织子天线阵列，每个波束的增益可以达到 12 dB 左右，通过交织子天线阵列可以将每个波束的增益增加到 22 dB。该研究结果表明了子天线阵列交织的优势，并推动了新的阵列模式合成方法的发展。

2. 多频段 UM MIMO

虽然 UM MIMO 天线阵列在特定的场景下具有良好的性能表现，但是对于几米以外的距离，太赫兹频段显示出多个吸收定义的传输窗口影响了系统性能。为了最大限度地利用太赫兹信道来创建传输速率为太比特每秒的无线链路，可能需要利用多个窗口进行数据传输[38]。多频段 UM MIMO 通过利用等离子体纳米天线阵列，达到同时利用不同的传输窗口的目的。基本思想是将天线阵列划分为多个子天线阵列，接着把每个子天线阵列调整到不同的中心频率下工作。每个传输窗口实际上是窄带的，即其带宽远小于其中心频率，简化了每个纳米天线的设计以及纳米天线阵列的动态控制。

等离子体纳米天线阵列具有多种独特的性能。首先每个等离子体纳米天线的频率响应可以通过电子方式调控，因此可以动态地、独立地修改阵列中各个天线元件的响应，其次可以通过选择合适天线单元来调整天线单元的间距，例如，应选择的天线元件在目标频段工作的间隔约为 $\lambda/2$。为在所需频率创建所需的间距，分离距离比自由空间波长短得多的超高密度天线阵列分布能够提供所需的"粒度"。此外，不同频率的"虚拟"子天线阵列可以交织。

目前，可以利用单独可调谐可控元件制造超密集的纳米天线阵列，这为充分利用太赫兹频段的动态的多频段 UM MIMO 打下坚实的基础，但是也有许多亟待解决的问题。

8.3.2　UM MIMO 通信系统的挑战与未来

1. 等离子体纳米天线阵列的制作

太赫兹天线阵列制作的复杂性取决于使用的基础技术。对于金属天线来说，主要的挑战是阵列馈电和控制网络的设计。与 mmWave 通信系统中的解决方法类似，开发子阵列体系结构和平衡在模拟领域或数字领域的操作是构建太赫兹阵列的第一个必要步骤。当超材料或纳米材料被用于构建等离子体纳米天线阵列时，实现这一步骤变得更加困难。对于超材料和纳米材料的选择，可以使用亚波长铜基贴片阵列作为频率低至 10 GHz 的表面等离子体偏振子（Surface Plasmon Polariton，SPP）波的支撑[39]，也可以使用如分裂环谐振器等其他构建块作为代替[48]。此外，信号激励、控制和分配网络必须与超材料设计联系在一起。

用石墨烯制造等离子体信号源、时延/相位控制器和天线简化了阵列的制造。目前，石墨烯可以通过各种方法获得，但只有微机械剥离和化学气相沉积才能持续制备出高质量的样品。一旦获得石墨烯层，就需要在上面完成阵列结构，目前，化学和等离子刻蚀技术可以用来切割石墨烯得到所需的结构。然而，要定义成千上万的天线及其馈电网络，需要更精确的技术，例如基于使用离子束[40]来"勾勒"阵列的新型光刻方法可以实现定义阵列及其控制网络的转换。

2. UM MIMO 信道建模

UM MIMO 通信的性能取决于太赫兹信道状态信息获取的准确程度。当前关于 LoS、NLoS

和多径传播的太赫兹频段信道模型已经提出[36]。第一个基于 UM MIMO 的太赫兹信道模型正在研究开发中,该模型考虑了发送端和接收端中超大天线阵列的特性以及太赫兹频段信道传播效应[41]。更具体地说,对于 UM MIMO,研究人员已经分析获得了纳米天线的耦合特性以及所需信号分配网络和时延/相位控制器的性能。在信道方面,研究人员考虑了在真实三维场景中传播损耗、分子吸收损耗和太赫兹频率的极高反射损耗的影响。除了完整的信道特性之外,还需要开发新的机制来有效地估计数千个并行信道,以实现阵列的实时动态操作。当相邻的等离子纳米天线间距远小于太赫兹波长时,其空间相关性可以用来简化问题的复杂性。与此同时还需要开发适合 THz 信道特性的新型导频信号以及利用信道压缩估计技术来减少信道估计开销[42]。上述所提及的技术还需要实时估计可用的传输带宽,这在物理层起着重要作用。

在多频段 UM MIMO 的情况下,信道特性的获得和实时信道估计都变得十分困难。其主要原因是,不同的传输窗口不仅有不同路径损耗和传输带宽,而且在相干带宽和延迟扩展上表现出显著不同的传输特性,为此要设计一种考虑相同窗口中载波之间的相关性但独立分析不同窗口的混合机制。

3. UM MIMO 通信系统物理层优化

为充分利用超大规模纳米天线阵列和最大限度地利用太赫兹信道,UM MIMO 通信系统物理层的主要挑战之一是设计最优控制算法。控制每个天线单元工作的频率、增益和时延/相位,以及动态分析虚拟子天线阵列的交织,能够为 UM MIMO 通信系统的设计和操作引入许多自由度。一方面,可以将其建模为基于 UM MIMO 系统的不同优化目标的资源分配问题,例如动态波束成形和空间复用或多频段通信;另一方面,需要有效的算法在实际场景中及时得出并实现最优解。

此外,太赫兹信道特有的距离相关带宽推动了距离感知调制技术的发展。距离感知调制技术既可以在单个传输窗口中工作,也可以在多个单独的频带上工作。在多频带 UM MIMO 的情况下,可以开发新的编码策略,将冗余信息分布在不同的传输窗口,以提高长距离太赫兹链路的鲁棒性。UM MIMO 系统与动态调制和编码方案的结合将使太赫兹频带的利用率最大化。

4. UM MIMO 通信系统链路层及以上层的优化

为了充分发挥 UM MIMO 通信系统的性能,需要新的组网协议。在链路层,由于该系统传输速率很高,波束很窄,并且太赫兹振荡器存在相位噪声,导致同步成为一个主要的挑战。为了最大限度地提高信道利用率,需要一种新的时间和频率同步方法来减小同步时延。影响链路层可实现吞吐量的另一个因素是与波束控制过程相关联的延迟,这取决于 UM MIMO 阵列的构成以及所采用的技术。在等离子体纳米天线阵列中,SPP 波相位可被调制的带宽约为载波信号的 10%,这样可以提高阵列波束的指向能力。

在链路层需要考虑的另一个因素是来自多用户干扰的影响。虽然在发送端和接收端中使用非常窄的波束会使平均干扰值很低,但是波束改变方向的状况可能会导致非常高的瞬时干扰值。分析这种瞬时干扰的影响,并设计克服这种干扰的机制对于 UM MIMO 通信的普及很重要。

在网络层,发送端和接收端同时对高增益定向天线的要求增加了诸如广播和中继之类烦琐任务的复杂性。对于中继,快速动态的控制波束和数百吉比特每秒或太比特每秒的高速信

息传输速率使得有可能设计新的快速广播方案。在制定新的最佳中继策略时需要同时考虑 UM
MIMO、太赫兹频段信道以及每一跳的同步开销。虽然与距离相关的可用带宽进一步推动了较
短链路的使用，但增加了波束控制过程产生的开销和中继成本，因此需要确定最佳中继距离。
最佳中继距离取决于应用场景，即 UM MIMO 是用于 D2D 还是其他场景，例如微小区场景。
最终，每个底层的所有挑战都需要以跨层的方式共同解决，以保证太赫兹频段通信网络中端
到端的可靠传输。

8.4　频谱认知技术

对于未来万物互联的场景，认知技术可以用于频谱感知和访问，新兴的编码技术可以用
于解决动态频谱访问引起的数据包擦除，并实现大规模连接场景中用户之间的认知频谱协作。
物联网是新一代信息技术的重要组成部分，意指万物相连，万物互联。它是一个基于互联网
和传统电信网络的信息平台，除了传统的移动电话和其他移动通信设备外，家电和路上的车
辆可以相互连接在一起，形成一个整体网络使人们的生活更加智能化，如图 8-7 所示。物联网
近年来的发展已经渐成规模，作为与 5G 部署相关的三大应用场景之一，物联网已经逐步发展
到服务于人们的日常生活[43][44]，这进一步促进了智能网络的发展，包括无线传感网络[45]和车
辆网络[46]。

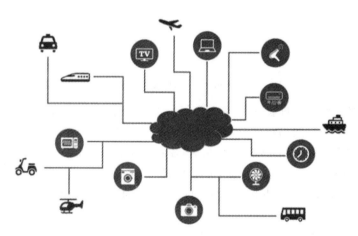

图 8-7　物联网的应用场景

然而，万物互联的场景对频谱资源的使用产生了更高的要求，使得本就有限的频谱资源
更加紧张。在大规模连接的情况下，如何使网络中的设备合理地获取频谱，实现网络的通信
需求，已成为智能网络面临的主要挑战。对于一个拥有大量用户的分布式网络，每个用户的
可用频谱资源是不同的。为了实现低时延，使用预设基础设施的集中式网络常常会面临很多
困难。

目前，大部分现有频段已经获得相应业务的许可，可供物联网设备接入的频段非常有限，
使频段的竞争非常激烈。近年来，无线数据传输的年增长率已经达到 50%，这意味着各种无
线技术获取授权频段的可能性越来越大。Mitola 和 Maguire[51]于 1999 年在软件无线电的基础
上提出了认知无线电的概念，图 8-8 所示展示了机会动态频谱接入的场景，即未经授权的用户

（Secondary User，SU）使用频谱感知并有机会访问最初授予许可用户（Primary User，PU）的空闲频带，但这种机会访问却很少使用。一旦检测到 PU 需要重新获得频带，SU 应该迅速让出信道空间[47][48]。但目前频谱共享采用的方法比较简单，并且随着当前频谱的密集性使用，并不能有效地解决频段竞争的问题。

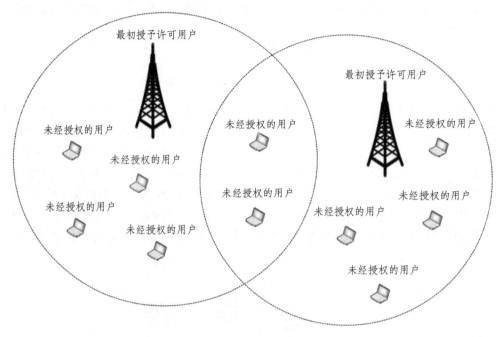

图 8-8　认知无线电方案

为了进一步促进频谱的有效利用，2016 年，美国国防高级研究计划局举办了为期三年的频谱协作挑战赛，为智能网络中的频谱使用提供了新的场景和思路。在频谱协作挑战赛场景中，基站和其他预设基础设施不可以使用。参赛者控制的节点需要相互协作，旨在实现最大的频谱利用率，并避免对网络覆盖区域中的某些现有 PU 造成干扰。在 2018 年 12 月举行的频谱协作挑战赛的一次演示中，基于人工智能的认知频谱协作性能比人为控制的频谱协作性能高出 50%。

传统的认知频谱协作技术主要着眼于提高感知能力以及获取更多空闲频谱，认知频谱协作的研究主要侧重于感知后协作的实现。协作包括 SU 之间在频谱感知方面的协作、使用动态频谱接入技术的协作频谱利用以及使用新兴编码技术的协作数据传输。

本节介绍认知频谱协作中的 3 个关键技术，即频谱感知技术、动态频谱接入技术和新兴的编码技术。

8.4.1　频谱感知技术

频谱感知技术是认知技术的基础。对于未知的频谱情况，智能网络中的用户需要感知频谱并找到免费的频谱来利用，以减少对高优先级用户的干扰，例如在典型的认知无线电场景中，SU 可能访问当前 PU 未使用的许可频谱。当频谱检测结果出现错误时，可能会出现误报警或误检测。错误警报将导致 SU 失去访问频谱的机会，并降低网络吞吐量。错误检测将导致

SU 访问不可用的频谱，并可能干扰 PU。这会给予 SU 相应的惩罚，SU 有可能被禁止再次使用 PU 的许可频谱。因此，避免误检测和提高感知精度是频谱感知技术的主要目的。

　　频谱感知技术主要包括窄带频谱感知和宽带频谱感知。一般来说，窄带频谱感知的目的是一次获得单个频谱的状态，而宽带频谱感知是对带宽超过信道的相干带宽的宽频带进行分析。

　　宽带频谱感知可以分为基于奈奎斯特采样的感知和基于亚奈奎斯特采样的感知。前者使用标准的模拟到数字转换器来获得分析频谱状态的宽带信号，后者使用包括低于奈奎斯特采样率压缩感知在内的一些技术[49]。

　　经典的窄带频谱感知检测方法有能量检测、匹配滤波器检测和循环平稳检测等。

　　（1）能量检测已经成为最流行的频谱检测方法，因为它需要更少来自 PU 的先验信息，而且很容易实现。能量检测是测量一段时间内被检测到的频谱中信号的能量，并将其与预设的决策阈值进行比较。当能量值高于决策阈值时，PU 会使用频谱进行通信或提供其他服务；否则，频谱不被 PU 占用。在能量检测方法中，决策阈值的选择非常重要。决策阈值设定高时，误报率低，但误检测率高；相反，则误报率较高，误报检测率较低。

　　（2）当知道 PU 信号的完整信息时，可采用匹配滤波器检测方法，在已知 PU 信号与检测信号之间执行自相关操作，并设定相关阈值。这种方法在理论上可以在加性高斯白噪声信道中获得最佳性能，但由于 PU 信号的信息要求限制了匹配滤波器检测方法的应用。

　　（3）循环平稳检测利用调制 PU 信号均值的周期性和自相关函数对检测信号执行自相关操作，并根据循环谱密度函数的相关特性进行判决。

　　为了提高感知的速度和准确性，可以在用户之间进行感知结果的信息交互，以获得更高的感知精度，这种方法被称为协作频谱感知。有些协作频谱感知场景中，当前用户要求其他用户进行频谱感知，以提高自己决策结果的准确性，但应该降低频谱感知所消耗的能量并且提高频谱感知的精度。有些协作频谱感知场景中，SU 能使用其他用户融合的感知结果来感知频谱。

　　如图 8-9 所示，由于 SU 用户可能遭受阴影衰落，并且由于恶意用户（Attacker）的存在，所有 SU 用户的感知结果的融合往往不是最好的结果。为了提高感知的速度和准确性，可以在 SU 之间进行感知结果的信息交互，以获得更高的感知精度，这种方法被称为协作频谱感知。随着人工智能技术的发展，学术界也开始使用深度学习（Deep Learning，DL）技术进行无线信号识别[50]。有人尝试使用神经网络解决智能网络中的频谱感知问题，并取得了良好的效果。强化学习（Reinforcement Learning，RL）方法常用于频谱感知的其他用户选择的相关工作。参考文献[51]采用集中式强化学习方法，解决了相关衰落条件下的协作频谱感知问题。在参考文献[52]中，采用值函数逼近方法，降低了的协作频谱感知检测的复杂度，使大型网络能够采用分布式强化学习方法。

8.4.2　动态频谱接入技术

　　对于具有大量访问权限的智能网络场景，频谱资源是最重要的资源之一。在进行频谱感知以获得自由频谱的基础上，也有必要对频谱资源进行有效地分配。当使用频谱资源时，SU 需要通过相互协作以减少冲突。在传统授权频谱接入的基础上，还需要引入智能动态频谱接入技术，以提高频谱利用率。动态频谱接入不仅仅是提升网络吞吐量，根据具体情况，还可以优化服务质量、数据优先级和公平性等问题。

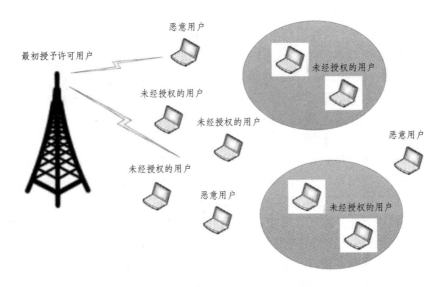

图 8-9　协作频谱感知方案

在具有中心节点或基站的单跳网络中，基站可以分配每个节点访问的频谱，从而有利于频谱访问。然而，智能网络通常是多跳网络，面临着隐藏和暴露的终端等问题，在一些相关的场景中，无法通过使用基站等预设的基础设施来实现频谱访问。为了解决动态网络中的频谱接入问题，有许多方法可以实现动态频谱访问，比如竞争算法和保留算法等。

竞争算法主要用于非协作的场景，用户无法通过有效的信息交换来实现良好的协调。因此，频谱接入的效率较低，但不需要相关的通信开销。保留算法需要通过控制信道中的保留请求和确认来实现频谱保留，从而减少数据信道中的冲突。

在认知场景中，由于 PU 的活动在不断变化，动态频谱访问问题更加复杂[53]。当感知能力足够时，一些算法可以快速收敛，以分配每个时隙中的可用频谱。然而，在认知场景中，频谱感知和频谱接入通常被联合处理。SU 需要确定所感知的频谱，并访问所感知的空闲频谱。根据感知结果，选择一个被感知为空闲状态概率更高的频谱，使 SU 能够获得更好的通信可用频谱。

8.4.3　编码技术

编码技术作为处理链路传输中码元纠错和擦除的重要方法，已成为确保通信成功率和频谱资源有效利用的重要技术。除了低密度奇偶校验码（Low Density Parity Check，LDPC）、turbo 码等已被广泛使用的编码技术外，一些新兴的编码技术由于其独特的特性，也可以在认知频谱协作场景中发挥作用。认知场景中的大多数网络都是多跳广播网络，在这些网络中，可以利用编码技术实现源用户和中继用户之间的协作，提高网络吞吐量，而广播网络中大量重传的开销问题可以通过喷泉码来解决，多个用户可以使用喷泉码协作传输数据。尽管机器学习可以在一个动态的环境中获得更好的吞吐量性能，比如认知频谱协作场景，由于环境条件的变化，如来自 PU 的干扰，学习过程中性能发生变化，链路上数据包传输的碰撞概率也发生动态变化，从而加大了动态擦除信道码元发生错误的概率。由于喷泉码和网络码具有处理动态擦除信道的能力，使它们更适用于认知频谱协作场景。下面将对网络码、喷泉码和稀疏码进行介绍。

1. 网络码

与源码不同，网络码在源头处压缩信息以提高传输效率并进行信道编码，通过增加冗余，在噪声信道中实现可靠的传输。在传统网络中，中继节点的作用是进行分组转发。但是网络码允许网络中的中继节点重新编码接收到的数据包，使网络吞吐量接近理论边界。如图 8-10 所示，节点 v_1 和 v_2 需要向节点 v_4 和 v_5 发送数据包 x 和 y。当中继节点 v_3 能够重新编码接收到的数据包时，可以提高网络吞吐量。与传统的多播路由相比，网络码实现了用户之间的协作，从而大大提高了网络的通信效率。

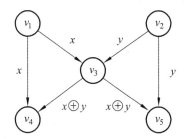

图 8-10　典型的网络码方案

网络码的早期研究主要集中在已知网络拓扑结构的情况下寻找近似网络理论边界的编码方法，从而提出了一系列关于线性网络码的方法，如线性码多播。其中，随机线性网络码被认为是应用最广泛并且最简单方法之一[54]，通过执行数据包的随机线性组合和在中继节点上的系数向量的传输，可以处理未知的网络拓扑。文献[55]不仅研究了无向图中的可变速率线性网络码和网络码，还研究了使用卷积网络码来解决循环网络结构。

由于网络码也具有进行处理随机误差和进行信道擦除的能力，网络纠错码的研究也得到了进一步发展。虽然网络码提高了网络吞吐量，但在中继节点上的编码和解码却产生了额外的计算和存储成本。

2. 喷泉码

随着频谱利用条件变得更加复杂，通信系统中的信道条件往往处于动态变化。因此，具有固定速率的正向纠错码往往不能达到较高的效率。喷泉码作为一种新兴的无分辨率编码技术，可以降低动态变化的擦除信道中的信道擦除概率。因此，喷泉码适用于由数据包冲突引起的信道擦除场景。当考虑到纠错码的良好性能时，喷泉码也可以用于信噪比发生动态变化的噪声信道。

喷泉码中要发送的信息首先被划分为多个原始数据包，然后随机选择一定数量的数据包来执行逐位异或操作以获得编码的数据包。当接收到的数据包的总数略大于原始数据包的数量时，可以对原始数据以较高概率进行成功解码。这种编码方法可以创建无数个编码数据包，类似于喷泉不断产生的水滴。喷泉码类似于使用水桶接收水滴，只要接收到足够数量的水滴，就可以恢复原始数据包。其不需要重传机制，多个用户可以使用喷泉码协作完成数据传输。发送方可以继续传输生成的编码包，直到接收方反馈完成解码的信息。由于喷泉码的这一特点，它也特别适用于广播方案中的擦除信道。

喷泉码包括随机线性喷泉码、Luby 转换码和 Raptor 码等。

（1）随机线性喷泉码在每个编码处生成随机序列，并根据该随机序列对原始数据包进行加权求和，得到所编码的数据包。参考文献[56]证明，对于该编码方法，随着接收数据包数量的增加，成功恢复所有原始数据包的概率趋于 1，当原始数据包的数量无限时，额外的开销可以忽略不计，因此随机线性喷泉码的性能可以接近理论边界。然而，随机线性喷泉码的解码过程涉及矩阵反演，计算次数为原始数据包数的三分之一，因此在实际应用中难以使用。

（2）Luby 转换码是对随机线性喷泉码的一种改进。Luby 转换码从设计的度分布函数中随机选择一个度，然后从原始数据包中随机地选择相应数量的包，进行连续的位异或运算，得到编码结果。当发送端和接收端的随机序列发生器的状态一致时，可以降低该传输开销，所设计的度分布函数的平均值远小于数据包数。Luby 转换码中的度分布函数使用了鲁棒孤子度分布。由于 Luby 转换码的平均度较小，导致某些数据包的丢失，可能无法实现所有原始数据包的恢复。因此当接收到的数据包数量略大于原始数据包数量时，可能已经接收到大多数原始数据包，但是剩下的少量需要许多数据包才能完全解决。

（3）Raptor 码通过级联编码提高了喷泉码的性能，Raptor 码使用外部码对原始数据包进行预编码。此外，还采用深度学习方法改进了信念传播算法，提高了喷泉码的译码效率[57]。

喷泉码目前有许多实际的场景。例如，喷泉码可用于传统的多路径传输控制协议连接，以减少不同路径的异构性。其在数据存储和数据分发场景中也显示出优异的性能。

与上述预设了度分布函数的喷泉码不同，为了应对极端的信道条件，在线喷泉码得到了迅速发展，通过反馈可以确定在当前解码状态下较高的解码概率。增长码[58]作为在线喷泉码领域的一个里程碑，通过计算在当前解码状态下只对一个未恢复的码元进行编码的最大概率来指导编码过程。参考文献[59]提出了一种解码开销低的在线喷泉码，在线喷泉码显示了优异的开销性能。处理在线喷泉码的接收机在当前解码状态下可以获得最优的编码策略。即使在恶意攻击导致的极端解码状态下，也能实现良好的解码性能。在线喷泉码要求接收机在最优编码发生变化时反馈信息，因此与最经典的喷泉码（如 Luby 转换码）相比，由于得到了反馈信息而减小了成本的开销。

3. 稀疏码

认知场景中的网络主要是一个多跳广播网络。网络码在多跳场景中的性能优于直接路由[60]。此外，在有大量用户[61]的广播场景中，喷泉码可以获得比网络码更好的性能。在参考文献[62]中，介绍了喷泉码与随机线性网络码进行组合可以得到稀疏码。稀疏码是将一个信号表示为一组基的线性组合，而且要求只需要较少的几个基就可以将信号表示出来。使用喷泉码表单从度分布中抽取外部码部分，随机选择相应数量的原始码作为批处理，然后将其乘以批处理的生成矩阵，内部码对中继节点上的每个批处理执行线性转换。同时，只有属于同一批的码元才能在中继节点上进行线性组合。内部码和信道擦除的整体效应可以用一个线性变换矩阵来表示，内部码的操作保持了每批码元的度分布，信念传播解码算法可以同时对内外码进行解码。

参考文献[63]证明，当使用批稀疏码时，线性变换矩阵的秩分布决定了最大可实现率。对于给定的秩分布，使用度分布优化方法可以找到非常接近目标节点平均秩的度分布。许多现有的关于批稀疏码的研究都集中在用已知的变换矩阵秩分布来求解最优度分布上。例如，参

考文献[64]提出了一种求出有限原始码元的最优度分布的贪婪方法。参考文献[65]使用了更好的度分布的先验信息，大大减少了优化变量的数量。

关于如何优化秩分布以提高最大可达率的研究也引起了学术界的关注。有一些研究通过限制在中继节点上发送的最大数据包数量来建模优化问题[66][67]。使用自适应调度框架，每个网络节点根据自己的状态自适应地调整数据包的数量。有一些研究是通过优化中继节点重新编码每个批处理的数据包来提高效率。参考文献[68]优化了多跳无线网络单播流中中继节点的编码包的数量，通过值分解得到了优化问题的非迭代形式，并对非线性整数规划问题进行了连续松弛，利用非线性规划问题的常用解解决了优化问题。参考文献[69]中假设无线通信的广播特性可以使更多的节点能够接收，在该模型下，采用自适应编码框架，可以提高在信道平均使用时间的约束下的可达率。

8.5　极化码传输理论与技术

极化码[70]是一种纠错方案，它能够实现具有低复杂度的连续抵消解码的离散无记忆信道的容量。与其他现代信道编码（如 LDPC 和 turbo 码）相比，其具有辅助循环冗余检查解码[71]的优越性能，在实际应用中也具有很大的发展前途。

极化码在编码领域由于能够实现离散无记忆信道的容量而受到了密切的关注。由于极化码的编码和解码复杂度比较低，因此对极化码应用于点对点信道中进行了广泛的研究，显著提高了极化码的性能。极化码被广泛应用于某些多用户系统中，如广播信道、多址信道和单中继网络等。

极化码具有理想的特性：

（1）实现了所有对称二进制输入无记忆信道的容量。极化码实现了对称信道的容量，包括几种与实际相关的信道，如二进制输入加性高斯白噪声信道、二进制对称信道和二进制擦除信道等。

（2）低复杂度的编码：Arıkan 在文献[72]中提出的编码/解码算法的时间和空间复杂度分别为 $O(N)$ 和 $O(N\log N)$，其中 N 是块长度。

（3）极化码的误码率约为 $O(2^{-\sqrt{N}})$ [73]。

（4）对于对称信道，极化码的构造是确定性的。即其不仅适用于码集合，而且适用于单个极化码。极化码的构造可以通过时间复杂度 $O(N)$ 和空间复杂度 $O(N\log N)$ [74]来完成。

8.5.1　极化和极化编码

本节介绍二进制无记忆过程的极化方法，并阐述如何使用它来获得最佳速率。由于编码的递归特性，采用比较简单的方法对性能（如速率、误码率、复杂性等）进行分析。

考虑一对具有 $X \in \{0,1\}$ 和 $Y \in \mathbf{Y}$ 的离散随机变量 (X,Y)，其中 Y 和 (X,Y) 的联合分布是任意的。假设 (X,Y) 的 N 个独立的副本 (X_1,Y_1)，(X_2,Y_2)，…，(X_N,Y_N)。第一种解释可以将 X_1^N 视为二进制无记忆源的输出，而将 Y_1^N 视为关于 X_1^N 的侧边信息。第二种解释可以将独立同分布的 X_1^N 输入到一个二进制无记忆信道，Y_1^N 作为相应的输出。

假设一个接收器观察到 Y_1^N 和 X_1^N。除了 Y_1^N 外，还需要充分地向接收器提供大约 $H(X_1^N|Y_1^N) = NH(X_1|Y_1)X_1^N$ 的信息比特，以便其以较小的误码率进行解码。如果 $H(X_1|Y_1) = 0$，

接收器可以用除 Y_1^N 以外的其他信息解码 X_1^N ，这种情况下不会产生错误；如果 $H(X_1|Y_1)=1$ ，不会向接收器提供任何 X_1^N ，这种情况将导致不可靠的解码。

1. 基本变换

当 $N=2$ 时，给定 (X_1,Y_1) 和 (X_2,Y_2) ，通过映射定义 S_1 、 $S_2\in\{0,1\}$ （见图 8-11 ）

$$S_1=X_1+X_2 和 S_2=X_2 \tag{8.5-1}$$

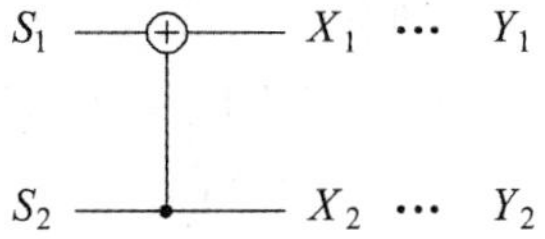

图 8-11　递归构造的第一步

其中，"+"表示模 2 加。 S_1 、 S_2 和 X_1 、 X_2 是一一对应的，因此 (X_1,Y_1) 和 (X_2,Y_2) 的独立性可以表示为

$$2H(X_1|Y_1)=H(S_1^2|Y_1^2)=H(S_1|Y_1^2)+H(S_2|Y_1^2S_1) \tag{8.5-2}$$

从式（8.5-1）和式（8.5-2）可以得出

$$H(S_2|Y_1^2S_1)\leqslant H(X_1|Y_1)\leqslant H(S_1|Y_1^2) \tag{8.5-3}$$

由于熵的关系，进行 $(Y_1^2S_1)$ 运算比单独进行 Y_2 运算会产生更可靠的 S_2 （即 X_2 ）估计。（事实上，信道 $S_2\to Y_1^2S_1$ 的可靠性相对于信道 $X_2\to Y_2$ 的可靠性得到明显提高。）同样地，单独进行 Y_1^2 运算也会导致对 S_1 的估计不太可靠。 $P_e(X_1|Y_1)$ 表示通过运算 Y_1 来达到最优解码 X_1 的平均误码率，即

$$P_e(S_2|Y_1^2S_1)\leqslant P_e(X_1|Y_1)\leqslant P_e(S_1|Y_1^2) \tag{8.5-4}$$

式（8.5-4）左边不等式是通过 $P_e(S_2|Y_1^2S_1)\leqslant P_e(S_2|Y_2)=P_e(X_1|Y_1)$ 得到的，式（8.5-4）右边不等式是通过 $P_e(X_1|Y_1)=P_e(X_1+X_2|Y_1X_2)=P_e(X_1+X_2|Y_1^2X_2)\leqslant P_e(X_1+X_2|Y_1^2)$ 得到的。 $P_e(X_1|Y_1)=P_e(X_1+X_2|Y_1X_2)=P_e(X_1+X_2|Y_1^2X_2)\leqslant P_e(X_1+X_2|Y_1^2)$ 是根据马尔可夫链 $(X_1+X_2)-Y_1X_2-Y_2$ 得到的。

在运算 X_1^2 时，编码器计算 S_1^2 并向接收器显示 S_1 。接收器使用最优决策规则从 $(Y_1^2S_1)$ 中解码 S_2 。

这实际上是极化码中最简单的一个例子，编码块长度为 2 ，速率为 1/2 ，平均误码率为 $P_e(S_2|Y_1^2S_1)$ 。该方案虽然很简单，但包含了极化和极化码思想的本质：来自两个相同的熵 $H(X_1|Y_1)$ 和 $H(X_2|Y_2)$ ，同时创建两个不同的熵，一个比原来的熵更接近 0 ，另一个更接近 1 ，可以发现具有较高熵的解码相对于具有较低熵的解码可靠性更高。

2. 一种改进的变换和编码方案

改进的变换可以采用与基本变换相同的变换方案，以增大它们之间熵的差异。图 8-12 所示表示了两步递归转换机制，其中 U_1 ， U_2 ， U_3 和 U_4 表示解码向量：

$$U_1=S_1+T_1,\ U_2=T_1=X_3+X_4,\ U_3=S_2+T_2 和 U_4=T_2=X_4 \tag{8.5-5}$$

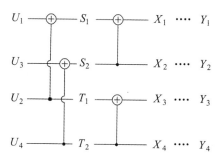

图 8-12　两步递归转换

同时定义 $\tilde{Y}_1 = Y_1^2$ 和 $\tilde{Y}_2 = Y_3^4$，$(S_1, \tilde{Y}_1)$ 和 $(S_1, \tilde{Y}_2)$ 是独立同分布的，与 (X_1, Y_1) 和 (X_2, Y_2) 相同。其类似于式（8.5-2），即

$$H(T_1 \mid \tilde{Y}_1^2,\ S_1 + T_1) \leqslant H(S_1 \mid \tilde{Y}_1) \leqslant H(S_1 + T_1 \mid \tilde{Y}_1^2) \tag{8.5-6}$$

同样，定义 $\bar{Y}_1 = (Y_1^2 S_1)$ 和 $\bar{Y}_2 = (Y_3^4 T_1)$，$(S_2, \bar{Y}_1)$ 和 $(T_2, \bar{Y}_2)$ 也是独立同分布的，即

$$H(T_2 \mid \bar{Y}_1^2,\ S_2 + T_2) \leqslant H(S_2 \mid \bar{Y}_1) \leqslant H(S_2 + T_2 \mid \bar{Y}_1^2) \tag{8.5-7}$$

上述熵的相关性可以通过图 8-12 得到，即

$$4H(X_1 \mid Y_1) = 2H(S_1^2 \mid Y_1^2) = H(U_1^4 \mid Y_1^4)$$
$$= H(U_1 \mid Y_1^4) + H(U_2 \mid Y_1^4 U_1) + H(U_3 \mid Y_1^4 U_1^2) + H(U_4 \mid Y_1^4 U_1^3) \tag{8.5-8}$$

其中

$$H(U_1 \mid Y_1^4) = H(S_1 + T_1 \mid \tilde{Y}_1^2) \tag{8.5-9}$$

$$H(U_2 \mid Y_1^4 U_1) = H(T_1 \mid \tilde{Y}_1^2,\ S_1 + T_1) \tag{8.5-10}$$

$$H(U_3 \mid Y_1^4 U_1^2) = H(S_2 + T_2 \mid Y_1^4 S_1 T_1) = H(S_2 + T_2 \mid \bar{Y}_1^2) \tag{8.5-11}$$

$$H(U_4 \mid Y_1^4 U_1^3) = H(T_2 \mid Y_1^4 S_1 T_1,\ S_2 + T_2) = H(T_2 \mid \tilde{Y}_1^2,\ S2 + T2) \tag{8.5-12}$$

根据这些关系，以及式（8.5-6）和式（8.5-7），得到

$$H(U_2 \mid Y_1^4 U_1) \leqslant H(S_1 \mid Y_1^2) \leqslant H(U_1 \mid Y_1^4) \tag{8.5-13}$$

$$H(U_4 \mid Y_1^4 U_1^3) \leqslant H(S_2 \mid Y_1^2 S_1) \leqslant H(U_3 \mid Y_1^4 U_1^2) \tag{8.5-14}$$

也就是说，从两个熵 $H(S_1 \mid Y_1^2)$ 和 $H(S_2 \mid Y_1^2 S_1)$ 中得到了 4 个熵即 $H(U_2 \mid Y_1^4 U_1)$，$H(U_1 \mid Y_1^4)$，$H(U_4 \mid Y_1^4 U_1^3)$，$H(U_3 \mid Y_1^4 U_1^2)$。然而，由于 $H(S_1 \mid Y_1^2)$ 和 $H(S_2 \mid Y_1^2 S_1)$ 已经在一定程度上极化到 1 和 0，式（8.5-13）和式（8.5-14）表明，改进的变换方案显著地增强了极化效应。

考虑块长度为 4 的源码：选择使用 $|A| = 4 - k$ 的 $A \subset \{1,2,3,4\}$。当 $X_1^4 = x_1^4$ 时，编码器计算 $U_1^4 = u_1^4$ 并将所有 $u_i (i \in A)$ 发送到解码器，因此码元的速率为 $k/4$ b/s。解码器依次输出 u_1^4 的估计 $\hat{u}_1^4$ 为

$$\hat{u}_i = \begin{cases} u_i, & i \in A^c, \\ 0, & i \in A^c \text{和} L(y_1^4,\ \hat{u}_1^{i-1}) > 1, \\ 1, & \text{其他} \end{cases} \qquad (8.5\text{-}15)$$

其中

$$L(y_1^4,\hat{u}_1^{i-1}) = \frac{p_{U_i|Y_1^4 U_1^{i-1}}(0\,|\,y_1^4,\hat{u}_1^{i-1})}{p_{U_i|Y_1^4 U_1^{i-1}}(1\,|\,y_1^4,\hat{u}_1^{i-1})} \qquad (8.5\text{-}16)$$

因此，如果集合 A 由具有最小条件熵（即最高可靠性）组成，则可以得到更好的性能。集合 A 的选择如下：

$$P_e(U_i\,|\,Y_1^4 U_1^{i-1}) \leqslant P_e(U_j\,|\,Y_1^4 U_1^{j-1}),\quad i \in A \text{ 和 } j \in A^c \qquad (8.5\text{-}17)$$

3. 极化信道编码

改进的变换和编码方案可以用来获得对称二进制输入无记忆通道的容量，实现码发送与 X_1^N 对应的消息，编码器首先计算 $U_1^N = G_n(X_1^N)$，然后将具有 $P_e(U_i\,|\,Y_1^N U_1^{i-1}) \geqslant 2^{-N\beta}$ 的比特显示到解码器，并通过信道发送 X_1^N，如图 8-13 所示。在接收到信道输出 Y_1^N 时，接收器依次对 U_1^N 的未知部分进行解码。请注意，虽然该方案中所有长度为 N 二进制序列都是潜在的码字，但在独立同分布中选择一个具有较高概率约等于 $2^{NH(X)}$ 码字的"典型集合"。此外，由于提前向接收器显示大约 $NH(X|Y)$ 比特信息，该码的有效速率约为 $I(X;Y)$。因此，通过将合适的分布分配给 X_1，可以实现信道的容量。

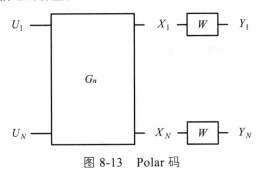

图 8-13　Polar 码

在信道编码中，信道输入 X_1^N 的分布是由编码器选择的 U_1^N 的分布引起的。这与源码的情况相反，其中 X_1^N 的分布是源码所固有的，而 U_1^N 的分布是由转换 G_n 引起的。由于独立同分布，将 X_1^N 输入到信道中，编码器必须从非均匀分布中选择 U_1^N，这与发送者的消息是均匀分布的假设相冲突。在源码问题中，要向接收机显示的比特取决于源 X_1^N 的实现。然而，在信道编码中，这些需要在通信前向接收方显示，不能依赖需要发送的特定消息。

在信道编码中可以利用均匀分布的信道输入 X_1^N 进行处理，因为这将使 U_1^N 也服从均匀分布。还可以通过提前选择要显示的比特，并对这些比特的值取平均值。为了更加精确化，考虑采用以下编码方案：

码元结构：给定一个块长度 $N = 2n$，其中 $0 < \beta' < \beta < 1/2$，则

$$A_\beta := \{i:\ P_e(U_i\,|\,Y_1^N U_1^{i-1}) \leqslant 2^{-N\beta}\} \qquad (8.5\text{-}18)$$

随机选择 U_i，$i \in A_\beta^c$，则该码元的速率为 $|A_\beta|/N$。

编码：给定要传输的均匀分布消息 $M \in \{0,1\}^{\wedge}|A_\beta|$，其中 $U_A = M$。通过信道传输 $X_1^N = G_n^{-1}(U_1^N) = G_n(U_1^N)$。

解码：接收到 Y_1^N 后，接收器依次对 U_1^N 解码。

码元速率：因为 X_1^N 服从独立同分布和均匀分布，且 $H(X)=1$。如果 N 足够大，则码元速率为

$$|A_\beta|/N > 1 - H(X|Y) - \delta = I(X;Y) - \delta \qquad (8.5\text{-}19)$$

$I(X;Y)$ 是信道 W 的对称容量：$\{0,1\} \to Y$ 表示等于 0 和 1 的二进制编码可达到的最大速率，同时这是对称二进制输入信道的真实容量。所有消息的平均误码率为 $O(2^{-N\beta})$，其中 $i \in A$。因此，至少存在一组 U_i 值，其平均误码率最大为 $O(2^{-N\beta})$。

将上述编码方案转换为显式编码方案需要将信息比特固定到适当的值。对于任意的二进制输入信道，找到保证低误码率的冻结比特的值是一个开放的问题。然而，对于对称信道，上述误码率边界是成立的，而与冻结比特的值和要发送消息的值无关。

8.5.2　多过程的联合极化

所有的离散无记忆信道都是平稳过程，可以通过大量的递归过程来极化。这些过程产生低复杂度的点对点信道编码以及实现最优速率的源码。本节为了获得多个序列的联合极化结果，考虑独立同分布的过程为 (W_1, X_1, Y_1)，(W_2, X_2, Y_2)，…，其中 $W_1 \in W$、$X_1 \in X$ 和 $Y_1 \in Y$，W、X 和 Y 为有限集，(W_1, X_1, Y_1) 的联合分布为随机的。

该过程的极化有以下几种理解方式。例如，可以对块 $(W_1^N、X_1^N)$ 进行转换，使结果 $(U_1^N、V_1^N) \in W^N \times X^N$ 被极化，即

$$H(U_i V_i | Y_1^N U_1^{i-1} V_1^{i-1}) \approx 0 \text{或} \approx 1 \qquad (8.5\text{-}20)$$

其中，熵用 $base-|W \times X|$ 对数计算。如果没有对这个转换进行约束，那么很容易获得极化：可以将 (W_1, X_1) 视为一个 $W \times X$ 随机变量来实现，并对字母表 $W \times X$ 使用极化变换。同时将 (W_1, X_1, Y_1)，(W_2, X_2, Y_2)…放在可操作的情况下。

相关源的单独编码：在这种情况下，W_1^N 和 X_1^N 可以看作是两个相关的独立同分布的输出。序列 Y_1^N 被认为可用于解码器关于源输出侧的信息。输出序列由各自的编码器分别编码，然后由解码器进行估计。$Slepian$ 和 $Wolf^{[75]}$ 的研究表明，所有可达率对 (R_W, R_X) 的集合为

$$R_W \geqslant H(W_1 | Y_1 X_1) \qquad (8.5\text{-}21)$$

$$R_X \geqslant H(X_1 | Y_1 W_1) \qquad (8.5\text{-}22)$$

$$R_W + R_X \geqslant H(W_1 X_1 | Y_1) \qquad (8.5\text{-}23)$$

该区域的拐角点可以通过在每个编码器上使用的单个极化码来实现。其中拐角点 $R_W = H(W_1 | Y_1)$、$R_X = H(X_1 | Y_1 W_1)$，采用以下编码方案：

编码：W 和 X 的编码器分别选择大小为 $|W|$ 和 $|X|$ 的极化变换，并计算集合。即

$$A_W = \{i: \ Z(U_i \mid Y_1^N U_1^{i-1}) \approx 0\} \qquad (8.5\text{-}24)$$

$$A_X = \{i: Z(V_i \mid Y_1^N W_1^2 V_1^{i-1}) \approx 0\} \qquad (8.5\text{-}25)$$

$U_1^N(V_1^N)$ 是 $W(X)$ 的极化变换的结果。在观察到其相应的源输出 W_1^N 和 X_1^N 后,两个编码器都应用其变换获得 U_1^N 和 V_1^N,并将 U_{Ac}^W 和 V_{Ac}^X 发送到解码器。

解码:解码器首先使用序列的连续取消解码器估计 U_{Ac}^W 和 $Y_1^N(W_1,\ Y_1)$,$(W_2,\ Y_2)$,…(忽略了对 V_{Ac}^X 的认识)。然后,假设其估计 $\hat{W}_1^N$ 是正确的,因此 $\hat{W}_1^N$ 与 W_1^N 分布相同,并使用序列的连续取消解码器 $(X_1,(Y_1 W_1))$,$(X_2,(Y_2 W_2))$,…,从 V_{Ac}^X 估计 X_1^N 和 $(Y_1^N, \hat{W}_1^N)$。

速率:根据单源极化定理,$\mid A_c^W \mid \approx NH(W_1 \mid Y_1)$ 和 $\mid A_c^X \mid \approx NH(X_1 \mid Y_1 W_1)$。

误码率:如果组成的连续取消解码器中至少有一个出现错误,则会发生解码错误,此事件的概率是每个解码器的错误概率之和的上限,且平均误码率约为 $2^{-\sqrt{N}}$。

8.6 人工智能无线通信技术

近年来,人工智能(Artificial Intelligence,AI)和机器学习(Machine Learning,ML)技术在无线通信中的应用引起了广泛的关注。人工智能在语音理解、图像识别和自然语言处理领域已经取得了成功,从而在解决难以建模的问题方面显示出了巨大的潜力。AI 技术已经成为无线通信的推动者,以满足在大量应用场景中日益增长和多样化的需求。本节详细介绍了几种典型的无线通信场景,如信道建模、信道解码、信号检测以及信道编码设计,人工智能在无线通信中起了重要的作用。同时,从信息瓶颈的角度介绍了人工智能和信息论的相关知识。

8.6.1 无线通信技术现状

由于先进计算能力的发展、算法的进步和对大数据的可访问性,AI 正在引领人类社会掀起新一波技术革命。ML 由一个更具体的人工智能技术子集组成,帮助计算机处理任务和从数据中学习。到目前为止,ML 技术已经在语音和图像识别、玩游戏、语义分析和药物发现等许多领域与人类相比表现得相当好。随着 ML 技术的持续发展,无线通信技术正在快速发展,具有不同服务质量要求的大流量应用应该由无线通信网络来处理。例如,第五代无线通信网络旨在支持 eMBB,它提供用户高数据速率、超可靠低延迟通信,保证有限的延迟以及大规模机器通信,允许大型物联网设备访问网络。

随着无线通信网络的发展,许多研究人员在无线网络中引入了 DL 和深度强化学习,从应用层一直引入到物理层。例如,网络层的路由优化[76]、链路层的无线电资源调度[77]和物理层的信号处理[78]都显示了 ML 在无线网络中的能力。此外,ML 还用于几种特殊的移动网络应用场景,如车对车、移动边缘计算、物联网和 eMBB。ML 的挖掘、分类、识别、预测和学习能力将使无线网络更加智能,从而引入了一个新的研究领域,即无线人工智能。

8.6.2 基于人工智能的信道建模

无线信道具有随机性和确定性,信道模型是一个随机模型[79],以不同的收发算法为基准,而不是预测给定环境中的信道。这种随机信道模型是由不同环境下的许多统计测量结果产生的，无法预测任何真实的无线信道。

如果能在现实环境中准确地预测一个时变信道，就可以显著地提高系统的性能。真实信道的确定性知识主要与无线电传播的几何形状有关，如反射、折射、衍射、阴影和波导现象。因此，环境的几何形状将有助于推断该环境中信道的确定性预测[80]。

5G 通过利用人工智能技术来学习一个真实信道的完整确定性知识，对时变信道做出准确的预测。从真实的现场测试中捕获并存储大量的真实信道数据，使用 DL 来训练神经网络模型，再从这个训练模型中推断出一些信息，如信道反馈[81]、定位[82]和信道预测[83]，以帮助完成调度、波束成形和功率控制等任务。

文献[84]提出了一种自监督的预训练深度学习方法，为各种任务建模无线信道，同时保护个人隐私，而不使用用户个人数据上的标签。其中神经网络从自动生成的无限个标记样本中学习无线信道的一些固有的确定性特性，神经网络所代表的信道模型继续针对信道相关的任务进行调整，例如，对下行信道的网络优化。

预先训练过的信道模型的性能在很大程度上取决于神经网络架构。考虑到一个现实的信道作为一个自然的时间序列，递归神经网络（Recurrent Neural Network，RNN）是一个适合于信道模型的神经网络。然而，一个 RNN 只能在一个方向上训练一个输入序列，因为未来的元素在一个时间序列中是不可见的。为了解决这个问题，引入了序列对序列（seq2seq）模型[85]进行双向训练，通过引入双 RNN，一个用于编码器，另一个用于解码器。seq2seq 模型被成功地训练，当采用它进行信道数据训练时，设计 RNN 编码器从过去到未来的训练、RNN 解码器从未来到过去的训练形成双向方式[86]。

然而，一个预先训练过的信道模型并不总是泛化的。为了提高其在各种现实场景中的泛化能力，应该在不同的地理层次上训练和部署多个预先训练过的信道模型，如室外场景的跟踪区域级别、基站级别和蜂窝网级别，室内场景的办公室级别、走廊级别、电梯级别和其他级别。虽然没有两个相同的现实环境，但可以很好地观察到信道模型和地理位置之间有很强的相关性。

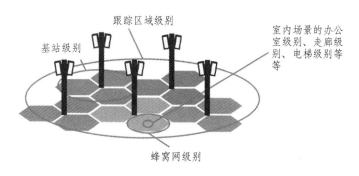

图 8-14　不同层次上的真实信道模型示意图

通过训练标记数据和预测输出之间的损失，可以更新预训练模型的权重，以最大限度地提高正确标签的对数概率。这种预先训练过的信道模型能够提取输入信道的特征，也称为信道指纹识别。有了这些特性和一些附加的数据，就可以训练一个特定任务的信道模型。任何与信道相关的任务都可以是一个下游任务，包括定位、波束成形、用户配对和网络优化等。

8.6.3　基于人工智能的信道解码和信号检测

在无线网络中应用 DNN 是取代系统的传统构建模块。本小节将介绍信道解码和信号检测，都属于端到端系统的联合优化，它可以利用 DNN 的有效性和低延迟。

1. 信道解码

纠错码用于针对有噪声信道的无线通信。解码器试图根据损坏的传输信号从所有合法的码字中找到正确的码字。从这个意义上说，在解码器被看作是分类器的过程中，深度学习发挥了极大的作用。

文献[87]提出了一种基于多层感知器（Multi-Layer Perceptron，MLP）的一次性信道解码器。在这种方法中，MLP 被训练为一个黑盒，它不像传统的编码理论那样利用专家知识。在解码阶段，将损坏的码字输入训练有素的基于 MLP 的解码器，并在数千个候选码字中输出一个分类结果。研究结果表明，一个训练有素的神经网络解码器可以达到最大的后验（Maximum a Posteriori，MAP）性能。

文献[88]提出了一种基于"软"Tanner 图的解码器，它是一种利用人工智能进行信道解码的新方法。一个训练良好的网络可能有助于提高低密度奇偶校验码的信念传播（Belief Propagation，BP）算法的性能。神经网络的结构与 L 次迭代 BP 算法的展开 Tanner 图具有相同的结构。神经节点表示 Tanner 图中的边缘，神经节点之间的连接对应于变量和检查节点之间的消息传递过程。通过正确加权消息的可靠性，可以减轻小周期效应，并通过采用最小和算法在平均时间内补偿近似误差[89]。此外，这种基于专家知识的结构保持了 BP 算法的特性，因此可以只使用一个零码字来训练神经网络。由于上述原因，解码性能得到了提高，但神经网络与最大似然算法之间存在性能差距。

对于卷积码和 turbo 码等顺序编码，参考文献[90]设计了一个 RNN 体系结构。由于序列码的编码器可以表示为隐马尔可夫模型（Hidden Markov Model，HMM），传统的译码算法（如 Viterbi 和 BCJR）可以使用具有线性时间复杂度的动态规划来有效地解决 HMM 问题。由于 RNN 和 HMM 之间的相似性，可以采用两层门控循环单元来求解 HMM。直观地看，RNN 的表达能力优于 HMM，卷积码的神经解码器在码元长度上表现出较强的泛化能力。

2. 信号检测

与解码类似，接收器可以使用 DL 来检测信号。参考文献[91]专注于分子通信的检测算法，其中数学信道模型难以获得，于是用实验数据评估了几种基于 DL 的算法和传统方法。结果表明，由于码间干扰的存在，使用 DL 来检测信号优于传统的码元检测算法。

图 8-15 所示表示了一个基于深度学习算法来解决多用户干扰（Multiple User Interferences，MUI）。在一个典型的多路径衰落信道上的多址通信系统中，接收机可以使用基于双向长短期存储器（Bi-directional Long Short-term Memory，bi-LSTM）的神经网络来减轻 ISI 和 MUI。

在图 8-15 中相关器可以区分来自多个用户的信号，通过在接收到的切片样本上滑动处理窗口，为每个用户提供匹配滤波器输出，并将其等分成 M 段，其中 M 是码元的数量。每段中的所有用户切片都连接，将其发送到具有相应 M 单元的 bi-LSTM 层。在与每个用户估计的信道脉冲响应相乘后，使用另一个 bi-LSTM 层，最后输出所有用户重构位的概率分布。

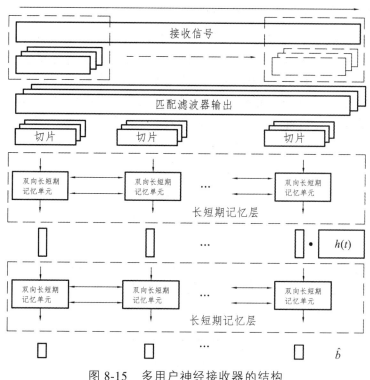

图 8-15　多用户神经接收器的结构

　　相关器层是一种卷积神经网络层，其权重通过利用接收信号的空间相关性进行训练或预定义。采用双层 bi-LSTM 结构来处理残余的 ISI 和 MUI，估计的 LSTM 层间的信道信息是保证接收机良好性能不可或缺的组成部分。图 8-16 所示比较了传统 Rake 接收机和基于 DL 的接收机对不同数量用户的平均误码性能（$K=4$ 和 $K=8$）。如预期的那样，基于 DL 的接收机极大地增加了干扰缓解能力，因此性能显著提高。

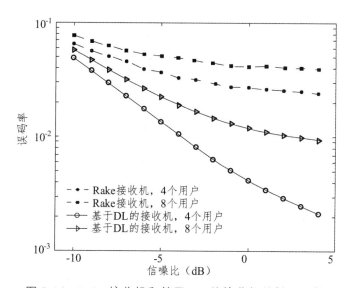

图 8-16　Rake 接收机和基于 DL 的接收机的性能比较

8.6.4　基于人工智能的信道编码设计

利用 AI 技术可以设计一个良好的通信方案，本小节以信道编码设计为例。

纠错码已广泛应用于通信系统，在不可靠或有噪声的信道上进行数据传输。经典的信道编码设计基于编码理论，其中根据码元特性推导出码元性能指标，例如汉明距离（最大距离可分离码）、自由距离（常规码）和解码阈值（低密度奇偶校验码）。如图 8-17 所示，可以根据香农容量对码元性能进行预测，基于编码理论和人工智能技术根据码元性能来设计码元结构。

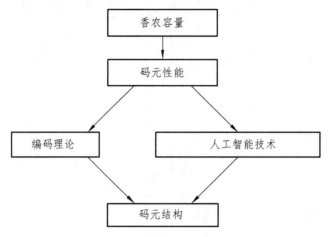

图 8-17　纠错码的设计逻辑

第一个"学习"设计码元的 AI 尝试是"构造-评估"框架[92]，如图 8-18 所示。该框架由两部分组成，即码元构造者和码元评估者。在学习过程中，码元构造者根据码元评估者的性能度量反馈，迭代地学习一系列有效的码元构造。更准确地说，码元构造者既不知道内部机制，也不知道码元评估者所采用的信道条件。它要求码元评估者在评估者定义的环境下反馈其当前码元构建的准确性能度量。通过这种方式，对可能的码元构造的探索开辟了广泛的解码算法和信道条件。

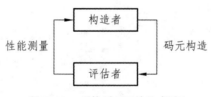

图 8-18　"构造-评估"框架

下面以具有固定长度和速率的极化码和具有嵌套属性的极化码为例对码元构造进行详述：

1. 具有固定长度和速率的极化码

极化码定义为 $c = uG$ [93]，其中，u 为信息位序列；c 为码字。极性变换矩阵用 $G = F^{\wedge}(\otimes n)$ 表示，其中 F 表示核，$\otimes$ 表示克罗内克幂。

构造极化码的关键是确定一个长度为 N 的二进制向量 s，其中 1 表示一个信息子信道，0 表示一个冻结的子信道，不同解码器其最优向量也是不同的。当前对连续抵消解码器进行了深入的研究，尽管连续抵消列表解码器已被广泛部署，并提出了各种启发式构造方法[94]-[98]，但仍缺乏严格的性能分析。遗传算法[99]可用于构造这种解码器的极化码。码元构建中的信息子信道在遗传算法中发挥着与染色体相同的作用，因为它们单独和协作都对候选解决方案的适应度有利。由于良好的码元构造是由良好的子信道构成的，因此一对良好的父码元构造很可能产生良好的子码元构造。这驱动了遗传算法最终收敛到一个很好的码元构造。

2. 具有嵌套属性的极化码

由于描述和实现的简单性，具有嵌套属性的极化码构造具有实际意义。码元长度为 N 和维度范围为$[K_l, K_h]$的极化码可以定义为长度为 N 的可靠性有序序列。可以通过从有序序列中读出第一个（或最后一个）K 个条目来形成信息位置集来确定相应的极化码。

与固定的（N, K）情况相比，嵌套的码元约束使得经典编码理论的优化更加复杂。不同的（N, K）极化码的最优构造不一定构成嵌套序列。在构建可靠性有序顺序的过程中，短期奖励（从下一个状态构建）和长期奖励（从几步之外的状态构建）之间存在着权衡。

使用 AI 技术，该过程是设计一个嵌套码，可通过多步马尔可夫决策过程建模。具体地说，对于每个设计步骤，选择一个新的子信道来获得具有给定（N, K）极化码（当前状态）的（N, $K+1$）极化码（更新状态）。可靠性有序序列是通过将动作附加到初始极化码来构建的。由短期和长期奖励组成的总奖励最大化的问题，可以通过优势参与者-批评者（Advantage Actor-Critic，A2C）算法来解决。参与者和批评者函数都由神经网络实现，然后根据 A2C 算法采用基于小批的随机梯度下降方法进行训练。

8.6.5　基于人工智能的调度

本小节将介绍基于 DRL 的调度器，其用于蜂窝网络中的用户设备之间的资源分配[100]。在训练过程中尝试了 3 种方法，表明在神经网络训练中有效利用专家知识可以提高收敛性，且避免局部最优。

1. 网络场景和问题的制定

在单个小区蜂窝网络中，基站配备了一个基于 DRL 的调度器，以便在多个用户中分配单个资源块组（Resource Block Group，RBG）。其链路自适应、反馈和调度机制都遵循 LTE 标准。因此，最小资源分配单元的时间间隔为 1 ms，频率间隔为 1RBG。为了便于分析，将其缩小到一个 RBG 和一个空间层，著名的比例公平（Proportional Fair，PF）调度算法被证明是吞吐量和公平之间的最佳权衡[101][102]。因此，PF 调度器是 DRL 的基线。

将 N 个用户的调度问题表述为一个马尔可夫决策过程，可以用 DRL 来求解。马尔可夫决策过程的阐述如下：

（1）用户 $n(n \in N)$的状态 S^t 包括瞬时速率 $I_n(t)$ 和平均速率 $T_n(t)$。$T_n(t)$ 被更新：

$$T_n(t) = (W-1) / WT_n(t-1) + 1/WI_n(t) \qquad (8.6\text{-}1)$$

其中，W 为平均窗口大小。式（8.6-1）表示 $I_n(t)$ 前面行动的影响；因此，从状态 S^t 到 S^{t+1} 的过渡是马尔可夫式的。

（2）在单个 RBG 调度场景的情况下，动作决定在每个调度周期（即 LTE 中的传输时间间隔（Transmission Time Interval，TTI）中，哪个用户单元占用其唯一的 RBG。与 PF 算法类似，DRL 调度器的动作输出 A^t 具有每个用户的指标。DRL 调度器会选择每个 TTI 中指标最大的一个。

（3）由于动作对系统的性能和收敛性影响较大，因此动作的度量指标可以设计为 DRL 中的奖励。

2. 学习方法

本小节将介绍三种针对 DRL 的学习方法，如图 8-19 所示。

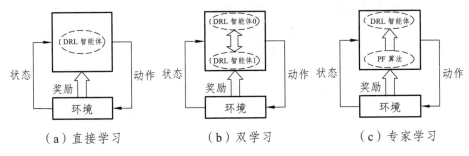

（a）直接学习　　　　　　（b）双学习　　　　　　（c）专家学习

图 8-19　学习方法

在直接学习（Direct-Learning）的方法中，DRL 智能体直接从与环境的交互中学习，奖励函数被设置为吞吐量和公平性的线性加权和，表示为

$$奖励 = \alpha\,吞吐量 + \beta\,公平性 \tag{8.6-2}$$

其中，α 和 β 分别用于调整奖励中的吞吐量和公平性的权重。因此，如果吞吐量被认为比公平性更重要，可以使用一个更大的 α/β 值，相反，一个较小的 α/β 值意味着公平性更重要，其收敛速度相对较慢，智能体可能很快进入局部最优状态。

在双学习方法中，两个 DRL 智能体被迭代和竞争性地训练。在训练过程中，一个智能体是固定的，另一个被训练为优于固定的智能体。奖励是通过这两种智能体之间的比较获得的。虽然这两个 DRL 智能体可以相互竞争以降低局部最优的风险，但收敛速度仍然较低。

在专家学习方法中，DRL 智能体在 PF 的监督下进行训练。DRL 智能体在击败偷猎者时将获得积极的奖励，否则将获得零奖励。在偷猎者（专家知识）的帮助下，DRL 智能体可以快速收敛而不陷入局部最优。

本小节中引入的参数 α 和 β 应该在神经网络的训练过程中进行认真的调整，以便在吞吐量和公平性之间实现预期的权衡。通过对 3 种方法的比较，发现专家学习在无线网络中的应用可以发挥的作用更大。

8.6.6　人工智能和信息理论

虽然基于人工智能和深度学习的方法在许多特定任务中的表现已经超过了人类的表现，如图像分类、语音理解和战略游戏玩法等，但仍然有一些缺陷阻碍了人工智能的进一步发展。人工智能需要一个强大的理论基础，特别是当用于基本任务时，所有设想的技术都可以成为现实。信息论为机器学习问题提供了坚实的数学基础，可以兼顾准确性和复杂性。

为了加速人工智能的发展，人们一直在集中努力解释人工智能是如何工作的，即贝叶斯推理[103]、视觉解释[104]以及透明度和事后解释[105]。除了这些方法外，信息理论技术已经被试图解释或改进用于自动编码器训练的 AI[106]，解释生成对抗网络（Generative Adversarial

Network，GAN）中的表示学习[107]和 Q-学习[108]。

近年来，信息瓶颈（Information Bottleneck，IB）方法再次引起了信息理论和计算机科学界的广泛关注[109]。IB 理论处于机器学习和预测、统计学以及信息论之间的前沿，IB 理论的函数是最小化（$I(X，T) - \beta I(Y，T)$），其中权衡参数 β 平衡压缩级别 $I(X，T)$ 和捕获的相关信息 $I(Y，T)$。图 8-20 表示了在原有数据 Y 中提取出噪声数据 X，在经过神经网络的训练后产生潜在变量 T，再次经过神经网络的训练产生与原有数据 Y 最相关的特征 $\hat{y}$。基于互信息平面，文献[110]证明，在训练网络时存在拟合-压缩相变。文献[111]讨论了使用 IB 函数的主要问题，并提出了可能的解决方案，包括决策规则及引入噪声和量化等。有广泛的研究集中于使用 IB 作为优化目标或正则化来提高稳定性和泛化性。例如，文献[112]使用变分推理构建了 IB 目标的下界。研究结果表明，采用这种目标训练的模型在泛化性能和对抗性攻击的鲁棒性方面优于其他方法。文献[113]将集中式 IB 方法推广到多个分布式编码器的设置，而文献[114]考虑 IB 原理，并将非高斯高维连续随机变量的相关拉格朗日最小化。

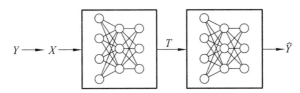

图 8-20　深度神经网络中的信息瓶颈

8.6.7　无线人工智能的未来

对于下一代无线通信系统，应该支持具有各种设备的广泛服务。例如，uRLLC 和 mMTC 是在 5G 中新引入的，5G 背后的主要驱动力之一是对大规模机器通信的需求。同时，随着人工智能技术的快速发展，机器学习能力将无处不在，包括在设备、边缘和云上，这将通信从物联网转换为智能连接。随着人工智能和通信的发展，二者之间的深度集成将会出现，其中包括两个方面，基于 AI 的无线通信和基于无线通信的 AI。

第一个方面意味着人工智能是促进无线通信智能不可或缺的工具。在经典的香农通信理论中，通信的目标是在终端复制在源上生成的消息，即所谓的 A 级通信[115]。因此，香农定义了指标"熵"来测量信息，发展了信源编码和信道编码定理，并证明了信源编码和信道编码的分离和联合处理一样好。这些结论和假设为过去几十年来通信系统的设计提供了高水平的指导。有了 AI 技术，无线通信系统可以朝三个方向发展：第一，无线大数据分析可以应用于未来基于 AI 技术的无线通信系统，可以挖掘有用的特征，并从历史数据中预测未来的状态，这有助于系统设计、故障检测和性能调优；第二，AI 技术可用于优化无线链路的许多物理层模块，其最新进展为处理非凸性和大规模的网络优化问题提供了许多有用的工具，这些问题很难通过传统的方法来解决；第三，AI 技术在完善无线通信的端到端链路方面发挥着关键作用。传统的构建方案可能会被不同类型的网络所取代，这些网络会被一起训练以达到全局最优。

第二个方面，大多数人工智能任务都是计算密集型的，无线通信可以帮助以低延迟的分布式方式处理人工智能应用程序，并满足关键的隐私和安全的要求。在未来，越来越多的智能应用程序将被部署在无线网络的边缘。由于成本限制，智能移动终端或物联网设备通常无法提供足够的计算能力来处理智能应用程序。在这种情况下，需要终端和中央/边缘服务器之间的无线通信，这些无线链路的容量和延迟成为关键瓶颈。未来的无线通信系统的设计应考虑到支持具有隐私保护的分布式计算和数据存储，以实现分布式人工智能应用程序。例如，联邦学习[116]允许在多个移动设备之间进行分布式训练，数据保存在每个设备上，以保护隐私，同时应仔细设计所有移动设备之间的带宽分配和调度。对于分布式推理，需要超低延迟通信能力，以便能够在每个分布式终端上及时获得决策。

未来无线通信系统将继续蓬勃发展。例如，峰值数据速率将增加到 1 Tb/s，延迟将降低到 0.1 ms。更多的设备将连接到更多新兴的应用中，包括智慧城市、自动驾驶汽车、连接基础设施、无缝虚拟和增强现实以及空天地集成网络。无线通信和人工智能技术之间的深度集成将发挥不可或缺的作用。

本章小结

本章主要介绍了太赫兹频谱通信技术：可见光通信技术、UM MIMO 通信、频谱感知技术、动态频谱接入技术和新兴的编码技术等 6G 关键技术以及各种技术的挑战和未来发展方向。

太赫兹频谱通信技术拥有的广阔频段可以有效缓解当前频谱资源短缺的问题，并且可以帮助无线通信系统的传输速率达到太比特每秒的水平。然而当前的无线通信设备用于太赫兹系统存在着诸多问题，需要设计新型信号发送和接收设备，同时还要对太赫兹频段具有的特性进行进一步分析。

针对可见光通信技术，当前 LED 光源走入千家万户，利用 LED 进行通信有着诸多优势，例如缓解频谱资源短缺、降低成本等。然而光源之间的干扰问题和如何有效利用光功率是当前主要的挑战，也为可见光进一步的发展指明了方向。

针对 UM MIMO 通信，类似于 Massive MIMO 的作用，UM MIMO 能够将作用进一步放大，例如太赫兹频段的超高路径损耗，如果使用 Massive MIMO 技术解决则显得捉襟见肘，然而 UM MIMO 的部署可以有效缓解这个问题。8.3 节分析了 UM MIMO 所具有的功能、当前的研究进展、存在的一些问题以及未来的发展。

针对频谱认知技术，8.4 节介绍了认知频谱协作中的几个关键技术，即频谱感知技术、动态频谱接入技术和新兴的编码技术。传统的认知频谱协作技术主要着眼于提高感知能力以及获取更多空闲频谱，认知频谱协作的研究主要侧重于感知后协作的实现。协作包括 SU 之间在频谱感知方面的协作、使用动态频谱接入技术的协作频谱利用以及使用新兴编码技术的协作数据传输。

针对极化码传输理论与技术，8.5 节介绍了极化码在编码领域能够实现对称二进制输入离散无记忆信道（SBDMC）的容量，极化码的编码和解码复杂度低。将极化码应用于点对点通道中，对理论边界进行了广泛的研究，也对极化码的性能进行了分析。

针对人工智能无线通信技术，8.6 节介绍了一个建立在从现场测试中收集到的真实信道数据基础上的真实信道模型，该信道模型是一个包含从信道数据中学习到的特征的神经网络；介绍了 DNN 用于执行传统的信号处理任务；介绍了 ML 在设计信道编码方案的应用；介绍了使用一个基于 DRL 的调度器来决定资源分配。最后从利用信息瓶颈解释 DNN 的角度讨论了人工智能和信息论，讨论了未来关于人工智能技术如何与无线通信系统深度集成的一些设想。

习　题

1. 请简要说明太赫兹频谱通信技术的优势。
2. 太赫兹通信技术需要解决哪些技术难题？
3. 可见光通信适用的通信场景有哪些？
4. UM MIMO 定义是什么？
5. 为什么需要在 6G 中引入 UM MIMO？
6. 请简要说明人工智能三大主要技术。
7. 深度学习、强化学习和联邦学习各有哪些优缺点？
8. 简要说明人工智能在无线通信领域的应用场景。
9. 现有人工智能技术在无线通信领域的局限性是什么？

本章参考文献

[1] RAPPAPORT T S, XING Y, KANHERE O, et al. Wireless communications and applications above 100 GHz: Opportunities and challenges for 6G and beyond[J]. IEEE Access, 2019, 7: 78729-78757.

[2] PETROV V, PYATTAEV A, MOLTCHANOV D, et al. Terahertz band communications: Applications, research challenges, and standardization activities[C]//2016 8th International Congress on Ultra Modern Telecommunications and Control Systems and Workshops (ICUMT). IEEE, 2016: 183-190.

[3] MARCUS M J. 5G and" IMT for 2020 and beyond"[Spectrum Policy and Regulatory Issues][J]. IEEE Wireless Communications, 2015, 22(4): 2-3.

[4] KALLFASS I, BOES F, MESSINGER T, et al. 64 Gbit/s transmission over 850 m fixed wireless link at 240 GHz carrier frequency[J]. Journal of Infrared, Millimeter, and Terahertz Waves, 2015, 36(2): 221-233.

[5] VOLKOVA A, MOLTCHANOV D, PETROV V, et al. Joint cooling and information transmission for board-to-board communications[C]//Proceedings of the Second Annual International Conference on Nanoscale Computing and Communication, 2015: 1-6.

[6] MOLTCHANOV D, ANTONOV A, KLUCHEV A, et al. Statistical traffic properties and model inference for shared cache interface in multi-core cpus[J]. IEEE Access, 2016, 4: 4829-4839.

[7] JORNET J M, AKYILDIZ I F. Graphene-based plasmonic nano-antenna for terahertz band communication in nanonetworks[J]. IEEE Journal on Selected Areas in Communications, 2013, 31(12): 685-694.

[8] JORNET J M, AKYILDIZ I F. Channel modeling and capacity analysis for electromagnetic wireless nanonetworks in the terahertz band[J]. IEEE Transactions on

Wireless Communications, 2011, 10(10): 3211-3221.

[9] PENG B, KÜRNER T. Three-dimensional angle of arrival estimation in dynamic indoor terahertz channels using a forward–backward algorithm[J]. IEEE Transactions on Vehicular Technology, 2016, 66(5): 3798-3811.

[10] PRIEBE S, KANNICHT M, JACOB M, et al. Ultra broadband indoor channel measurements and calibrated ray tracing propagation modeling at THz frequencies[J]. Journal of Communications and Networks, 2013, 15(6): 547-558.

[11] PATHAK P H, FENG X, HU P, et al. Visible light communication, networking, and sensing: A survey, potential and challenges[J]. IEEE Communications Surveys & Tutorials, 2015, 17(4): 2047-2077.

[12] DANAKIS C, AFGANI M, POVEY G, et al. Using a CMOS camera sensor for visible light communication[C]//2012 IEEE Globecom Workshops. IEEE, 2012: 1244-1248.

[13] ZHAO J, SUN X, LI Q, et al. Edge caching and computation management for real-time internet of vehicles: an online and distributed approach[J]. IEEE Transactions on Intelligent Transportation Systems, 2020, 22(4): 2183-2197.

[14] SEN S, LEE J, KIM K H, et al. Avoiding multipath to revive inbuilding WiFi localization[C]//Proceeding of the 11th Annual International Conference on Mobile Systems, Applications, and Services, 2013: 249-262.

[15] LI L, HU P, PENG C, et al. Epsilon: A visible light based positioning system[C]//11th {USENIX} Symposium on Networked Systems Design and Implementation ({NSDI} 14), 2014: 331-343.

[16] CHINTALAPUDI K, PADMANABHA IYER A, Padmanabhan V N. Indoor localization without the pain[C]//Proceedings of the Sixteenth Annual International Conference on Mobile Computing and Networking, 2010: 173-184.

[17] Bytelight—Scalable Indoor Localization with LED. [EB/OL]. Available: www. bytelight. com.

[18] PERLI S D, AHMED N, KATABI D. PixNet: Interference-free wireless links using LCD- camera pairs[C]//Proceedings of the Sixteenth Annual International Conference on Mobile Computing and Networking, 2010: 137-148.

[19] MA X, ZHAO J, GONG Y, et al. Carrier sense multiple access with collision avoidance-aware connectivity quality of downlink broadcast in vehicular relay networks[J]. IET Microwaves, Antennas & Propagation, 2019, 13(8): 1096-1103.

[20] ARAI S, MASE S, YAMAZATO T, et al. Experimental on hierarchical transmission scheme for visible light communication using LED traffic light and high-speed camera[C]//2007 IEEE 66th Vehicular Technology Conference. IEEE, 2007: 2174-2178.

[21] LIU C B, SADEGHI B, KNIGHTLY E W. Enabling vehicular visible light communication (V2LC) networks[C]//Proceedings of the Eighth ACM International

Workshop on Vehicular Inter-networking, 2011: 41-50.

[22]　ZHAO J, LI Q, GONG Y, et al. Computation offloading and resource allocation for cloud assisted mobile edge computing in vehicular networks[J]. IEEE Transactions on Vehicular Technology, 2019, 68(8): 7944-7956.

[23]　ZENG Y, PATHAK P H, XU C, et al. Your ap knows how you move: fine-grained device motion recognition through wifi[C]//Proceedings of the 1st ACM Workshop on Hot Topics in Wireless, 2014: 49-54.

[24]　KELLOGG B, TALLA V, GOLLAKOTA S. Bringing gesture recognition to all devices[C]// 11th {USENIX} Symposium on Networked Systems Design and Implementation ({NSDI} 14), 2014: 303-316.

[25]　WANG J, VASISHT D, KATABI D. RF-IDraw: Virtual touch screen in the air using RF signals[J]. ACM SIGCOMM Computer Communication Review, 2014, 44(4): 235-246.

[26]　Microsoft Kinect Sensor. [EB/OL]. Available: http: //www. xbox. com/en-US/xbox-one/ accessories/kinect-for-xbox-one

[27]　SCHMIDT D, MOLYNEAUX D, CAO X. PICOntrol: using a handheld projector for direct control of physical devices through visible light[C]//Proceedings of the 25th Annual ACM Symposium on User Interface Software and Technology, 2012: 379-388.

[28]　ZHANG C, TABOR J, ZHANG J, et al. Extending mobile interaction through near-field visible light sensing[C]//Proceedings of the 21st Annual International Conference on Mobile Computing and Networking, 2015: 345-357.

[29]　MA H, LAMPE L, HRANILOVIC S. Integration of indoor visible light and power line communication systems[C]// 2013 IEEE 17th International Symposium on Power Line Communications and Its Applications. IEEE, 2013: 291-296.

[30]　YOUSUF M S, EL-SHAFEI M. Power line communications: An overview-part i[C]//2007 Innovations in Information Technologies (IIT). IEEE, 2007: 218-222.

[31]　RAHAIM M B, VEGNI A M, LITTLE T D C. A hybrid radio frequency and broadcast visible light communication system[C]//2011 IEEE GLOBECOM Workshops (GC Wkshps). IEEE, 2011: 792-796.

[32]　LANGER K D, GRUBOR J. Recent developments in optical wireless communications using infrared and visible light[C]//2007 9th International Conference on Transparent Optical Networks. IEEE, 2007, 3: 146-151.

[33]　YLITALO J, JOKIKYYNY T, KAUPPINEN T, et al. Dynamic network interface selection in multihomed mobile hosts[C]//36th Annual Hawaii International Conference on System Sciences, 2003. Proceedings of the. IEEE, 2003: 10 pp.

[34]　ZHANG J, ZHANG X, WU G. Dancing with light: Predictive in-frame rate selection for visible light networks[C]//2015 IEEE Conference on Computer Communications (INFOCOM). IEEE, 2015: 2434-2442.

[35] CLASSEN J, CHEN J, STEINMETZER D, et al. The spy next door: Eavesdropping on high throughput visible light communications[C]//Proceedings of the 2nd International Workshop on Visible Light Communications Systems, 2015: 9-14.

[36] AKYILDIZ I F, JORNET J M. Realizing ultra-massive MIMO (1024×1024) communication in the (0.06–10) terahertz band[J]. Nano Communication Networks, 2016, 8: 46-54.

[37] HAN C, BICEN A O, AKYILDIZ I F. Multi-ray channel modeling and wideband characterization for wireless communications in the terahertz band[J]. IEEE Transactions on Wireless Communications, 2014, 14(5): 2402-2412.

[38] AKYILDIZ I F, JORNET J M, HAN C. Terahertz band: Next frontier for wireless communications[J]. Physical Communication, 2014, 12: 16-32.

[39] LARSSON E G, EDFORS O, TUFVESSON F, et al. Massive MIMO for next generation wireless systems[J]. IEEE Communications Magazine, 2014, 52(2): 186-195.

[40] LOCKYEAR M J, HIBBINS A P, SAMBLES J R. Microwave surface-plasmon-like modes on thin metamaterials[J]. Physical Review Letters, 2009, 102(7): 073901.

[41] YAO K, LIU Y. Plasmonic metamaterials[J]. Nanotechnology Reviews, 2014, 3(2): 177-210.

[42] LIASKOS C, TSIOLIARIDOU A, PITSILLIDES A, et al. Design and development of software defined metamaterials for nanonetworks[J]. IEEE Circuits and Systems Magazine, 2015, 15(4): 12-25.

[43] LI S, DA X L, Zhao S. 5G Internet of Things: A survey[J]. Journal of Industrial Information Integration, 2018, 10: 1-9.

[44] PALATTELLA M R, DOHLER M, GRIECO A, et al. Internet of things in the 5G era: Enablers, architecture, and business models[J]. IEEE Journal on Selected Areas in Communications, 2016, 34(3): 510-527.

[45] LI L, KE C, et al. The applications of wifi-based wireless sensor network in internet of things and smart grid[C]//2011 6th IEEE Conference on Industrial Electronics and Applications. IEEE, 2011: 789-793.

[46] GERLA M, LEE E K, PAU G, et al. Internet of vehicles: From intelligent grid to autonomous cars and vehicular clouds[C]//2014 IEEE World Forum on Internet of Things (WF-IoT). IEEE, 2014: 241-246.

[47] HAYKIN S. Cognitive radio: brain-empowered wireless communications[J]. IEEE Journal on Selected Areas in Communications, 2005, 23(2): 201-220.

[48] WANG B, WU Y, LIU K J R. Game theory for cognitive radio networks: An overview[J]. Computer Networks, 2010, 54(14): 2537-2561.

[49] SUN H, NALLANATHAN A, WANG C X, et al. Wideband spectrum sensing for cognitive radio networks: a survey[J]. IEEE Wireless Communications, 2013, 20(2):

74-81.

[50] RAJENDRAN S, MEERT W, GIUSTINIANO D, et al. Deep learning models for wireless signal classification with distributed low-cost spectrum sensors[J]. IEEE Transactions on Cognitive Communications and Networking, 2018, 4(3): 433-445.

[51] LO B F, AKYILDIZ I F. Reinforcement learning for cooperative sensing gain in cognitive radio ad hoc networks[J]. Wireless Networks, 2013, 19(6): 1237-1250.

[52] LUNDEN J, KULKARNI S R, KOIVUNEN V, et al. Multiagent reinforcement learning based spectrum sensing policies for cognitive radio networks[J]. IEEE Journal of Selected Topics in Signal Processing, 2013, 7(5): 858-868.

[53] YU L, LIU C, HU W. Spectrum allocation algorithm in cognitive ad-hoc networks with high energy efficiency[C]//The 2010 International Conference on Green Circuits and Systems. IEEE, 2010: 349-354.

[54] HO T, KOETTER R, MEDARD M, et al. The benefits of coding over routing in a randomized setting[J], 2003. IEEE International Symposium on Information Theory, 2003: 442.

[55] EREZ E, FEDER M. Efficient network codes for cyclic networks[C]//Proceedings. International Symposium on Information Theory, 2005. ISIT 2005. IEEE, 2005: 1982-1986.

[56] MACKAY D J C. Fountain codes[J]. IEE Proceedings-Communications, 2005, 152(6): 1062-1068.

[57] NACHMANI E, BE'ERY Y, BURSHTEIN D. Learning to decode linear codes using deep learning[C]//2016 54th Annual Allerton Conference on Communication, Control, and Computing (Allerton). IEEE, 2016: 341-346.

[58] XU X, ZENG Y, GUAN Y L, et al. BATS code with unequal error protection[C]//2016 IEEE International Conference on Communication Systems (ICCS). IEEE, 2016: 1-6.

[59] YIN H H F, XU X, NG K H, et al. Packet efficiency of BATS coding on wireless relay network with overhearing[C]//2019 IEEE International Symposium on Information Theory (ISIT). IEEE, 2019: 1967-1971.

[60] ABBE E. Randomness and dependencies extraction via polarization[C]//2011 Information Theory and Applications Workshop. IEEE, 2011: 1-7.

[61] ABBE E, TELATAR E. Polar codes for the m-user MAC[J]. arXiv preprint arXiv: 1002. 0777, 2010.

[62] KATTI S, RAHUL H, HU W, et al. XORs in the air: practical wireless network coding[J]. IEEE/ACM Transactions on Networking, 2008, 16(3): 497-510.

[63] NGUYEN H D T, TRAN L N, HONG E K. On transmission efficiency for wireless broadcast using network coding and fountain codes[J]. IEEE Communications Letters, 2011, 15(5): 569-571.

[64] YANG S, YEUNG R W. Batched sparse codes[J]. IEEE Transactions on Information Theory, 2014, 60(9): 5322-5346.

[65] YANG S, NG T C, YEUNG R W. Finite-length analysis of BATS codes[J]. IEEE Transactions on Information Theory, 2017, 64(1): 322-348.

[66] ZHAO H, YANG S, FENG G. Fast degree-distribution optimization for BATS codes[J]. Science China Information Sciences, 2017, 60(10): 1-15.

[67] TANG B, YANG S, YE B, et al. Near-optimal one-sided scheduling for coded segmented network coding[J]. IEEE Transactions on Computers, 2015, 65(3): 929-939.

[68] YIN H H F, YANG S, ZHOU Q, et al. Adaptive recoding for BATS codes[C]//2016 IEEE International Symposium on Information Theory (ISIT). IEEE, 2016: 2349-2353.

[69] XU X, ZENG Y, GUAN Y L, et al. BATS code with unequal error protection[C]//2016 IEEE International Conference on Communication Systems (ICCS). IEEE, 2016: 1-6.

[70] ARIKAN E. Channel polarization: A method for constructing capacity-achieving codes for symmetric binary-input memoryless channels[J]. IEEE Transactions on Information Theory, 2009, 55(7): 3051-3073.

[71] ARIKAN E, TELATAR E. On the rate of channel polarization[C]//2009 IEEE International Symposium on Information Theory. IEEE, 2009: 1493-1495.

[72] TAL I, VARDY A. How to construct polar codes[J]. IEEE Transactions on Information Theory, 2013, 59(10): 6562-6582.

[73] PANWAR N, SHARMA S, SINGH A K. A survey on 5G: The next generation of mobile communication[J]. Physical Communication, 2016, 18: 64-84.

[74] BI S, ZHANG R, DING Z, et al. Wireless communications in the era of big data[J]. IEEE Communications Magazine, 2015, 53(10): 190-199.

[75] ZHENG K, YANG Z, ZHANG K, et al. Big data-driven optimization for mobile networks toward 5G[J]. IEEE Network, 2016, 30(1): 44-51.

[76] STAMPA G, ARIAS M, SÁNCHEZ-CHARLES D, et al. A deep-reinforcement learning approach for software-defined networking routing optimization[J]. arXiv preprint arXiv: 1709. 07080, 2017.

[77] XU Z, WANG Y, TANG J, et al. A deep reinforcement learning based framework for power-efficient resource allocation in cloud RANs[C]//2017 IEEE International Conference on Communications (ICC). IEEE, 2017: 1-6.

[78] O'SHEA T, HOYDIS J. An introduction to deep learning for the physical layer[J]. IEEE Transactions on Cognitive Communications and Networking, 2017, 3(4): 563-575.

[79] KERMOAL J P, SCHUMACHER L, PEDERSEN K I, et al. A stochastic MIMO radio channel model with experimental validation[J]. IEEE Journal on Selected Areas in Communications, 2002, 20(6): 1211-1226.

[80] HUR S, BAEK S, KIM B, et al. Proposal on millimeter-wave channel modeling for 5G

cellular system[J]. IEEE Journal of Selected Topics in Signal Processing, 2016, 10(3): 454-469.

[81] WEN C K, SHIH W T, JIN S. Deep learning for massive MIMO CSI feedback[J]. IEEE Wireless Communications Letters, 2018, 7(5): 748-751.

[82] DECURNINGE A, ORDÓÑEZ L G, FERRAND P, et al. CSI-based outdoor localization for massive MIMO: Experiments with a learning approach[C]//2018 15th International Symposium on Wireless Communication Systems (ISWCS). IEEE, 2018: 1-6.

[83] ARNOLD M, DÖRNER S, CAMMERER S, et al. Enabling FDD massive MIMO through deep learning-based channel prediction[J]. arXiv preprint arXiv: 1901. 03664, 2019.

[84] HUANGFU Y, WANG J, XU C, et al. Realistic channel models pre-training[C]//2019 IEEE Globecom Workshops (GC Wkshps). IEEE, 2019: 1-6.

[85] SUTSKEVER I, VINYALS O, LE Q V. Sequence to sequence learning with neural networks[J]. Advances in Neural Information Processing Systems, 2014, 27.

[86] HUANGFU Y, WANG J, LI R, et al. Predicting the mumble of wireless channel with sequence-to-sequence models[C]//2019 IEEE 30th Annual International Symposium on Personal, Indoor and Mobile Radio Communications (PIMRC). IEEE, 2019: 1-7.

[87] GRUBER T, CAMMERER S, HOYDIS J, et al. On deep learning-based channel decoding[C]//2017 51st Annual Conference on Information Sciences and Systems (CISS). IEEE, 2017: 1-6.

[88] NACHMANI E, BE'ERY Y, BURSHTEIN D. Learning to decode linear codes using deep learning[C]//2016 54th Annual Allerton Conference on Communication, Control, and Computing (Allerton). IEEE, 2016: 341-346.

[89] NACHMANI E, MARCIANO E, LUGOSCH L, et al. Deep learning methods for improved decoding of linear codes[J]. IEEE Journal of Selected Topics in Signal Processing, 2018, 12(1): 119-131.

[90] KIM H, JIANG Y, RANA R, et al. Communication algorithms via deep learning[J]. arXiv preprint arXiv: 1805. 09317, 2018.

[91] FARSAD N, GOLDSMITH A. Detection algorithms for communication systems using deep learning[J]. arXiv preprint arXiv: 1705. 08044, 2017.

[92] HUANG L, ZHANG H, LI R, et al. AI coding: Learning to construct error correction codes[J]. IEEE Transactions on Communications, 2019, 68(1): 26-39.

[93] ARIKAN E. Systematic polar coding[J]. IEEE Communications Letters, 2011, 15(8): 860-862.

[94] LI B, SHEN H, TSE D. A RM-polar codes[J]. arXiv preprint arXiv: 1407. 5483, 2014.

[95] TRIFONOV P, MILOSLAVSKAYA V. Polar subcodes[J]. IEEE Journal on Selected Areas in Communications, 2015, 34(2): 254-266.

[96] WANG T, QU D, JIANG T. Parity-check-concatenated polar codes[J]. IEEE Communications Letters, 2016, 20(12): 2342-2345.

[97] QIN M, GUO J, BHATIA A, et al. Polar code constructions based on LLR evolution[J]. IEEE Communications Letters, 2017, 21(6): 1221-1224.

[98] ZHANG H, LI R, WANG J, et al. Parity-check polar coding for 5G and beyond[C]// 2018 IEEE International Conference on Communications (ICC). IEEE, 2018: 1-7.

[99] ZHAO J, FEI L, ZHANG X. Parameter adjustment based on improved genetic algorithm for cognitive radio networks[J]. The Journal of China Universities of Posts and Telecommunications, 2012, 19(3): 22-26.

[100] LI Q, ZHAO J, GONG Y, et al. Energy-efficient computation offloading and resource allocation in fog computing for internet of everything[J]. China Communications, 2019, 16(3): 32-41.

[101] KELLY F. Charging and rate control for elastic traffic[J]. European transactions on Telecommunications, 1997, 8(1): 33-37.

[102] TSE D. Multiuser diversity in wireless networks[C]//Wireless Communications Seminar, Standford University. 2001.

[103] BARBER D. Bayesian reasoning and machine learning[M]. Cambridge University Press, 2012.

[104] ZHANG Q, ZHU S C. Visual interpretability for deep learning: a survey[J]. Frontiers of Information Technology & Electronic Engineering, 2018, 19(1): 27-39.

[105] MITTELSTADT B, RUSSELL C, WACHTER S. Explaining explanations in AI[C]// Proceedings of the Conference on Fairness, Accountability, and Transparency, 2019: 279-288.

[106] ZHAO S, SONG J, ERMON S. The information autoencoding family: A lagrangian perspective on latent variable generative models[J]. arXiv preprint arXiv: 1806. 06514, 2018.

[107] CHEN X, DUAN Y, HOUTHOOFT R, et al. Infogan: Interpretable representation learning by information maximizing generative adversarial nets[J]. Advances in Neural Information Processing Systems, 2016, 29.

[108] GRAU-MOYA J, LEIBFRIED F, VRANCX P. Soft q-learning with mutual-information regularization[C]//International Conference on Learning Representations, 2018.

[109] TISHBY N, PEREIRA F C, BIALEK W. The information bottleneck method[J]. arXiv preprint physics/0004057, 2000.

[110] SHWARTZ-ZIV R, TISHBY N. Opening the black box of deep neural networks via information[J]. arXiv preprint arXiv: 1703. 00810, 2017.

[111] AMJAD R A, GEIGER B C. Learning representations for neural network-based

classification using the information bottleneck principle[J]. IEEE Transactions on Pattern Analysis and Machine Intelligence, 2019, 42(9): 2225-2239.

[112] ALEMI A A, FISCHER I, DILLON J V, et al. Deep variational information bottleneck[J]. arXiv preprint arXiv: 1612. 00410, 2016.

[113] AGUERRI I E, ZAIDI A. Distributed variational representation learning[J]. IEEE Transactions on Pattern Analysis and Machine Intelligence, 2019, 43(1): 120-138.

[114] ACHILLE A, SOATTO S. Information dropout: Learning optimal representations through noisy computation[J]. IEEE Transactions on Pattern Analysis and Machine Intelligence, 2018, 40(12): 2897-2905.

[115] SHANNON C E. A mathematical theory of communication[J]. ACM SIGMOBILE Mobile Computing and Communications review, 2001, 5(1): 3-55.

[116] KONEČNÝ J, MCMAHAN H B, YU F X, et al. Federated learning: Strategies for improving communication efficiency[J]. arXiv preprint arXiv: 1610. 05492, 2016.